新 能 源 发 电 并 网 技 术 丛 书

陈小群 等 编

光伏电站电力设备施工及运行安全技术

中国水利水电出版社
www.waterpub.com.cn
·北京·

内 容 提 要

本书详尽介绍了光伏电站电力设备类型和技术特性、施工安全技术、运行安全技术、标准规范、异常及事故处理以及与光伏电站电力设备施工、运维紧密相关的安全技术相关专业知识和管理要求。全书共分十一章，内容包括光伏电站电力设备概况、发电设备、输电设备、变电设备、配电设备、无功补偿设备、综合自动化系统设备、直流系统设备、调度通信系统设备、防雷接地设备、安全工器具等。希望本书的出版能够促进光伏电站电力设备安装及运行安全技术管理的研究和应用，推动新能源产业安全稳定发展。

本书内容全面，具有先进性和实用性，既可作为光伏电站电力设备施工及运行维护人员培训教材，也可供院校师生和从事光伏发电相关专业工作的安全技术人员参考。

图书在版编目（ＣＩＰ）数据

光伏电站电力设备施工及运行安全技术 / 陈小群等编. -- 北京 : 中国水利水电出版社，2018.9(2021.8重印)
（新能源发电并网技术丛书）
ISBN 978-7-5170-7028-3

Ⅰ．①光… Ⅱ．①陈… Ⅲ．①光伏电站－电力设备－工程施工－安全技术②光伏电站－运行－安全技术 Ⅳ．①TM615

中国版本图书馆CIP数据核字(2018)第232734号

书　　名	新能源发电并网技术丛书 **光伏电站电力设备施工及运行安全技术** GUANGFU DIANZHAN DIANLI SHEBEI SHIGONG JI YUNXING ANQUAN JISHU
作　　者	陈小群　等编
出 版 发 行	中国水利水电出版社 （北京市海淀区玉渊潭南路 1 号 D 座　100038） 网址：www.waterpub.com.cn E - mail：sales@waterpub.com.cn 电话：(010) 68367658（营销中心）
经　　售	北京科水图书销售中心（零售） 电话：(010) 88383994、63202643、68545874 全国各地新华书店和相关出版物销售网点
排　　版	中国水利水电出版社微机排版中心
印　　刷	北京瑞斯通印务发展有限公司
规　　格	184mm×260mm　16 开本　18 印张　394 千字
版　　次	2018 年 9 月第 1 版　2021 年 8 月第 2 次印刷
印　　数	1501—2500 册
定　　价	**88.00 元**

本 书 编 委 会

主　　编　陈小群

副 主 编（按姓氏笔画排序）

王　瑜　　成润奕　　刘　兵　　刘玉颖　　汝会通

汤建军　　汤维贵　　李　明　　肖立佳　　张高群

张继平　　赵延龙　　哈　伟　　禹国顺　　高秉文

曾学仁

参编人员（按姓氏笔画排序）

马轶佳　　王　萌　　王　淼　　王志勇　　王春生

王清莲　　王瑞平　　方　亮　　叶海桑　　冉　佳

付宏伟　　包海龙　　冯　瑞　　邢国斌　　毕力格图

朱文龙　　乔智博　　刘希彬　　刘洋洋　　刘　晓

许广威　　孙志刚　　孙海成　　闫晶晶　　李　晖

李　斌　　李　熙　　李璞山　　杨　乐　　杨元林

杨祺金　　豆鹏涛　　吴国磊　　何　艳　　辛　峰

沈天宏　　张　钦　　张　强　　张爱玲　　张海滨

张绪宝　　陆志荣　　陆海洋　　陈　路　　林浩然

明远航　　赵　龙　　赵铁锤　　胡永辉　　胡意新

姜　凯　　栗　驰　　贾少荣　　贾晓辉　　夏禹春

郭　峰　　郭　超　　郭康康　　黄勇德　　曹周生

董卫平　　董明知　　董鹏辉　　韩鹏飞　　程大利

雷　豪　　蔡　东　　蔡　苓　　谭　杰　　樊　亮

序
XU

随着全球应对气候变化呼声的日益高涨以及能源短缺、能源供应安全形势的日趋严峻，风能、太阳能、生物质能、海洋能等新能源以其清洁、安全、可再生的特点，在各国能源战略中的地位不断提高。其中风能、太阳能相对而言成本较低、技术较成熟、可靠性较高，近年来发展迅猛，并开始在能源供应中发挥重要作用。我国于2006年颁布了《中华人民共和国可再生能源法》，政府部门通过特许权招标，制定风电、光伏分区上网电价，出台光伏电价补贴机制等一系列措施，逐步建立了支持新能源开发利用的补贴和政策体系。至此，我国风电进入快速发展阶段，连续5年实现增长率超100%，并于2012年6月装机容量超过美国，成为世界第一风电大国。截至2014年年底，全国光伏发电装机容量达到2805万kW，成为仅次于德国的世界光伏装机第二大国。

根据国家规划，我国风电装机容量2020年将达到2亿kW。华北、东北、西北等"三北"地区以及江苏、山东沿海地区的风电主要以大规模集中开发为主，装机规模约占全国风电开发规模的70%，将建成9个千万千瓦级风电基地；中部地区则以分散式开发为主。光伏发电装机容量预计2020年将达到1亿kW。与风电开发不同，我国光伏发电呈现"大规模开发，集中远距离输送"与"分散式开发，就地利用"并举的模式，太阳能资源丰富的西北、华北等地区适宜建设大型地面光伏电站，中东部发达地区则以分布式建筑光伏为主，我国新能源在未来一段时间仍将保持快速发展的态势。

然而，在快速发展的同时，我国新能源也遇到了一系列亟待解决的问题，其中新能源的并网问题已经成为社会各界关注的焦点，如新能源并网接入问题、包含大规模新能源的系统安全稳定问题、新能源的消纳问题以及新能源分布式并网带来的配电网技术和管理问题等。

新能源并网技术已经得到了国家、地方、行业、企业以及全社会的广泛关注。自"十一五"以来，国家科技部在新能源并网技术方面设立了多个"973""863"以及科技支撑计划等重大科技项目，行业中诸多企业也在新能源并网技术方面开展了大量研究和实践，在新能源并网技术方面取得了丰硕的成果，有力地促进了新能源发电产业的发展。

中国电力科学研究院作为国家电网公司直属科研单位，在新能源并网等方面主持和参与了多项国家"973""863"以及科技支撑计划和国家电网公司科技项目，开展了大量与生产实践相关的针对性研究，主要涉及新能源并网的建模、仿真、分析、规划等基础理论和方法，新能源并网的实验、检测、评估、验证及装备研制等方面的技术研究和相关标准制定，风电、光伏发电功率预测及资源评估等气象技术研发应用，新能源并网的智能控制和调度运行技术研发应用，分布式电源、微电网以及储能的系统集成及运行控制技术研发应用等。这些研发所形成的科研成果与现场应用，在我国新能源发电产业高速发展中起到了重要的作用。

本次编著的《新能源发电并网技术丛书》内容包括电力系统储能应用技术、风力发电和光伏发电预测技术、新能源发电建模与仿真技术、光伏发电并网试验检测技术、微电网运行与控制、光伏电站电力设备施工及运行安全技术、光伏发电认证及实证技术、新能源发电建模与仿真技术、新能源调度技术与并网管理、分布式电源并网运行控制技术、电力电子技术在智能配电网中的应用、新能源功率预测等多个方面。该丛书是中国电力科学研究院等单位在新能源发电并网领域的探索、实践以及在大量现场应用基础上的总结，是我国首套从多个角度系统化阐述大规模及分布式新能源并网技术研究与实践的著作。希望该丛书的出版，能够吸引更多国内外专家、学者以及有志从事新能源行业的专业人士，进一步深化开展新能源并网技术的研究及应用，为促进我国新能源发电产业的技术进步发挥更大的作用！

中国科学院院士、中国电力科学研究院名誉院长

前 言
QIANYAN

　　经过多年发展，我国光伏发电经历成立起步、产业化发展、规模化发展等阶段，光伏发电新装机连续 5 年全球第一，累计装机规模连续 3 年位居全球第一。光伏发电与风力发电相比，具有安全可靠、无噪声、低污染、无需消耗燃料和架设输电线路即可就地发电供电、建设周期短等优势。但由于光伏电站电力设备施工及运行过程中容易受到自然灾害、周围环境、施工方法等因素的影响，多发生火灾、雷击、触电等安全事故，造成人员伤亡、财产损失等不良影响，越来越引起电力行业的高度关注。因此，为适应光伏发电不断发展的趋势，不断提高电力设备施工安全和运行安全管理水平，研究光伏电站电力设备施工和运行安全技术工作，其意义深远，作用重大。

　　本书是在总结多年光伏电站施工和运行安全技术管理经验基础上编写而成，其内容包含了光伏电站电力设备概况、发电设备、输电设备、变电设备、配电设备、无功补偿设备、综合自动化系统设备、直流系统设备、调度通信系统、防雷接地设备施工及运行安全技术以及安全工器具安全措施等诸多方面，全书贯穿着以实际应用为主线，由浅入深，系统地介绍了光伏电站电力设备类型特点及施工和运行安全技术要求，有利于读者对电力设备现场施工和运行安全的学习和理解。

　　在本书的编写过程中，得到中国三峡新能源有限公司和各分公司领导的大力支持，三峡新能源内蒙古分公司禹国顺、李明完成全书的统稿工作，谨在此一并表示衷心感谢。本书编写中查阅了大量的资料和文献，在此对其作者一并表示感谢。

　　由于编者时间仓促、水平有限，书中难免存在疏漏之处，不妥之处望批评指正。

作者

2018 年 8 月

目 录
MULU

第1章 光 伏 电 站

1.1 光伏发电

1.1.1 概述

太阳能光伏发电是将太阳光辐射能量直接转化为电能的一种发电形式，也称光伏发电。利用太阳能电池有效吸收太阳辐射，并使之转换成电能的直接发电的系统称为光伏发电系统或光伏电站，具有结构简单、发电过程清洁、便于安装等优点。

1. 光伏发电的特点

太阳能光伏发电具有清洁、应用范围广、可靠性高、发电系统易扩容、发电间歇性和波动性等特点。

（1）清洁、无噪声。光伏发电利用清洁的太阳能资源，发电过程不向外界排放废物，发电系统无机械运动部件。

（2）应用范围广。光伏发电系统安装形式多样，既可地面安装也可与建筑结合，既可独立运行也可并网运行，应用范围较广。

（3）可靠性高。即使在地震、冻雪等极端恶劣环境下，只要有太阳光照就可以发电，供电可靠性高，商业化运行的光伏电站设计寿命一般为 25 年。

（4）发电系统结构简单，可采用模块化结构设计，易于扩容。

（5）发电间歇性和波动强。光伏发电易受天气和环境影响，波动性强，研究利用一些新技术，如储能技术、多能互补发电技术等，可以缓解其波动性和间歇性。

2. 光伏发电系统

由光伏阵列和平衡部件组成。光伏阵列是按照应用领域的电压及电流需求，由若干太阳能电池组件（见光伏组件）经串、并联排列而成，可以满足负载所要求的输出功率。平衡部件包括控制器、蓄电池组、逆变器、交流配电系统、数据采集与监控系统等。控制器是通过检测蓄电池的电压和荷电状态来控制蓄电池充、放电，以防止蓄电池的过充电和过放电。蓄电池是放电后可用充电的方法使其活性物质恢复到初始状态，从而获得再放电能力，即反应是可逆的化学电源，又称二次电池。蓄电池是光伏系统的储能装置，它将光伏阵列从太阳辐射能转换来的直流电转换为化学能贮存起来，以供需要时应用。逆变器是一种由半导体器件组成的电力调整装置（见光伏逆变器），用于将光伏阵列输出的直流电转换为交流电。交流配电系统是用来接收和分配交流电能的电力设备，主要包括控制电器、保护电器、测量电器以及母线和载流导体等。数据采集及监控系统主要是分时采集并存储逆变器及光伏系统运行状态的各种电气参数和环境参数，以实现光伏发电系统的远程操作控制。

光伏发电系统可以应用于远离公共电网的无电地区和一些特殊处所，为边远偏僻农村、牧区，海岛地区的人们提供基本生活用电，为通信中断站、气象台站、边防哨所等特殊处所提供电源。光伏发电系统可以安装在荒漠戈壁地区，与公共电网连接，将电能转换成符合市电电网要求的交流电，然后输送到公用电网，参与电力调度。光伏发电系统还可以依靠城镇、村落，安装在用电负荷附近，实现电能就地消纳，多余电能输送到公共电网。光伏发电系统可以安装在城市建筑上。有效降低建筑物的电网供电需求，减少输配电损失，无需额外占地和架设输电线路。光伏发电系统还可以和风力发电系统等其他分布式电源系统组成多能互补系统，应用于海岛和偏远无电地区，实现系统自我控制和管理，既可实现独立运行，也可并网运行，增强供电的稳定性和可靠性。此外，光伏发电技术还应用于生活用品和景观装饰上，包括太阳能路灯、太阳能钟表、太阳能玩具等。除地面应用，空间太阳能电站也是人类开发利用太阳能的一种设想。

1.1.2 光伏发电发展的形势

我国地处北半球，南北距离和东西距离都在 5000km 以上，大多数地区年平均日辐射量在 $4kW \cdot h/m^2$ 以上，西藏日辐射量最高达 $7kW \cdot h/m^2$。年日照时数大于 2000h。理论储量达每年 17000 亿 t 标准煤，开发潜力广阔。

1958 年我国开始对太阳电池的研究，1959 年我国研制成功第一个有实用价值的太阳电池。1971 年 3 月太阳电池首次成功地应用于我国第 2 颗卫星上，1979 年开始生产单晶硅太阳电池。20 世纪 90 年代中期后光伏发电进入稳步发展时期，太阳电池及组件产量逐年稳步增加。

近十几年来，光伏发电迎来了快速发展的新阶段。截至 2016 年年底，我国光伏电站累计装机容量 7742 万 kW，成为全球光伏发电装机容量最大的国家。其中，集中式光伏电站 6710 万 kW，分布式光伏电站 1032 万 kW；2016 年新增装机容量 3424 万 kW，同比增长 79.30%，其中集中式光伏电站新增 2998 万 kW，分布式光伏电站新增 426 万 kW，呈迅速发展的趋势。

根据国家能源局公布的《2017 年度全国可再生能源电力发展监测评价报告》数据显示，截至 2017 年年底，我国光伏发电累计装机容量达 130.25GW，光伏发电量达 1182 亿 $kW \cdot h$，占全部发电量的 1.8%。

2018 年 5 月底，国家发展改革委员会、财政部、国家能源局联合印发了《关于 2018 年光伏发电有关事项的通知》（发改能源〔2018〕823 号），对 2018 年光伏发电发展的有关事项进行安排部署。2017 年年底并网装机容量累计超过 1.3 亿 kW，光伏发电在推动能源转型中发挥了重要作用，但也存在光伏发电弃光问题显现以及补贴需求持续扩大等问题，直接影响光伏行业健康有序发展，当前重点需要从扩大规模转到提质增效、推进技术进步上来，需要从更有利于健康可持续发展的角度，着力推进技术进步，降低发电成本，减少补贴依赖，优化发展规模，提高运行质量，推动行业有序、高质量发展。

1.2 光伏电站的安全管理

1.2.1 自然因素的风险分析

光伏电站由光伏组件、光伏逆变器、光伏支架以及光伏线缆等构成。

光伏电站的安全风险管理非常重要，不论是分布式小型电站，还是集中式大型地面电站。光伏电站一般安装在荒郊野外或者屋顶，组件必须安装在露天状态下，自然环境恶劣，沙尘等会对光伏电站电力设备造成损坏。危岩、泥石流、滑坡等潜在风险和地质自然灾害也是光伏电站的安全隐患，光伏电站选址要建在地震基本烈度为 9 度以下的地区，对于 9 度以上地区建站应进行地震安全性评估。积雪、结冰、雷击、鸟类粪便多的地区，光伏发电效率将受到严重影响。

这几年，光伏电站以多种形式在农村出现，如农光互补、村级扶贫电站、渔光互补、林光互补等，光伏电站可以建设在大棚上，也可以建设在农村的沼泽、滩涂、荒地之上，还可以建设在农村的河流、琥珀之中。对于渔光互补项目，要考虑提高防洪标准，考虑风、浪、潮的影响。对于山区的光伏电站应考虑防山洪和排山洪的措施。

1.2.2 雷击的风险分析

雷电分为直击雷和感应雷。光伏电站的各类电力设备大部分安装在露天状态下，且分布的面积较大，组件和支架都是导体，对雷电有相当大的吸引力，存在直击雷和感应雷危害的安全风险。

直击雷是指直接落到光伏方阵、直流配电系统、电气设备及其配线等处，对设备、线路造成直接危害的雷击；感应雷是指在相关建筑物、设备和线路的附近及更远些的地方产生的雷击，引起相关建筑物、设备和线路过电压，这个浪涌过电压通过静电感应或电磁感应的形式串入到相关电子设备和线路上，对设备、线路造成危害。对安装在空旷田野、高山上的光伏发电系统，特别是雷电多发地区，必须配备防雷接地装置。

1.2.3 火灾的风险分析

光伏电站火灾危险性较大的设备有汇流箱、逆变器、蓄电池、连接器、配电柜及变压器，易发生电气火灾。

对于变压器防火风险：一是对带油电气设备在使用过程中容易引发火灾，为了防止火势蔓延到贴邻建（构）筑物，在与其他建（构）筑物贴邻侧应设置防火墙；二是对屋内单台总油量为 100kg 以上的电气设备，屋外单台油量为 1000kg 以上的电气设备，应设置储油或挡油设施，储油设施内应铺设卵石层。

对于电缆防火风险，由于光伏电站占地面积大，电缆分布广，无法针对电缆设置固定的灭火装置。在电缆沟道内应采用防火分隔和阻燃电缆作为应对电缆火灾的主要措施，集中敷设于沟道、槽盒中的电缆宜选用 C 类或 C 类以上的阻燃电缆。

1.2.4　工作场所的风险分析

光伏电站工作场所的卫生与安全风险对工作人员存在潜在伤害：一是物理（非电气）伤害的风险，如阳光照射、割伤（光伏组件的金属框架、接线盒等可能有尖锐的边缘会导致受伤）、灼伤、高处坠落、机械伤害、交通事故等；二是电气伤害的风险，如触电、中毒（光伏板火灾烧毁时出现化学有害烟气）等。

1.2.5　其他因素的风险分析

（1）光伏支架的稳定。理论上光伏支架的最大抗风能力为 216km/h，光伏跟踪支架最大抗风能力为 150km/h（大于 13 级台风）。若电站建在平地，要考虑到地理和地质因素，如选址地形的朝向、坡度起伏程度、积水深度、洪水水位、排水条件等。

（2）组件遮挡。组件遮挡包括灰尘遮挡，积雪遮挡，杂草、树木、电池板及其他建筑物等遮挡，遮挡会降低组件接收到的辐射量，影响组件散热，从而引起组件输出功率下降，还有可能导致热斑。

（3）组件功率衰减。组件功率衰减是指随着光照时间增长，组件输出功率逐渐下降的现象。组件衰减与组件本身的特性有关。其衰减现象可大致分为三类：破坏性因素导致的组件功率骤然衰减；组件初始的光致衰减；组件的老化衰减。

1.2.6　光伏电站的安全管理

加强光伏电站的安全管理主要包括以下措施：

（1）建立完善的安全管理体系。认真贯彻执行"安全第一，预防为主，综合治理"的方针，做好光伏电站安全管理的主体责任，主要是建立健全安全管理机制、安全责任制、管理制度以及安全投入、教育培训、隐患排查治理、事故报告和应急救援等制度的管理工作。在加强队伍建设、强化考核机制的基础上，重点抓安全技术管理、施工标准化管理、班组建设和员工培训等工作。

（2）落实安全生产责任制。明确项目经理为施工现场安全管理的第一负责人，建立多层级的梯级安全防护管理体系，体系覆盖到施工班组的每一名工人。明确各级人员的安全责任，以及分管、主管领导的连带责任。从设备安装、运行、管理等各个环节，加强"两票三制"的管理，全面保证安全发供电，全面加强质量管理和提高设备可靠性，控制和减少机组非计划停运时间。

（3）加强安全巡视和安全检查。光伏电站发生安全事故，多为是火灾、雷击、触电等。其中，比较多的案例是光伏电站起火。各级安全负责人要深入施工现场定期检查安全责任落实情况，要掌握现场的安全动态，使安全巡视和安全检查形成常态。安全检查应定期与不定期相结合，并形成书面检查记录。不断提高故障诊断技术，有计划地安排检修，减少停机，避免事故发生，延长机组平均无故障时间和缩短平均修理时间，降低维修费用，提高可用系数。完善施工现场的安全防护设施以及施工人员的个人安全保护用品的配备。施工人员不得违规操作，管理人员不得违章指挥，员工有权利拒绝违反安全操作规程的工作指令。

（4）加强屋面分布式光伏电站安全管理。鉴于屋面分布式光伏发电站大多在已有建筑物的屋顶施工，在安全管理中要重点加强高空作业安全管理要求，施工人员进入施工现场必须正确穿戴好安全帽、安全带、防滑鞋等安全防护用具。工具和材料等应按照安全管理规定放置稳固，禁止高空抛物和高空落物。施工人员应体检合格，有心脏病、恐高症、高血压等病症者，严禁参与施工。工作场所应设置明显的安全标识和防护措施，高处作业应正确佩戴并系好安全带。

（5）加强山地光伏电站安全管理。因山体地质条件、坡度、气候条件等原因，要加强现场安全管理。施工机械在山体坡度运行过程中，一定要根据机械性能参数，控制机械运行稳定和安全。施工机械操作人员一定要持证上岗，并经过现场安全教育和培训。特种作业人员要按规定取得《特种作业操作资格证》后方可上岗工作。

（6）加强预防光伏组件火灾。光伏电站火灾危险性较大的设备有汇流箱、逆变器、蓄电池、连接器、配电柜及变压器，这些组件易发生电气火灾。光伏电站内的主要建筑为综合控制室、变配电站，对于电压为 35kV 以上，单台变压器容量为 5000kVA 及以上的变电站，变压器规模属于《火力发电厂与变电站设计防火规范》（GB 50229—2006）的适用范围，其消防设计参照该规范执行，其他变电站的消防设计应当执行《建筑设计防火规范》（GB 50016—2014）。电缆夹层电缆采用 A 类阻燃电缆，火灾危险性可为丁类；当综合控制室未采取防止电缆着火后延伸的措施时，火灾危险性应为丙类；配电装置楼和屋外配电装置根据设备含油量确定火灾危险性。

据统计，光伏电站 40% 的火灾事故由直流电弧引起。光伏发电站火灾危险源主要是电缆、电气类设备和荒山人为火灾（烧纸）。做好预防火灾，要建立预测、预防的工作，编好专项应急处置方案，在工程建设中要做好电缆及电气类设备安装质量和的防火措施，加强光伏电站运行和维护管理，正确选择灭火器。在缺水、寒冷、风沙大、运行条件恶劣的地区，可以选用排油注氮灭火装置和合成泡沫喷淋灭火系统，对于户内封闭空间内的变压器也可采用气体灭火系统。

（7）做好水上光伏站的安全管理。水上光伏电站包括方阵浮体、锚固系统、发电系统、逆变系统等。方阵浮体要合理利用水面面积，优化电站布线路由，便于运维，减少对水路交通的影响，方便锚固施工、保证系泊安全等。保证在风载下浮筒连接锚固，保持浮筒的整体强度，尤其是浮筒连接耳、连接销的强度，确保浮岛不被撕裂。

1.3 光伏电站典型事故案例

近几年来，光伏电站发生的安全事故类型主要有火灾事故、大风触电事故、重大设备事故等。

1.3.1 火灾事故案例

1. 某屋顶光伏电站火灾

2014 年 8 月，武汉某屋顶光伏电站发生火灾事故，彩钢瓦屋顶被烧穿了几个大洞，电站内设备烧毁若干，损失惨重。事故原因：由于施工或其他原因导致某汇流箱线缆对地绝缘能力降低，在环流、漏电流的影响下进一步加剧，最终引起绝缘失效，线槽中的正负极电缆出现短路、拉弧，导致了着火事故的发生。短路、电弧和火花短路的主要原因是载流部分绝缘破坏，形成局部过热，出现电弧、电火花，这是造成火灾事故潜在的点火源。火灾现场如图1-1所示。

图 1-1 某屋顶光伏电站火灾现场

2. 某山地光伏电站火灾

2014 年 5 月，某山地光伏电站发生着火，当地林业部门和附近村民组织人员进行救火，火灾造成了数百万元的损失。事故原因：由于汇流箱电缆在施工时被拖拽磨损，在运行一段时间后绝缘失效，正负极电缆出现短路、拉弧，导致了着火事故的发生。某山地光伏电站火灾现场如图 1-2 所示。

图 1-2 某山地光伏电站的火灾现场

分析光伏电站的火灾事故的主要原因：由于设备和电缆老化或者故障，造成短路；熔断器、断路器选型和安装不当，造成直流拉弧；系统设计缺陷，电缆或者开关载流量偏少，选成局部温度过高；施工不当，电气设备螺丝拧得过松，电缆接头压接不牢，选成接头处接触电阻过大；螺丝拧得过紧，电缆接头压接变形，也会造成接头处接触电阻过大等。

1.3.2 重大设备事故案例

2017 年 7 月，某光伏电站遭遇恶劣天气，大风导致一些光伏电站支架倒塌，虽然没有造成人员伤害，但造成了不可挽回的财产损失。分析支架倒塌事故主要原因，主要是由于该光伏电站的支架不具有抗恶劣天气、抗大风的稳固性和承受力，造成光伏支架坍塌。某光伏电站支架倒塌现场如图 1-3 所示。

解决方案：重新计算光伏电站支架组件结构设计载荷，主要有构件自重和风压载荷、积雪载荷等。在计算支架结构时，载荷中最大的为风载荷，风载荷对光伏支架的影响起控制性作用，在光伏支架的载荷计算中将风载荷准永久值系数取 1.0。支架阵列需考虑侧向稳定性，在支架的侧面与背面加斜向上拉筋，会减少支架阵列振动，增加支架的稳定性。

图 1-3 某光伏电站支架倒塌现场

若在支架阵列的防风面加一些防风构造措施，如挡风墙等，将会很大程度地降低光伏阵列的风载荷系数，从而减小风载荷对组件支架的影响。

第2章 发电设备施工及运行安全技术

本章针对光伏电站的发电设备，包括光伏组件、汇流箱、逆变器，以及水面光伏电站特有的发电设备等，介绍其施工及运行过程中安全技术知识。

2.1 光伏组件

2.1.1 概述

光伏组件是具有封装及内部联结的，能单独提供直流电输出的，最小不可分割的太阳电池组合装置。主要由钢化玻璃、乙烯-乙酸乙烯酯共聚物（ethylene-vinyl acetate copolymer EVA）、电池片、背板、铝合金、接线盒、硅胶等材料组成。光伏组件结构图如图2-1所示。

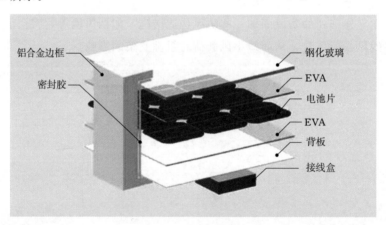

图2-1 光伏组件结构图

光伏组件类型及技术特性见表2-1。

表2-1 光伏组件类型及技术特性

类型	技术特性
多晶硅	1. 多晶硅光伏组件的转换效率比单晶硅产品略低，但是比非晶硅光伏组件转换效率要高。 2. 多晶硅光伏组件没有光致衰退效应，略微的材料质量差异不会导致太阳电池受影响
单晶硅	1. 单晶硅光伏组件的转换效率比多晶硅光伏组件和非晶硅光伏组件转换效率要高，并且可靠性高。 2. 单晶硅光伏组件内的太阳电池片运用先进的扩散技术，保证太阳电池片内各处转换效率的均匀性。 3. 单晶硅光伏组件内的太阳电池片应用高品质的金属浆料制作背场和电极，具有良好的导电性。 4. 单晶硅光伏组件没有光致衰退效应，略微的材料质量差异不会导致太阳电池受影响

类型	技 术 特 性
非晶硅薄膜	1. 生产成本低。 2. 高温性能好，当太阳电池片工作温度高于标准测试温度 25℃时，其最佳输出功率会有所下降。 3. 弱光响应好，非晶硅材料的吸收系数在整个可见光范围内，在实际使用中对低光强光有较好的适应
多元化合物薄膜	1. 硫化镉、碲化镉多晶薄膜电池的效率较非晶硅薄膜太阳电池效率高，成本较单晶硅电池低，并且易于大规模生产，但由于镉有剧毒，会对环境造成严重的污染。 2. 砷化镓（GaAs）Ⅲ-Ⅴ化合物电池的转换效率可达 28%，GaAs 化合物材料具有十分理想的光学带隙以及较高的吸收效率，抗辐照能力强，对热不敏感，适合于制造高效单结电池。但是 GaAs 材料的价格不菲，导致砷化镓化合物薄膜光伏组件成本较高。 3. 铜铟硒薄膜电池（cu indium selenide thin film battery，CIS）无光致衰退效应，转换效率和多晶硅一样，具有价格低廉、性能良好和工艺简单等优点，但是由于铟和硒都是比较稀有的元素，原料稀缺
多晶黑硅	由于黑硅材料能够捕捉几乎全部日光，可见光和红外线都能吸收，提高了光的使用效率，产生的电流是传统硅材料的几百倍，这使得多晶黑硅光伏组件效率明显优于普通多晶硅光伏组件
双玻	1. 双玻光伏组件适用于较多酸雨、盐雾大、风沙大地区的光伏电站。 2. 玻璃的绝缘性优于传统光伏组件背板，其使双玻组件可以满足更高的系统电压，以节省整个光伏电站的系统成本。 3. 传统光伏组件的衰减约为 0.7%，双玻组件为 0.5%。 4. 双玻光伏组件的防火等级由普通晶硅组件的 C 级升级到 A 级，使其更适合用于居民住宅、化工厂等需要避免火灾隐患的地区。 5. 玻璃的透水率几乎为零，不需要考虑水汽进入光伏组件诱发 EVA 胶膜水解的问题。因此双玻光伏组件尤其适用于海边、水边和较高湿度地区的光伏电站。 6. 双玻光伏组件不需要铝框，除非在玻璃表面有大量露珠的情况。没有铝框使导致电势诱导衰减（potential induced degradation，PID）发生的电场无法建立，大大降低了发生 PID 衰减的可能性

2.1.2 施工安全技术

1. 光伏组件运输安全

光伏组件运输道路应平整、通畅，所有桥涵、道路能够保证运输施工车辆安全通行。运输过程中，遇到颠簸路段应减速慢行，避免造成光伏组件玻璃破裂或内部隐裂。运输驾驶人员应严格遵守道路交通规则和交通运输法规。

2. 光伏组件安装安全

（1）光伏组件开箱前应查看外包装箱有无明显损坏变形，组件箱摆放后应用防雨布覆盖，做好防水、防风措施；开箱后应先从侧面查看光伏组件有无破损，破碎的光伏组件不能被修复，接触破碎光伏组件表面或边框的任何区域都会导致触电。

（2）光伏组件搬运时要使组件垂直放置；两个人同时用双手抓住边框，禁止拉扯导线，避免磕碰，轻搬轻放，不得有强烈的冲击和振动，不得重压，不得造成玻璃的划伤或破损。

（3）在施工现场存放时应在每两块光伏组件之间放置弹性垫块或者泡沫板，避免光伏组件面板直接接触，并且要摆放整齐。

（4）严禁在光伏组件上站立、踩踏或行走；严禁拆卸组件或去除光伏组件的任何部分；严禁在光伏组件上人为地聚集阳光；严禁在光伏组件潮湿或在大风天气时安装光伏组件。

（5）光伏组件暴露在光源下，可能产生致命的直流电压，因此在进行任何连接或断开连接的操作之前，注意隔离带电电路。

（6）安装人员要经过培训才可以进行操作，安装时必须佩戴绝缘手套和工作靴，必须严格遵守电力工程施工安全规程要求，按照光伏组件安装施工工艺要求操作。

（7）进行公母插头连接时，必须注意正负极接线正确，防止污物堵塞公母插头，严禁使用被污染的公母插头进行接插连接。同时，要确保公母插头的绝缘体间没有间隙，任何间隙都可能产生电弧，从而导致火灾或触电的危险。

2.1.3　运行安全技术

1. 光伏组件运行

（1）光伏组件投入运行时，检查确认光伏组件封装面完好无损伤，清洁，受光均匀，无污块。检查确认光伏组件背面引出线无损伤，引线部位封装良好。确保接地良好。

（2）在光伏方阵内作业前，应对作业范围内光伏组件的铝框进行测试，确认无电压。

（3）每 3 个月宜对光伏组件的接地进行一次全面检查。

（4）在大风、冰雹、大雨及雷雨天气过后应对光伏组件进行一次外观全面检查。

（5）光伏组件表面应整洁、平直，无明显划痕、皱纹、彩虹、裂纹、不可擦除污物，无腐蚀斑点、气泡等，边框整洁、无破损，连接点连接牢固。

（6）光伏组件背板无裂纹、明显划痕、碰伤、鼓包等，组件间接地线连接良好，光伏组件连接线清晰无伤痕、无过热。

（7）接线盒与光伏组件的连接牢固、无明显松动、密封良好，接线盒硅胶均匀溢出且与背板无可视缝隙、无断胶，接线盒的绝缘电阻大于 $400M\Omega$。

（8）公母插头应具有良好的自锁性，不得有锈蚀或镀层脱落，无虚焊且有明显的极性标识。电缆与连接器连接应牢固、无破损现象、正负极连接正确。

（9）遇有下列情况光伏组件应退出运行或更换：

1）组件效率明显降低时，分别测试单个组件电流电压，存在电流电压明显偏低时。

2）组件支架严重变形，危及组件安全时。

3）组件钢化玻璃破碎、热斑、有断栅、背板灼焦等现象时。

4）光伏组件内有大量气泡时。

5）光伏组件接线盒变形、扭曲、开裂或烧毁时。

6）光伏组件有大量蜗牛纹且组件温度明显偏高时。

7）组件输出回路需检修时，如汇流箱、逆变器等的检修。

2. 光伏组件检修

（1）光伏组件的日常维护检修宜选择在光照较弱的时段进行。

（2）严禁断开负载中的组件，以避免电弧和电击。如果需要，可在光伏组件表面盖一层不透明材料。

（3）光伏组件铝框有许多锋利尖角。进入光伏区的现场作业人员应穿着相应防护服装并佩戴安全帽以避免造成人员的剐蹭伤。禁止在衣服上或工具上出现钩子、带子、线头等容易引起牵绊的部件。

（4）严禁裸手触摸或操作表面玻璃已经破碎、边框脱落或背板受损的光伏组件，以及潮湿的开关插头。

（5）检修工作完毕后，应清点检修所携带的工具和物料，及时清理现场零件包装等物品。

（6）光伏组件清洗时应遵守以下规定：

1）严禁攀爬、踩踏、敲打光伏组件。

2）清洗时严禁裸手接触光伏组件和光伏组件之间的连接电缆，防止触电。

3）不得利用有机溶剂等清洗光伏组件。

4）夏季太阳辐照较强且组件温度超过60℃时不得直接用凉水冲洗光伏组件。

5）冬季温度较低于0℃时不得直接用凉水冲洗光伏组件。

6）不得在风力大于4级、沙尘、大雨或大雪的气象条件下清洗光伏组件。

7）严禁尝试在电缆破损或损坏的情况下清洗光伏组件，这可能会导致电击。

8）严禁将水喷洒在接线盒、汇流箱等设备上，以防漏电造成触电事故。

9）光伏电站的光伏组件清洗工作应选择在清晨、傍晚、夜间或阴雨天进行，严禁选择中午前后或阳光比较强烈的时段进行清洗工作。

光伏组件清洗时还要注意：①防止清洗过程中因为人为阴影带来光伏阵列发电量损失，甚至发生热斑效应；②中午或光照较好时组件表面温度相当高，防止冷水激在玻璃表面引起玻璃或组件损伤。

2.2 汇流箱

2.2.1 概述

汇流箱在光伏发电系统中是保证光伏组件有序连接和汇流功能的接线装置。该装置能够保障光伏系统在维护、检查时易于切断电路，当光伏系统发生故障时减小停电的范围。汇流箱外观图如图2-2所示。

汇流箱类型及技术特性见表2-2。

图2-2　汇流箱外观图

表 2 - 2　　　　　　　　　　　汇流箱类型及技术特性

类型	技 术 特 性
直流	1. 可同时接入多路太阳能光伏阵列，每路额定电流可达 10A，最大 15A。 2. 防水等级为 IP65，满足室内外安装要求。 3. 具备防雷及过流保护功能，并通过通信监测 1~16 路光伏串的电流值、功率、电压值和汇流电压值。 4. 箱体采用全密封设计，防尘、防水、防静电及保温；适用于环境条件恶劣及低温地区。 5. 电压输入：额定 1000V，测量范围 0~1500V
交流	1. 电压涵盖范围广可配套 AC400~AC690V 不同电压的逆变器使用。 2. 防护等级为 IP65，满足室内外安装要求。 3. 标配四级防雷模块，全模保护。 4. 重量轻、体积小、安装方便。 5. 具有 RS485 通信接口，使用 Mod Bus - RTU 通信协议
集散式	1. 集散式汇流箱采用多路最大功率点跟踪（maximum power point tracking，MPPT）太阳能控制器设计，通过提升后级逆变器输入电压，可降低交直流输电和逆变器自身损耗，实现系统高效率运行。 2. 集散式汇流箱是在传统的光伏汇流箱内部增加 DC/DC 升压变换硬件单元和 MPPT 控制软件单元，实现了每 2~4 串 PV 组件对应 1 路 MPPT 的分散跟踪功能，大大降低了组件参数不一致、局部阴影、仰角差异等导致的效率损失

2.2.2　施工安全技术

1. 汇流箱安装

汇流箱安装位置应符合设计要求，室外安装的防护等级应达到 IP65。汇流箱应设置浪涌保护器，正负极都具备防雷功能。汇流箱接地应牢固、可靠，外壳应通过固定夹具与金属屋面形成等电位接地体；浪涌接地端与外壳应可靠连接，且满足接地电阻要求（不大于 4Ω）。汇流箱组串电缆接引前必须确认组串处于断路状态。

2. 汇流箱运输

汇流箱在运输过程中不应有剧烈震动、冲击和倒放。运输时，应符合《电工电子产品应用环境条件　第 2 部分　运输》（GB/T 4798.2—2008）中 2M3 等级的要求。

2.2.3　运行安全技术

1. 汇流箱运行

（1）确保汇流箱通信与后台监控通信正常。

（2）汇流箱及箱内接线清晰，各设备标识（标记）完整，各个接线端子不应出现松动、锈蚀现象。

（3）汇流箱各支路熔断器应插到位。

（4）汇流箱安装稳定牢固、平整、无剥落、裂痕等，箱体必须可靠接地。

（5）在汇流箱内检查通信设备时应断开断路器，拉开各支路熔断器端子。

（6）运行中汇流箱应密封良好，不得存在变形、锈蚀、漏水、积灰等现象，箱体外表面的编号、安全警示标识应完整无破损。

（7）箱内各电缆头、引出线、各部元件均无烧伤、过热现象。

（8）汇流箱各组串支路电流应均匀平衡，当某一支路组串电流异常时，值班人员应及时分析并现场检查处理。

2. 汇流箱检修

（1）检查汇流箱是否存在变形、锈蚀、漏水、积灰现象。

（2）检修人员必须戴绝缘手套，断开汇流箱内总空气开关。

（3）检查汇流箱内各个接线端子是否存在松动、锈蚀等现象。

（4）用热成像仪检查汇流箱内各熔断器端子、汇流箱内汇流铜排稳定是否正常。

（5）检查汇流箱内通信模块接线是否正常。

（6）检查汇流箱防雷模块是否正常。

2.3 逆变器

2.3.1 概述

通常将完成逆变功能的电路称为逆变电路，把实现逆变过程的装置称为逆变设备或逆变器。光伏并网逆变器就是将光伏组件方阵发出的直流电转化成交流电后馈入电网的设备。逆变器外观图如图 2-3 所示。

逆变器类型及技术特性见表 2-3。

图 2-3 逆变器外观图

表 2-3　　　　　　　逆变器类型及技术特性

类型	作　用	技　术　特　性
集中式	将光伏组件产生的直流电汇总转变为交流电后进行升压、并网，光伏电站中一般采用 500kW 以上的集中式逆变器	1. 功率大，数量少，便于管理，元器件少，稳定性好，便于维护。 2. 谐波含量少，电能质量高，保护功能齐全，安全性高。 3. 有功率因素调节功能和低电压穿越功能，电网调节性好。 4. 集中式逆变器 MPPT 电压范围较窄，不能监控到每一路组件的运行情况。 5. 自身耗电以及机房通风散热耗电量大
组串式	将光伏组件产生的直流电直接转变为交流电汇总后升压、并网，光伏电站中一般采用 50kW 以下的组串式逆变器	1. 不受组串间模块差异和阴影遮挡的影响。 2. MPPT 电压范围宽，在阴雨天、雾气多的地区发电时间长。 3. 自耗电低、故障影响小。 4. 功率器件电气间隙小，不适合高海拔地区。 5. 户外型安装，风吹日晒很容易导致外壳和散热片老化。 6. 逆变器数量多，总故障率会升高，系统监控难度大。 7. 不带隔离变压器设计，电气安全性稍差，不适合薄膜组件负极接地系统

类型	作　用	技　术　特　性
集散式	集合了集中式逆变器低成本，组串式逆变器发电量高的优点	1. 与集中式对比，"分散 MPPT 跟踪"减小了失配的几率，提高了发电量。 2. 与集中式及组串式对比，集散式逆变器具有升压功能，降低了线损。 3. 安全性、稳定性以及高发电量等特性还需要经历工程项目的检验

2.3.2　施工安全技术

1. 逆变器安装

逆变器安装位置应符合设计要求，室外安装防护等级达到 IP65，设置浪涌保护器，正负极都具备防雷功能。逆变器的接地应牢固、可靠，外壳通过固定夹具与金属屋面形成等电位接地体；浪涌接地端与外壳可靠连接，且满足接地电阻要求（不大于 4Ω）。逆变器组串电缆接引前必须确认组串处于断路状态。

2. 逆变器运输

逆变器运输前应由专人对运输线路、信号系统、处道岔位置、跑车防护装置等进行全面巡回检查，发现问题和安全隐患及时处理。运输时，必须低速慢行，不准忽快忽慢，以防设备车掉道。运输过程中若设备车掉道，在上道时，要防止设备车倾斜，以防倾倒伤人，用千斤顶进行上道，严禁强拉硬拖。车辆上道必须由跟班队长指挥，并采取防止车辆倾倒的临时措施。运输过程严禁人员跟车，在运输路线的每个岔口各派一人设警戒。其他人员严禁进入运输路线内工作或逗留。开车时如有异常声音和异常情况，要立即停车检查，恢复正常后才可使用。

2.3.3　运行安全技术

1. 逆变器运行

（1）运行中运行人员应加强对逆变器的定期检查和巡检工作，严密监视逆变器运行温度，注意高负荷时段的逆变器温度运行记录，在出现逆变器温度过高时要对逆变器室进行强迫通风，降低逆变器室的环境温度，必要时要降低逆变器输出功率，保证逆变器的安全运行。

（2）在逆变器出现不明原因的高温状态时，要检查逆变器的内部冷却系统工作是否正常，有无冷却风扇停转现象，检查冷却系统管路有无堵塞现象，检查空气过滤部分是否灰尘过多，影响通风。检查内部其他元件是否存在过热现象以导致逆变器整体温度过高，必要时应迅速停止运行逆变器，断开直流输入侧的直流断路器，断开交流断路器，防止出现逆变器着火，元器件严重损害的设备事故发生。

（3）在逆变器室内严禁堆放任何其他易燃物品，日常运行维护工作中加强逆变器及与之相关设备的保护定值检查，确保在出现逆变器进出线路异常运行时不会导致逆变器设备的保护失效，进而造成逆变器及其相关设备着火的情况。

（4）加强逆变器进出电缆的运行检查，保障电缆无超温、过载或带隐患运行，防止电缆线路着火引起逆变器着火。

（5）在日常维护中应严格按照逆变器操作手册要求进行，不得擅自改变操作步骤，严禁在带负荷不停机的情况下，断开交流侧或直流侧断路器，迫使逆变器停机的情况出现。

（6）加强工作用电源的高可靠性，避免出现因工作用电源突然中断引起逆变器强迫停机，以致减少逆变器使用寿命的情况。

2. 逆变器检修

（1）检修人员必须穿着绝缘鞋，佩戴绝缘手套、安全帽，做好防护措施，确保人身安全。

（2）确保设备对地电阻小于 0.5Ω，确保良好接地。

（3）光伏并网逆变器检修工作必须严格按照相关的检修指导文件进行，必要时需厂家配合进行。

（4）光伏并网逆变器检修前需严格按照检修、维护操作流程执行，光伏并网逆变器检修维护时应防止高温危害，避免烫伤。

（5）光伏并网逆变器停机后，验电确保安全，必须待直流端口电压小于50V，交流端口电压小于36V时，方可进行维护检修工作。检修维护人员对电路板或功率器件操作时，应采取防静电措施。

2.4　水面光伏电站特有设备

2.4.1　水面光伏电站锚固系统

水面光伏电站锚固系统主要分为预制管桩锚固型式、混凝土锚固型式及金属螺旋桩锚固型式等，主要用于地基基础与浮体方阵之间的连接。水面光伏电站特有的锚固系统图如图2-4所示。

水面光伏电站锚固系统类型、作用及技术特性见表2-4。

2.4.1.1　施工安全技术

（1）水面光伏电站的每个发电单元四周水底设置锚固系统，每个光伏发电单元内部由主浮体、副浮体、过道浮体通过螺栓连接。

（2）水上锚固系统采用打桩与水泥锚块相结合的固定模式。当水上浮体离岸边较近时，采取缆绳岸边固定。

（3）水面光伏发电单元的锚固系统施工应按下列要求进行检查：

图2-4　水面光伏电站特有的锚固系统图

表 2 - 4　　　　　　　水面光伏电站锚固系统类型、作用及技术特性

类型	作　　用	技　术　特　性
预制管桩	在地质条件稳定区域多采用预制管桩，管桩基础深入持力层，与浮体方阵采用金属连接件进行连接	锚固系统方案需根据光伏场区水底地质、水位变化、水下地形条件，设计具有适应水位变化能力的锚固系统。不因风浪或水位变化因素造成锚固位移或损坏浮体，确保漂浮方阵系统安全稳定运行
重力锚	采用现浇或预制形式形成的混凝土锚块，依靠重力作用，通过锚索在锚块与方阵之间形成有效连接	
锚索	一般采用不锈钢材质，与方阵连接件处预留一定冗余量，适应水位变化，设计强度符合设计规范要求	
连接件	连接浮体耳板与锚索的连接件材质采用不锈钢或防腐性能满足要求的材质，连接方式考虑耳板设计强度、组件方阵规模大小。连接数量、布置方式符合规范设计要求	

1) 施工技术准备施工图纸齐全，进行技术交底，图纸会审。

2) 浮体技术符合设计要求。

3) 锚块的名称、数量、型号规格符合设计要求，锚块制作符合规范要求。

4) 锚固方阵所需锚块的数量及规格满足方阵锚固安装条件。

5) 锚索的数量、长度符合设计文件要求，预留一定的冗余量。

（4）在岸边开模浇筑混凝土锚块，待其养护完成后，由起重机吊至漂浮安装平台上或船上。

（5）漂浮平台或起重船将混凝土锚块运至设计指定位置，在锚钩上固定钢绞线一端，通过人工或起吊船将锚块抛入水中，在钢绞线另一端固定漂浮指示物。

2.4.1.2　运行安全技术

水面光伏电站锚固系统运行安全技术主要包括发电单元锚固系统自身安全、运行巡检安全。

（1）检查光伏发电单元自身锚固系统连接件及锚索是否存在松动、锈蚀、脱落。

（2）检查预制管桩或混凝土锚块、金属螺旋桩等锚固基础牢固性，以及是否存在不均匀沉降、锚固位移等。

（3）运行检查锚固系统，确保其在运行过程中锚索冗余在设计容许范围内，适应水位正常变化。

（4）运行检查发电单元，确保其在极限风力、波浪、水流荷载作用下，发电单元锚固系统的安全性在设计规范容许范围内。

（5）检查水上光伏发电单元方阵位移是否在容许范围，防止方阵间碰撞。

2.4.2　水面光伏连接浮体及箱式变压器浮台

漂浮式水面光伏电站采用浮体连接方式固定组件，浮体分主浮体、副浮体等连接浮体，通过螺栓相互连接形成整体。箱式变压器浮台主要分钢制浮台和钢筋混凝土浮台

等，主要用于支撑上部箱式变压器载荷。连接浮体及箱变浮台图如图2-5所示。

水面光伏电站特有的连接浮体及箱式变压器浮台技术特性见表2-5。

表2-5　　　　　水面光伏连接浮体及箱式变压器浮台概述及技术特性

名称	概　　述	技　术　特　性
浮体	浮体主材料一般采用高密度聚乙烯，原材料符合国家对高密度聚乙烯材料制定的相关规范要求	水面光伏电站浮体技术性能应满足浮体基本的物理性能、关键部位金属连接性能、材料抗UV紫外老化性能、浮筒间螺栓螺母连接强度性能、耐环境应力开裂性能、冲击脆性温度性能、耐热老化温度性能、材料阻燃性能、浮体环保性能、浮筒弯折疲劳性能、耐液体化学试剂性能，各项性能指标符合国家或行业规范标准。 钢制箱式变压器平台、钢筋混凝土箱变平台制作单位应具备资质，设计、施工满足国家规范要求
浮体系统	浮体系统包括主浮体、过道浮体、组件连接件及锚固系统，浮体之间螺栓连接，构成浮体方阵基本组成部分	
钢制箱式变压器平台	钢浮箱式漂浮平台结构主要依靠钢板和内部钢支撑形成整体漂浮于水面，浮台四周均为为钢板焊接，钢板内外均采用镀锌防腐处理	
钢筋混凝土箱变平台	采用钢筋混凝土浮台作为承重基础，施工现场满足养护条件下可现场支模浇筑，或者采用预制厂预制，箱式变压器平台内部填充泡沫	

施工安全技术主要内容有：

（1）浮体型式应为在主浮体上安装一块光伏组件，通过过道浮体（副浮体）将主浮体连接在一起，各浮体之间不应采用钢性连接。

（2）相关标准规定，在25年使用周期内，浮体系统需能适应风力、浪高、水流等外部环境条件。

（3）开工前，应编制和审查浮体、光伏组件安装专项施工技术方案。

图2-5　连接浮体及箱式变压器浮台图

（4）光伏组件、浮体设备材料进场，应对到货产品进行现场检查，剔除残次品，分类堆放，集中处理。

（5）依据各操作手册及指导书，对施工班组进行技术交底培训。

（6）施工时，先在岸边组装好一批浮体与光伏组件后，通过码头上设置的钢管导轨，推入水中，通过机动船拖到设计图纸指定水域。拼装顺序以光伏组装平台为基准，由远及近拼装。

（7）水上光伏组串式逆变器和交流汇流箱的安装采用浮筒作为主要安装平台，浮筒与设备之间通过转接件安装。

（8）在项目设计阶段，根据防洪设计要求，浮体方阵、箱式变压器浮台锚绳设计等应预留足够冗余量，以适应水位变化要求。

2.5　事故及异常处理

2.5.1　光伏组件事故及异常处理

当光伏组件发生火灾时，应立即将逆变器停机并切断电源，迅速采取灭火措施，防止火势蔓延。突遇雷雨天气时，人员应及时撤离光伏发电区；来不及撤离时，不得碰触任何金属物体。

2.5.2　汇流箱事故及异常处理

1. 汇流箱断路器跳闸处理

检查汇流箱内有无烧毁痕迹，检查各支路正负极对地电压是否正常，若检查结果正常，重新合上断路器，如瞬间又跳开，则更换断路器，查看故障是否排除。

2. 汇流箱支路熔断器烧坏处理

断开汇流箱内直流断路器并拉开支路正负极熔断器，检测正负极出入电压及相应支路光伏组件的开路电压是否正常，用万用表确认熔断器是否通断，若熔断器不通则更换备件熔断器，合上被检修支路熔断器和直流断路器，检查故障是否排除。

3. 汇流箱通信中断处理

紧固汇流箱 485 通信线，检查其屏蔽层是否可靠接地，若可靠接地则更换主控通信模块保险，检查故障是否排除。

4. 汇流箱烧毁处理

检查各路电池组件及汇线，查明组件电压是否正常，汇线是否有短路情况，并确定断电后，使用干粉灭火器进行灭火，更换汇流箱，检查故障是否排除。

2.5.3　逆变器事故及异常处理

（1）逆变器 MPPT 控制器出现声音异常、焦味、冒烟等异常情况或可能遭受水灾时，应立即断开输入输出开关。

（2）逆变器出现声音异常、焦味、冒烟等异常情况时，应立即停止逆变器运行。

（3）集中式、集散式逆变器着火时，应迅速断开着火逆变器与相邻逆变器相应箱变低压侧开关。确定断电后，使用干粉灭火器进行灭火。

（4）组串式逆变器着火时，应迅速断开相应交流汇流箱对应支路开关。确定断电后，使用干粉灭火器进行灭火。

2.6　标准依据

发电设备施工及运行必须遵照的相关标准及规范见表 2-6。

表 2 - 6　　　　　　　　　　　发电设备施工及运行的标准依据

序号	名　　称	编号或计划号
1	电业安全工作规程　第1部分：热力和机械	GB 26164.1—2010
2	电力安全工作规程　发电厂和变电站电气部分	GB 26860—2011
3	港口工程结构可靠性设计统一标准	GB 50158—2010
4	电气装置安装工程　电缆线路施工及验收规范	GB 50168—2006
5	光伏发电站施工规范	GB 50794—2012
6	太阳光伏能源系统术语	GB/T 2297—1989
7	地面用晶体硅光伏组件　设计鉴定和定型	GB/T 9535—1998
8	地面用薄膜光伏组件　设计鉴定和定型	GB/T 18911—2002
9	光伏系统并网技术要求	GB/T 19939—2005
10	光伏（PV）组件安全鉴定　第1部分：结构要求	GB/T 20047.1—2006
11	光伏发电工程验收规范	GB/T 50796—2012
12	光伏发电站汇流箱检测技术规程	GB/T 34933—2017
13	光伏发电站安全规程	GB/T 35694—2017
14	光伏发电站汇流箱技术要求	GB/T 34936—2017
15	低压成套开关设备和控制设备　第1部分：总则	GB/T 7251.1—2013
16	低压系统内设备的绝缘配合　第1部分：原理、要求和试验	GB/T 16935.1—2008
17	光伏发电站接入电力系统技术规定	GB/T 19964—2012
18	光伏发电并网逆变器技术规范	NB/T 32004—2013
19	集散式汇流箱技术规范	NB/T 42103—2016

第3章 输电设备施工及运行安全技术

本章针对光伏电站的输电设备，包括送出线路设备、集电线路设备、光伏专用电缆线路等，介绍其施工及运行维护中安全技术方面的知识。

3.1 送出线路设备

3.1.1 概述

送出线路是输送电能，实现各发电厂（站）与变电站（所）联网的电力线路，主要由杆塔、绝缘子串、导线、接地装置、金具等组成。送出线路图如图3-1所示。

图3-1 送出线路图

送出线路组成及作用见表3-1。

表3-1　　　　　　　　　　送出线路组成及作用

组成	作　　用
杆塔	杆塔的用途是支持导线、架空地线和其他附件，以使导线之间、导线与架空地线、导线与地面及交叉跨越物之间保持一定的安全距离。 杆塔按用途分类有直线杆塔、跨越杆塔、耐张杆塔、转角杆塔、T接杆塔、终端杆塔及换位杆塔等
绝缘子串	绝缘子串指两个或多个绝缘子元件组合在一起，柔性悬挂导线的组件。 在输电线路中的绝缘子串，由于杆塔结构、绝缘子结构型式、导线大小和每相导线的根数以及电压等级的不同，使其的组装型式有所不同，主要分为悬垂绝缘子串、耐张绝缘子串、V形绝缘子串、链状形绝缘子串等

组成	作 用
导线	导线是用来传导电流、输送电能的元件。架空裸导线一般每相一根，220kV 及以上线路采用相分裂导线，即每相采用两根及以上的导线。每根导线在每一个档距内只准有一个接头，在跨越公路、河流、铁路、重要建筑、电力线和通信线等处，导线和架空地线均不得有接头
接地装置	接地装置由架空地线和接地引下线、接地体组成。 架空地线一般采用钢芯铝绞线，且不与杆塔绝缘而是直接架设在杆塔顶部，并通过杆塔或接地引下线与接地装置连接。 架空地线的作用是减少雷击导线的机会，提高耐雷水平，减少雷击跳闸次数，保证线路安全送电
金具	金具在送电线路中，主要用于支持、固定和接续导线及绝缘子连接成串，也用于保护导线和绝缘子。按金具的主要性能和用途，可分线夹类、联结金具类、接续金具类、保护金具类等类型

3.1.2 施工安全技术

1. 测量

（1）测量用的仪器及量具在使用前应进行检查。

（2）使用经纬仪和全站仪测量时，器精度等级不应低于 2″ 级。

（3）档距复测宜采用全站仪或卫星定位施测。施测应以设计提供的坐标值为依据进行检验或校核，塔位中心桩与前后方向桩的距离不宜小于 100m。

（4）分坑测量前应依据设计提供的数据复核设计给定的杆塔位中心桩，并应以此为测量的基准。

（5）测量时应重点复核导线对地距离（含风偏）有可能不够的地形凸起点的标高、杆塔位间被跨越物的标高及相邻杆塔位的相对高差。实测值相对设计值的偏差不应超过 0.5m，超过时应会同设计方查明原因。

（6）导线对地面最小距离要求应满足表 3−2 的规定。

表 3−2　　　　　　　　　　导线对地面最小距离　　　　　　　　　　单位：m

线路经过地区	对应线路标称电压等级/kV				
	110	220	330	500	750
居民区	7.0	7.5	8.5	14	19.5
非居民区	6.0	6.5	7.5	11（10.5①）	15.5②（13.7③）
交通困难地区	5.0	5.5	6.5	8.5	11.0

① 用于导线三角排列的单回路。

② 对应导线水平排列单回路的农业耕作区。

③ 对应导线水平排列单回路的非农业耕作区。

2. 运输与装卸

（1）冬季车辆行经冰冻河（水）面，应根据当地气候情况和冰冻程度决定是否行车，不得盲目行驶。

（2）装载超长、超高物件时，物件重心与车厢承重中心应基本一致。

（3）运输滚动物件时应使用木楔等掩牢并捆绑牢固。

（4）采用超长架装载超长物件时，其尾部应设置警告标志。超长架与车厢应固定，物件与超长架及车厢应捆绑牢固。

（5）汽车起重机作业前，应将支腿支在坚实的地面上或铺垫枕木。起重作业场地应平整，并避开沟、坑洞或松软土质。

（6）吊件和起重臂活动范围内的下方严禁有人通行或停留。

（7）严禁吊件从人员上空越过。

（8）严禁起重臂跨越架空线路进行作业。

3. 基础工程

（1）土方开挖前应熟悉周围环境、地形地貌，制定施工方案，作业时应有安全施工措施。

（2）在有电缆、光缆及管道等地下设施的地方开挖时，应事先取得有关管理部门的意见，并有相应的安全措施及专人监护。不得使用冲击工具或机械挖掘。

（3）人工开挖时，应事先清除空口附近的浮土，向坑外抛扔土石时，应防止土石回落伤人。当基坑深度达 2m 时，宜用取土器械取土，不得人工采用铁锹类工具直接向坑外抛扔土。

（4）挖掘泥水坑、流沙坑时，应采取安全技术措施。使用挡土板时，应经常检查其有无变形或断裂现象。

（5）在开挖石方使用凿岩机或风钻打孔时，操作人员应戴口罩和风镜，手不得离开钻把的风门，更换钻头应先关闭风门。

（6）在爆破施工时，炸药和雷管应有专人保管、专人领用，并严格办理领退手续；炸药和雷管应分别携带。

（7）火雷管的装药与点火、电雷管的接线与引爆必须由同一人担任，严禁两人操作。

（8）基础钢筋连接应符合现行《钢筋机械连接技术规范规程》（JGJ 107—2016）和《钢筋焊接及验收规程》（JGJ 18—2012）的有关规定。

（9）基础浇筑前应按现行《普通混凝土配合比设计规程》（JGJ 55—2011）的有关规定对设计混凝土强度等级和现场浇制使用的砂、石、水泥等原材料进行试配，确定混凝土配合比。

（10）整基杆塔基础尺寸施工容许偏差应符合表 3-3 的规定。

4. 杆塔工程

（1）杆塔组立过程中，应采取防止构件变形或损坏的措施。

（2）当采用螺栓连接构件时，螺栓应与构件平面垂直，螺栓头与构件间的接触处不应有空隙。

表 3 – 3   整基杆塔基础尺寸施工容许偏差

项　　目		地脚螺栓式		主角钢（钢管）插入式		高塔基础
		直线	转角	直线	转角	
整基基础中心与中心桩间的位移/mm	横线路方向	30	30	30	30	30
	顺线路方向	—	30	—	30	—
基础根开及对角线尺寸/‰		±2		±1		±0.7
基础顶面或主角钢（钢管）操平印记间相对高差/mm		5		5		5
插入式基础的主角钢（钢管）倾斜率		—		3‰		—
整基基础扭转/(°)		10		10		5

注：1. 转角塔基础的横线路是指内角平分线方向，顺线路方向是指转角平分线方向。
　　2. 基础根开及对角线是指同组地脚螺栓中心之间或塔腿主角钢准线间的水平距离。
　　3. 相对高度差是指地脚螺栓基础抹面后的相对高差或插入式基础的操平印记的相对高差。
　　4. 高低腿基础顶面标高差是与设计标高相比。
　　5. 高塔是指按大跨越设计，塔高在 100m 以上的铁塔。
　　6. 插入式基础的主角钢（钢管）倾斜率的运行偏差为设计值的 3‰。

（3）螺栓穿入水平方向时应由内向外，垂直方向应由下向上。

（4）杆塔连接螺栓应逐个紧固，受剪螺栓紧固扭矩值不应小于表 3 – 4 的规定，其他受力情况螺栓紧固至应符合设计要求。

表 3 – 4　　受剪螺栓紧固扭矩值

螺栓规格	扭矩值/(N·m)
M16	80
M20	100
M24	250[①]

①　250 为 8.8 级螺栓的扭矩值。

（5）杆塔连接螺栓在组立结束时应全部紧固一次，检查扭矩值合格后方可架线。架线后，螺栓还应复紧一遍。

（6）分解组立铁塔时，基础混凝土的抗压强度必须达到设计强度的 70%，整体立塔时，基础混凝土的抗压强度必须达到设计强度的 100%。

（7）铁塔组立后，塔脚板应与基础面接触良好，有空隙时应用铁片垫实，并应浇筑水泥砂浆。铁塔应检查合格后方可浇筑混凝土保护帽，其尺寸应符合设计规定，并应与塔脚结合严密，不得有裂缝。

（8）杆塔的拉线应在监控下对称调整并收紧，应防止过紧或受力不均而使杆塔产生倾斜或局部弯曲。

5. 架线工程

（1）电压等级在 110kV 以上的线路工程的导线、光纤复合架空地线（optical power grounded waveguide，OPGW）展放应采用张力放线，其他架空地线展放宜采用张力放线。

（2）张力放线过程中应有防止产出导线松股、断股、鼓包、扭曲等现象的措施。

（3）当导线或架空地线因断股、受损等情况需要连接时，应使用合格的电力紧急配套连接管及耐张线夹进行连接。

（4）紧线施工应在机舱混凝土强度达到设计规定、全紧线段内杆塔已全部检查合格后方可进行。

（5）以耐张型杆塔为紧线塔时，应按设计要求装设临时拉线进行补强。采用悬垂直线杆塔紧线时，应选取设计容许的悬垂杆塔做紧线临锚塔。

（6）紧线弧垂在挂线后应随即在该观测档检查，其容许偏差应符合表 3-5 的规定。

表 3-5　　　　　　　　　　　　弧　垂　容　许　偏　差

线路电压等级	110kV	220kV
紧线弧垂在挂线后	+5%，-2.5%	±2.5%
跨越通航河流的大跨越档弧垂	±1%，正偏差不应超过 1m	

（7）绝缘子安装前应逐个（串）表面清理干净，并逐个（串）进行外观检查。瓷（玻璃）绝缘子安装时应检查碗头、球头与弹簧销子之间的间隙。在安装好弹簧销子的情况下球头不得自碗头中脱出。有机复合绝缘子表面不应有开裂、脱落、破损等现象，绝缘子的芯棒与端部附件不应有明显的歪斜。

（8）安装金具的镀锌层有局部碰损剥落或缺锌时，应除锈后补刷防锈漆。

（9）金具上所用闭口销的直径应与孔径相配合，且弹力适度。开口销和闭口销不应有折断和裂纹等现象，当采用开口销时应对称开口，开口角度不宜小于 60°，不得用线材和其他材料代替开口销和闭口销。

（10）防振锤及阻尼线与被连接的导线或架空地线应在同一铅垂面内，设计有要求时应按设计要求安装。其安装距离容许偏差应为 ±30mm。

（11）光纤复合架空地线架设过程中不应与地面直接接触，与地面接触位置应有隔离保护措施。紧线时，应使用专用夹具或耐张预绞丝。

6. 接地工程

（1）架空线路杆塔的每一腿都应与接地体线连接；接地体的规格、埋深不应小于设计规定。

（2）接地体间连接应采用焊接或液压方式。当采用搭接焊接时，圆钢的搭接长度不应少于直径的 6 倍并应双面施焊；扁钢的搭接长度不应少于其宽度的 2 倍并应四面施焊。当采用液压连接时，接续管的壁厚不得小于 3mm；对接长度应为圆钢直径的 20 倍，搭接长度应为圆钢直径的 10 倍。

（3）接地体的连接部位应采取防腐措施，防腐范围不应少于连接部位两端各 100mm。

（4）接地电阻的测量可采用接地装置专用测量仪表。所测量的接地电阻值不应大于设计工频接地电阻值。

3.1.3　运行安全技术

1. 送出线路巡视

（1）线路运行单位应定期装置巡视，同时明确巡视的范围和电力设施保护等责任。

（2）线路巡视以地面巡视为基本手段，并辅以带电登杆（塔）检查，空中巡视等。巡视应沿线路逐基逐档进行，不得出现漏点（段）。

（3）正常巡视包括对线路本体、附属设施及通道环境的检查，巡视周期根据设备运行状况及通道环境结合本单位实际自行制定。

（4）故障巡视应在线路故障后及时进行，巡视人员由运行单位根据需要确定。巡视范围为发生故障的区段或全线。线路发生故障时，不论开关重合是否成功，均应及时组织故障巡视。发现故障点后应及时报告，遇到重大事故应设法保护现场。对引发事故的特种物件应妥善保管设法取回，并对事故现场进行记录、拍摄，以便为事故分析提供证据或参考。

（5）特殊巡视应在气候剧烈变化、自然灾害、外力影响、异常运行和对电网安全稳定运行有特殊要求时进行。特殊巡视根据需要及时进行，巡视的范围视情况可为全线、特定区段等。

（6）通道环境巡视应对线路通道、周边环境、沿线交跨、施工作业等情况进行检查，及时发现和掌握线路通道环境的动态变化情况。

（7）线路巡视中，如发现缺陷或线路遭到外力破坏等情况，应立即采取措施，并向上级或有关部门报告，以便尽快处理。对巡视中发现的可疑情况或无法认定的缺陷，应及时上报以便组织复查、处理。

（8）线路巡视内容及周期可参照表3-6执行。

表 3-6　　　　　　　　　　　　线路巡视内容及周期表

巡视对象		巡视内容	巡视周期
线路本体	地基与基面	回填土下沉或缺土、水淹、冻胀、堆积杂物等	城市及近郊区域巡视周期一般为1个月； 远郊、平原等一般区域巡视周期一般为2个月； 高山大岭、沿海滩涂、戈壁沙漠等车辆人员难以到达的区域的巡视周期一般为3个月
	基础	破损、酥松、裂纹、漏筋、基础下沉、保护帽破损、边坡保护不够等	
	杆塔	杆塔倾斜、主材弯曲、地线支架变形、塔材缺失、落实缺失、锈蚀、脚钉缺失、爬梯变形等	
	接地装置	断裂、锈蚀、落实松脱、接地带丢失、接地带外露、接地带连接部分有雷电烧痕等	
	拉线及基础	拉线金具等被拆卸、拉线棒锈蚀、拉线松弛、断股、基础回填土下沉等	
	绝缘子	伞裙破损、严重污秽、有放电痕迹、弹簧销缺损、钢帽裂纹、断裂、绝缘子串顺线方向倾角大于7.5°等	
	导线、地线、OPGW	散股、断股、断线、放电痕迹、导线接头部位过热、悬挂漂浮物、弧垂过大或过小、锈蚀、电晕现象、覆冰、舞动等	
	金具	线夹断裂、裂纹、磨损、销钉脱落、锈蚀、均压环、屏蔽环烧灼、防振锤跑位、脱落、阻尼线变形等	
附属设施	防雷装置	避雷器动作异常、计数器失效、破损、引线松动等	
	放鸟装置	破损、变形、螺栓松脱、缺失等	
	各种监测装置	缺失、破损、功能失效等	
	杆号、警告、防护、指示、相位等标志	缺失、破损、字迹或颜色不清、锈蚀等	
线路通道环境		线下建（构）筑物变化、树木与导线安全距离、线下有无危及线路安全的施工作业、有无新建或改建的电力、通信、道路等交叉跨越等	

2. 送出线路检修

（1）送出线路运行单位应建立健全线路检修、事故抢修机制。检修工作应根据解决特点和要求安排，事故抢修应及时。

（2）检修除处理缺陷外，应对杆塔上各部件进行检查，检查结果应在现场记录。

（3）检修工作应遵循检修工艺要求及质量标准。更换部件（如塔材、横担、导线、地线、绝缘子、金具等）时，要求更换后的新部件强度和参数不低于原设计要求。

（4）线路检修的主要项目及周期可参照表3-7执行。

表3-7　　　　　　　　　　　　线路检修主要项目及周期表

序号	项　　目	周期	检　修　要　求
1	杆塔紧固螺栓	必要时	新线投运需紧固1次
2	混凝土杆内排积水，修补防冻装置	必要时	根据季节和巡视结果在结冻前进行
3	绝缘子清扫	1～3年	根据污秽情况、盐密测量、运行经验调整周期
4	防振器和防误动装置检修调整	必要时	根据测振仪监测结果调整周期进行
5	修剪通道内树、竹	必要时	根据巡视结果确定，发现危急情况随时进行
6	修补防汛设施	必要时	根据巡视结果随时进行
7	修补巡线道、桥	必要时	根据现场需要随时进行
8	修补防鸟设施和拆巢	必要时	根据需要随时进行
9	各种在线监测设备维修调整	必要时	根据监测设备监测结果进行
10	瓷绝缘子涂RTV长效涂料	必要时	根据涂刷RTV长效涂料绝缘子表面的憎水性确定

3.2 集电线路设备（高压电缆）

3.2.1 概述

用变压器将发电机发出的电能升压后，再经断路器等控制设备接入集电线路。集电线路可分为架空集电线路和电缆线路。集电线路外观图如图3-2所示。

集电线路分类及特性见表3-8。

图3-2　集电线路外观图

表3-8　　　　　　　　　　　　集电线路分类及特性

分类	特　　　性
地埋集电线路	地埋集电线路由地埋电缆、电缆中间接头、线路端头、接地装置等组成。 主要优点是运行故障率相对较低、运行维护费用较低、可靠性比架空线路高、适应各种恶劣气象条件、美观、占用空间小、不受自然气象条件（如雷电、风雨、烟雾、污秽等）的干扰、有利于防止触电和安全用电。 主要缺点是建设期一次性投资费用高，故障点查找困难，同样的导线截面积，输送电流比架空线路的小
架空集电线路	架空集电线路由线路杆塔、导线、绝缘子、线路金具、拉线、杆塔基础、接地装置等构成，架设在地面之上。 主要优点是建设期一次性投资费用低，易于施工，建设周期短，运行维护中故障点明显。 主要缺点是运行故障率相对较高、运行维护费用较高、可靠性比地埋电缆线路低、不美观、占用空间、易遭雷击

3.2.2 施工安全技术

1. 地埋电缆的施工技术要求

（1）电力电缆的弯曲半径一般应为电缆外径的15倍左右或按电缆制造厂的规定。电缆应排列整齐，电缆的固定和弯曲半径应符合设计图纸和有关规定，电缆应无机械损伤，标志牌应装设齐全、正确、清晰。油浸纸绝缘电缆及充油电缆的终端、中间接头应无渗漏油现象。

（2）电缆运输过程中，采用机械吊装和运输，严禁将电缆盘直接由车上推下，同时电缆盘不应平放运输和储存。短距离的运输可采用滚动电缆盘的方法。但必须顺着电缆盘上的箭头指示或缠紧方向滚动。电缆应集中分类存放，尽可能存放在开始敷设电缆处的附近。盘间留有通道，存放处不得积水。

（3）电缆敷设前电气专业应具备的条件：

1）电缆的起点及终点设备已安装完毕，位号标识准确清楚。

2）电缆敷设表编制完毕，表册中应标明每根电缆使用的电缆盘号，敷设的先后次序。

3）敷设次序应是先远后近。要根据施工设计的要求以及现场实际情况来选择电缆，合理敷设，避免浪费。当电缆线络较长且有中间接头的情况下，敷设时要事先选择能够便于检修的点作为接头位置，因为电缆中间接头发生故障率较电缆本体更多。同时，要注意不要将电缆接头位置选择在道路交叉口，或与其他地下管线交叉的地方。

4）技术交底和安全技术交底已做完，并存记录。

5）辅助材料供货到位，如电缆扎带、电缆标牌、电缆标志桩等。

（4）电气绝缘的检查、试验项目包括下列内容：

1）测量绝缘电阻，即测量各电缆线芯对地或对金属屏蔽层和线芯间的绝缘电阻。

2）进行直流耐压试验及泄露电流测量，其试验要求见《电气装置安装工程 电气设备交接试验标准》（GB 50150—2006）。

3）直埋电缆的标志桩应与实际路径相符，间距符合要求。标志应清晰、牢固、耐用。

2. 架空电缆的施工技术要求

（1）架空电力线路使用的线材，不得有松股、交叉、断裂及破损；不应有严重腐蚀等现象；钢绞线、镀锌铁线表面的镀锌层应良好，无锈蚀；绝缘线表面应平整、光滑，色泽均匀。

（2）由黑色金属制造的附件和紧固件，除地脚螺栓外，应用热镀锌制品。各种连接螺栓的防松装置弹力应适宜，厚度应符合规定。金属附件及螺栓表面不应有裂纹、砂眼、锌皮脱落及锈蚀等现象。螺栓与螺母配合应良好。金具组装配合应良好，表面光洁，无毛刺、飞边、砂眼、气泡。镀锌良好无锈蚀，线夹转动灵活，与导线接触面符合要求。瓷件与铁件组合无歪斜，瓷釉光滑，无裂纹、缺釉、烧痕、气泡等缺陷。弹簧销、弹簧垫的弹力适宜。

（3）环形钢筋混凝土电杆表面光洁平整，无露筋、跑浆现象，杆身无纵向裂纹，横向裂纹的宽度不应超过 0.1mm，弯曲不应超过杆长的 1/1000。

（4）底盘、卡盘、拉线盘不应有蜂窝、露筋、裂纹等缺陷，其强度应符合设计要求。

（5）基坑定位应以设计图纸为依据，架空线路直线杆顺线路方向位移不应超过 1‰；横线路方向位移不应超过 50mm。转角杆、分支杆的横路、顺线路方向的位移均不应超过 50mm。

（6）塔架、电杆组立，绝缘子安装，电杆组立，钢圈连接应由经过专业考试合格的焊工操作，焊完自检合格后在钢圈蓝打上焊工钢印。焊接前清除焊口上的油脂铁锈、泥垢，钢圈找正并留 2~5mm 焊口缝隙，其错口量不大于 2mm，先点焊然后交叉施焊。雨雪及大风天气时应采取妥善措施以保证焊接质量。当钢圈厚度大于 6mm 时，应采用 V 型坡口多层焊，其外观质量必须符合要求。焊完后整杆弯曲度不应超过电杆全长的 2/1000。直杆、转角杆立好后横向位移均不大于 50mm，直线杆倾斜不大于杆长的 3/1000。转角杆向外角预偏，紧线后向外角倾斜，其杆稍位移不大于杆稍直径。

（7）双杆组立：直线杆结构中心与中心桩横向位移不大于 50mm；转角杆中心与中心桩横、顺向位移不大于 50mm；迈步不大于 30mm；根开不超过 ±30mm。横梁应保持水平，组装尺寸容许偏差为 ±50mm。

（8）拉线盘的埋设深度及方向符合要求，拉线应与底盘垂直，外露地面部分的长度为 500~700mm。承力拉线与线路方向中心线对正，分向拉线必须与线路分角线方向对正，防风线与线路方向垂直。跨越道路的拉线，应满足设计要求，与通车路后边缘垂直距离不少于 5m。

（9）导线架设。导线展放中应对导线进行外观检查，不应有磨伤、断股、扭曲、金钩等现象。各接管及与耐张线夹之间的距离不应小于 15m。送电线路通过走廊、道路、房屋等障碍时应搭设跨越架，其结构型式、安全距离必须符合要求。绝缘子组串时先做外观检查，瓷质不得有破损裂纹，铁帽和铁脚不得有裂纹、松动、砂眼及镀锌层破坏等，用 5000V 摇表逐个检测绝缘电阻在干燥情况下应大于 $500M\Omega$。导线与接管连接前应清除导线表面和连接管内壁的污垢，连接部分的铝接触面应涂电力复合脂，再用细钢丝刷清除表面氧化物、保留涂料，然后进行压接。压接时按规定要求操作，钳压连接的压口数、压口间距、压口端距、压后尺寸等应符合规范标准。压接后，接续管两端出口、合缝处及外露部分，均应涂刷电力复合脂。

（10）紧线施工。紧线时有可能造成杆塔及导线损坏，应引起足够重视。弧度误差不应超过设计弧垂的 +5‰、−2.5‰。电力架空线路式避雷线各相间弧垂应一致，各相间弧垂的相对误差不超过 200mm。裸铝导线在绝缘子式线夹上固定时应使缠绕长度超出接触部分 30mm，其缠绕方向应与外层线股的绞向一致。当采用悬垂线夹时，绝缘子应垂直地平面，特殊情况时，其在顺线路方向与垂直位置的倾斜角不应超过 50°。安装距离的误差不大于±30mm。

3.2.3 运行安全技术

1. 线路运行安全管理

（1）运行单位应根据线路路径的实际情况，制定确保巡线人员安全的巡视工作守则，如偏僻山区必须两人巡线，暑天、大风（雨雪）等特殊天气或必要时由两人巡线，山区应沿巡线道巡线，夜间必须沿线路外侧巡线，大风天气应沿线路上风侧巡线，单人巡线不允许攀登杆塔。

（2）事故巡线应始终认为线路带电，即使明知该线路已停电，也应认为线路随时有来电的可能。

（3）巡线人员发现导线落地或悬吊空中，在断线点 8m 以内应设法防止行人接近，并迅速报告调度和上级等候处理。

（4）巡线人员应配备巡视、检查线路所必需的工器具、安全用具和劳动防护用品、药品等。

2. 架空线路的运行管理规定

为了掌握线路的运行情况，及时发现线路本体及附属设施的缺陷和隐患，并为线路检修、维护及状态评估等提供依据，近距离对线路进行观测检查、记录的工作。根据工作需要的不同又可分为定期巡视、故障巡视、特殊巡视。

（1）线路的运行工作必须贯彻安全第一、预防为主的方针，严格执行电力工作规程的有关规定。结合本单位的运行管理制度，全面做好线路的巡视、检测、维修等管理工作。

（2）必须建立健全岗位责任制，运行维护人员应掌握设备运行状况和维修技术，熟知有关规章制度，经常分析线路的运行情况，提出预防事故、提高安全运行水平的措施。

（3）应根据运行情况，在线路状态分析评估的基础上逐步开展线路状态检修工作。

（4）杆塔、导线、金具、绝缘子以及日常运维工具应经试验合格通过后方可使用。

（5）对易发生外力破坏、鸟害的区域和处于洪水冲刷区的输电线路，应加强巡视，并采取针对性的技术措施。

（6）线路杆塔上必须有线路的名称、杆塔编号、相位以及必要的安全警示标识牌。

（7）线路巡视原则上每月一次，并可根据实际需要或进行故障巡视、特殊巡视，在巡视中不得出现遗漏段，巡视不能走过场，有问题必须查清查实，必要时可请求停电，采取登塔补查。

3. 地埋电缆的运行管理规定

（1）对敷设在地下的每一电缆线路，应查看路面是否正常，有无挖掘痕迹及路线标桩是否完整无缺。

（2）电缆线路上不应堆置瓦砾、矿渣、建筑材料、笨重物件、酸碱性排泄物或堆砌石灰坑等。

（3）对于通过桥梁的电缆，应检查桥梁两端电缆是否拖拉过紧，保护管或槽有无脱开或锈烂现象。

（4）对于电缆的备用排管应该用专用工具疏通，检查其有无断裂现象。

（5）对在户外与架空线连接的电缆和终端头应检查终端头是否完整，引出线的接点有无发热现象，靠近地面一段电缆是否被车辆撞碰等现象。

（6）多根并列电缆要检查电流分配和电缆外皮的温度情况。防止因接触点不良而引起电缆过负荷或烧坏接触点。

（7）隧道内的电缆要检查位置是否正常，接头有无变形，温度是否异常，构件是否失落，通风、排水、照明等设施是否完整。特别要注意防火设施是否完善。

（8）应经常检查临近河岸两侧的水底电缆是否有受潮水冲刷现象，电缆盖板是否露出水面或移位。同时检查河岸两端的警告牌是否完好，瞭望是否清楚。

4. 线路检修管理

（1）设备检修、试验及新（改，扩）建工程施工现场的安全管理应符合《电力安全工作规程　电力线路部分》（GB 26859—2011）和《电力建设安全工作规程　第 2 部分：电力线路》（DL 5009.2—2013）中的有关规定。

（2）施工现场使用的工器具应符合《国家电网公司电力安全工器具管理规定（试行)》和有关技术试验标准的要求，使用前必须进行外观检查，凡检查不合格的严禁使用，不得以小代大（或低压代高压）。

（3）进入施工现场的作业人员的人员必须办理工作票，并配备和正确使用个人防护用品，必须正确佩戴安全帽，严禁酒后工作。

（4）设备检修、试验及新（改，扩）建工程施工现场，应正确使用安全标志（包括禁止、警告、指令、指示标志牌）及安全警示线，临时防护或提示遮拦等。

3.3　光伏专用电缆

3.3.1　概述

光伏专用电缆按照发电系统可分为直流电缆及交流电缆，主要用于电流汇集及电气设备间的连接。光伏专用电缆外观图如图 3-3 所示。

光伏专用电缆类型及用途见表 3-9。

图 3-3　光伏专用电缆外观图

表 3 - 9   光伏专用电缆类型及用途

类 型	用 途
直流电缆	1. 各光伏组件之间的串联； 2. 各光伏组串之间、光伏组串至直流汇流箱之间的并联； 3. 直流汇流箱至逆变器之间的连接
交流电缆	1. 逆变器至升压变压器的连接； 2. 升压变压器至配电装置的连接； 3. 配电装置至电网的连接

3.3.2 施工安全技术

（1）电缆型号、电压、规格应符合设计，连接电缆应采用耐候、耐紫外辐射、阻燃、抗老化的电缆。

（2）敷设前应按设计和实际路径计算每根电缆的长度，合理安排每盘电缆，减少电缆接头。

（3）电缆外观应无损伤、绝缘良好，当对电缆的密封有怀疑时，应进行潮湿判断。直埋电缆与水底电缆应经试验合格。

（4）在带电区域内敷设电缆，应有可靠的安全措施。并联使用的电缆其长度、型号、规格宜相同。

（5）电缆的固定，应符合下列要求：

1）在下列地方应将电缆加以固定：①垂直敷设或超过45°倾斜敷设的电缆在每个支架上；桥架上每隔2m处；②水平敷设的电缆，在电缆首末两端及转弯、电缆接头的两端处；当对电缆间距有要求时，每隔5～10m处；③单芯电缆的固定应符合设计要求。

2）交流系统的单芯电缆或分相后的分相铅套电缆固定夹具不应构成闭合磁路。

3）裸铅（铝）套电缆的固定处，应加软衬垫保护。

（6）电缆桥架的配制应符合下列要求：

1）电缆梯架（托盘）、电缆梯架（托盘）的支（吊）架、连接件和附件的质量应符合现行的有关技术标准。

2）电缆梯架（托盘）的规格、支吊跨距、防腐类型应符合设计要求。

（7）当直线段钢制电缆桥架超过30m铝合金或玻璃钢制电缆桥架超过15m时，应有伸缩缝，其连接宜采用伸缩连接板；电缆桥架跨越建筑物伸缩缝处，应设置伸缩缝。

（8）电缆桥架转弯处的转弯半径，不应小于该桥架上电缆最小容许弯曲半径的最大值。

（9）电缆支架全长均应有良好的接地。

（10）光伏专用电缆经组件背板出线至组串逆变器或直流汇流箱段采用PE波纹管穿管保护，组串逆变器至交流汇流箱靠近汇流箱段穿波纹管保护，所有高压电缆走热铝合金桥架敷设保护。

（11）电缆标志牌应装设在电缆终端头、电缆接头处，应注明线路编号。当无编号时，应写明电缆型号、规格及起止地点；并联使用的电缆应有顺序号。标志牌的字迹应清晰不易脱落。标志牌规格宜统一。标志牌应能防腐，挂装应牢固。

3.3.3　运行安全技术

运行期间，应对光伏专用电缆进行定期检查，主要检查包括：电缆悬挂的标识牌是否损坏；电缆桥架有无损坏，桥架接地是否完好；电缆保护套管是否完好；裸露部分电缆表皮有无破损；电缆封堵是否完好；电缆发热检查；电缆与连接端头是否紧固无松动。

3.4　事故及异常处理

3.4.1　送出线路事故及异常处理

1. 接地故障

送出线路的接地可分为单相接地、两相接地和三相接地。接地故障有永久性接地和瞬时性接地两种。前者通常是绝缘击穿、导线落地等造成，后者通常为雷电闪络和导线上落有异物等。其中最常见的是线路单相接地。

对较短的架空送出线路寻找接地点时，可安排人员沿线进行全面检查，但是对于较长的架空输电线路寻找接地点时，宜采用优选法进行。首先在线路长度 1/2 处的耐张杆（塔）进行分段，分别拆开线路三相的引流线，使整个线路分为两段，然后用 2500V 兆欧表分别测量三相导线的绝缘电阻，根据测量结果可判明线路的某段接地或两段均接地。其次根据判断结果继续分段查找，逐步缩小查找范围。待接地范围缩小到一定程度，可安排人员沿线进行全面检查。这样可节省时间，减少劳动量，从而提高工作效率。

对高压输电线路而言，在变电所（站）除了装有线路保护装置外，还会装有故障录波仪、行波测距仪，有的还伴装有小波测距仪等，行波、小波测距仪能很准确地判断出接地点位置，精度可以达到 5km，一般情况下的精度能达到 1～2km。对故障查线非常有用。

2. 导线故障

在配电线路中，由于线路水平排列，而且线间距离较小，如果同一档距内的导线弧垂不相同，刮大风时各导线的摆动也不相同，会导致导线相互碰撞造成相间短路，因此在施工中必须严格把关，注意导线的张力，使三相导线的驰度相等，并且在规定的标准范围内。线路巡视时，如发现上述问题，应及时安排处理。

大风刮断树枝掉落在线路上，或向导线上抛掷金属物体，也会引起导线的相间短路，甚至断线。此外，超高的汽车通过线路下方或吊车在线路下面作业时，也可能会引起线路短路或断线事故。因此在交叉、跨越的线路上应留有一定的间隔距离。

导线由于长期受水分、大气及有害气体的侵蚀氧化而损坏，钢导线和避雷线最容易锈蚀，在巡视中如发现导线严重腐蚀时，应予以及时更换。

3. 绝缘子故障

线路上的瓷质绝缘子由于受到空气中有害成分的影响，瓷质部分污秽，遇到潮湿天气，污秽层吸收水分，使导电性能增强，既增加了电能损耗，又容易造成闪络事故。

线路上误装不合格的瓷绝缘子或绝缘子老化，会在工频电压作用下发生闪络击穿。对此在巡视时发现有闪络痕迹的瓷绝缘子应予以及时更换，而且更换的新瓷绝缘子必须经过耐压试验。

瓷绝缘部分受外力破坏，发生裂纹或破损，打掉了大块瓷裙或是从边缘到顶部均有裂纹时，应予以更换，否则将会引起绝缘降低而发生闪络事故。

4. 杆塔及金具故障

由于土质及运行时间影响，杆塔结构、螺栓可能松动，往往造成倒杆事故，因此要加强杆塔及基础的定期巡视，维护消缺，发现问题应及时处理。

导线受力不均，使得杆塔倾斜，此时应紧固电杆的拉线或调整线路。在导线振动的地方，金具螺丝易因受震动而自行脱落发生事故，因此在巡视与清扫时应仔细检查金具各部件的接触是否良好。

3.4.2 送出线路事故及异常处理

1. 线路事故处理

发现电缆故障后，应按《电力安全工作规程 电力线路部分》（GB 26859—2011）的规定采取安全措施后，再开始进行电缆故障处理工作。一般的步骤如下：

（1）确定故障性质。根据故障发生时出现的现象及保护装置发出的报文初步判断故障的性质，确定故障电阻是高阻还是低阻，是闪络还是封闭性故障，是接地短路、断线还是它们的混合故障，是单相、两相还是三相故障等。例如，运行中的电缆发生故障时，若只有接地信号，则有可能是单相接地故障；若继电保护因过流动而跳闸，则有可能发生两相或三相短路，或者是发生了短路与接地混合故障。通过初步判断，尚不能完全将故障的性质定下来，必须测量绝缘电阻和进行导通试验。

（2）故障点的烧穿。即通过烧穿将高阻故障或闪络故障变成低阻故障，以便进行粗测。

（3）粗测。在电缆的一侧使用仪器测量故障距离，并利用电缆线路技术资料计算出故障点的位置。

（4）路径的测寻。对于图纸资料不齐全或电缆路径不明的，可通过音频感应探测法和脉冲磁场法，找出故障电缆的敷设路径和埋没深度，以便进行定点精测。

（5）故障点的精测定点。通过冲击放电声测法、音频感应法、声磁同步检测法等方法确定故障点的精确位置。声测法只适用于低阻接地的电缆故障，对金属性接地故障的效果不佳。感应法适用于金属性接地故障和相间短路故障。

上述五个步骤是一般的测寻步骤，实际测寻时，可根据具体情况省略其中的一些步骤。例如，电缆敷设路径很准确可不必测寻路径，对于高阻故障，可不经烧穿而直接使用闪络法，对于一些闪络性故障，不需要进行定点，可根据测寻得到的距离数据查阅资料，可直接对中间接头检查判断，对于电线沟或隧道内的电缆故障，可进行冲击放电，通过直接监听来确定故障点。

3.5 标准依据

输电设备施工及运行必须遵照的相关标准及规范见表 3－10。

表 3－10　　　　　　　　输电设备施工及运行的标准依据

序号	名　　　称	标准编号或计划号
1	起重机械安全规程　第 1 部分：总则	GB 6067.1—2010
2	电业安全工作规程　第 1 部分：热力和机械	GB 26164.1—2010
3	电力安全工作规程　电力线路部分	GB 26859—2011
4	电力安全工作规程　发电厂和变电站电气部分	GB 26860—2011
5	电缆防火涂料	GB 28374—2012
6	电气装置安装工程　电缆线路施工及验收规范	GB 50168—2006
7	电气装置安装工程　接地装置施工及验收规范	GB 50169—2016
8	电力工程电缆设计标准	GB 50217—2018
9	光伏发电站施工规范	GB 50794—2012
10	工程测量规范（附条文说明）	GB 50026—2007
11	110kV～750kV 架空输电线路施工及验收规范	GB 50233—2014
12	预拌混凝土	GB/T 14902—2012
13	输电线路铁塔制造技术条件	GB/T 2694—2010
14	光伏系统并网技术要求	GB/T 19939—2005
15	光伏发电站接入电力系统技术规定	GB/T 19964—2012
16	光伏发电工程验收规范	GB/T 50796—2012
17	光伏发电站安全规程	GB/T 35694—2017
18	电力建设安全工作规程　第 2 部分：电力线路	DL 5009.2—2013
19	架空输电线路运行规程	DL/T 741—2010
20	架空输电线路放线滑车	DL/T 371—2010

序号	名　　称	标准编号或计划号
21	输电线路张力架线用张力机通用技术条件	DL/T 1109—2009
22	电力电缆线路运行规程	DL/T 1253—2013
23	电气装置安装工程　质量检验及评定规程　第5部分：电缆线路施工质量检验	DL/T 5161.5—2002
24	额定电压66kV～220kV交联聚乙烯绝缘电力电缆接头安装规程	DL/T 342—2010
25	额定电压66kV～220kV交联聚乙烯绝缘电力电缆户外终端安装规程	DL/T 344—2010
26	光伏发电并网逆变器技术规范	NB/T 32004—2013
27	电缆防火措施设计和施工验收标准	DLGJ 154—2000

第4章 变电设备施工及运行安全技术

变电设备是电力系统中变换电压、接受和分配电能的电力设施，变电设备通过变压器将各级电压的电网联系起来。本章对光伏电站的变电设备，包括主变压器、箱式变压器、接地变压器兼站用变压器、备用变压器、SVG 连接变压器、消弧线圈等，介绍其施工及运行维护过程中安全技术方面的知识。

4.1 主变压器

4.1.1 概述

主变压器是变电站中主要用于输变电的总降压变压器，也是变电站的核心部分。光伏电站主变压器的主要作用是发电功率的传输，集电线路电压经主变压器升压后，可以减少线路损耗，提高送电的经济性，达到远距离送电的目的。当前，光伏电站的主变压器多采用油浸式，其外观图如图 4-1 所示，其结构特点见表 4-1。

图 4-1 主变压器外观图

表 4-1 光伏电站主变压器的结构特点

项 目	特 点	项 目	特 点
相数	三相	调压方式	有载调压
绕组	双绕组	冷却方式	自然冷却、风冷却或强迫风冷却
绕组材料	铜线		

4.1.2 施工安全技术

1. 主变压器场内外运输

（1）主变压器安装现场道路应平整、通畅，所有桥涵、道路能够保证各种施工车辆安全通行。

（2）在运输的过程中，要对沿途路况进行勘察，了解路、桥、涵洞等的承重与宽度，必要时请交通部门进行协助。

（3）运输驾驶人员谨慎驾驶，严格遵守道路交通规则和交通运输法规。

（4）做好危险路段记录并积极采取应对措施，特别是山区道路行车，要做到"一慢、二看、三通过"。

（5）变压器在运输过程中，倾斜角不得超过5°，保持变压器的平稳。

（6）变压器在运输途中临时停置时，应选择在安全地区停置，并做好防护措施，设专人值班监护，夜间装安全信号警示灯。

（7）如遇雪天要暂停运输，车辆在冰雪路面行驶时要采取预防措施，保障运输车辆的行车安全。

2. 主变压器安装要求

（1）主变压器安装位置应符合设计要求。

（2）检查主变压器本体外观应无损伤及变形，零部件应完好无损伤；油箱应封闭良好，无漏油、渗油现象，油标处油面正常，发现问题应立即处理；绝缘瓷件及高低压侧套管无损伤、缺陷及裂纹。

（3）检查主变压器基础及构架是否达到容许安装的强度，基础是否调平，焊接构架的机械强度是否满足设计要求。二次搬运应由起重工作业，电工配合，用汽车吊卸到地面，再用平板车、滚杠、导链移动至变压器安装位置，运输移动过程中应行车平稳、力求减少振动。

4.1.3 运行安全技术

1. 主变压器运行

（1）为确保主变压器安全运行，需要在投入运行前检查以下项目：

1）变压器及附属设备标志和相位油色清楚明显，变压器本体及周围应清洁，无杂物，变压器顶部及导线等部位无检修遗留物。

2）变压器的放油池及排水设施完好；变压器的防雷设施符合要求，接地装置牢固完好。

3）变压器各部测量绝缘合格，室外变压器停用不超过48h，室内变压器停用不超过15天，没有发现有可能造成绝缘能力降低的原因时，可不测绝缘，但必须仔细认真检查。

4）变压器各部油位、油色正常，各截门的开闭位置正确。

5）变压器套管应清洁，充油套管油位正常，且无破损裂纹及放电痕迹等异常。

6）分接开关在规定位置，有载调压装置灵活好用，就地指示值与集控室指示一致。

7）变压器各部导线接头接触牢固，无过热现象。

8）变压器防爆管隔膜完好，压力释放器完好无损。

9）吸湿器已装有合格的吸附剂，并呈白色。

10）气体继电器充满油，内部无气体，截门应在全开位置，引线良好。

11）保护、测量、信号及控制回路接线正确，标志齐全，试验有效，保护记事交代清楚正确，变压器保护在投入中。

12）检查变压器高、低压侧及中性点各组电流互感器无开路，电压互感器无短路、漏油现象。

13）温度计、压力表及测温元件回路均完好。

14）新装或变动过内、外接线以及改变过接线组别的主变压器，在投运前必须核定相位正确。

（2）在主变压器运行过程中，运行人员应检查以下项目：

1）油温和温度计应正常，储油柜的油位应与温度相对应，各部位无渗油、漏油现象。

2）套管油位应正常，套管外部无破损裂纹、无严重油污、无放电痕迹及其他异常现象。

3）变压器音响正常。

4）吸湿器完好，吸附剂干燥。

5）引线接头、电缆、母线应无发热现象。

6）压力释放器及防爆膜应完好无损。

7）有载分接开关的分接位置及电源指示应正常。

8）气体继电器内应无气体。

9）各控制箱和二次端子箱应关严，无受潮。

10）中性点套管、绝缘子表面清洁，无闪络和放电痕迹。

11）接地牢固、接地线完好，接地端无氧化、腐蚀及放电痕迹。

12）变压器冷却系统工作正常。

（3）变压器的特殊检查项目：

1）过载运行期间，加强检查负荷电流、运行时间及上层油温。

2）当系统发生短路故障或变压器跳闸后应立即检查变压器系统有无爆裂、断脱、移位、变形、焦味、烧伤、闪络、烟火及喷油等现象。

3）检查确保变压器附近无容易被吹动的杂物，防止其被吹落至变压器带电部分，并注意引线摆动情况。

4）大雾、雨天时，检查套管、瓷瓶应无严重电晕闪络和放电等现象。

5）节假日或有重大供电任务时。值班人员都必须对变压器的负荷、温度、油色、油位、响声及冷却装置等运行情况加强巡视。

6）新安装或大修后的变压器投运后，应增加必要的检查次数。

7）备用变压器必须一切处于正常状态，一旦投入即可正常运行，其定期检查项目同工作变压器

2. 主变压器检修

（1）设备检修前须参照有关的安全操作规程，对施工现场的安全措施进行全面的检查。

（2）带电设备应切断电源并挂好接地线。

（3）在1.5m以上的高空作业应有可靠的脚手架，工作人员应系安全带。

（4）工作时应用安全绳传递工器具及其他物件。

（5）工作现场应备有足够的消防器材。

（6）工作人员必须穿工作服，戴好安全帽。

（7）使用电动工具必须戴绝缘手套。

（8）进行设备清扫工作时，应小心工作，攀登瓷瓶时用力适度，以免损坏瓷瓶。

（9）在解开设备引线时，应有专人扶好人字梯，作业人员应系好安全带方能进行工作，防止作业人员高空坠落。

（10）各部件在拆除前应认真查对，作好编号，并做好记录。

（11）部件拆装时联接紧固力要对称均匀，力度适当。

（12）零部件存放时，小型的应分类做好标记，用布袋子或用木箱装好妥善保管，大型部件应按指定地点用垫放好，不得相互叠放。

（13）所有零件要保护其加工面，拆装时应避免直接敲击，存放时不得砸碰，精密部件的工作面不得被锈蚀并作好保护。

（14）设备分解完毕后应及时检查零部件完整情况，若有毛刺、伤痕、缺损等要进行处理修复；若不能修复的要更换或加工新的备品。

（15）所有零部件回装前均应按要求进行清洗，回装时应保证清洁、干净，组合面无毛刺，零件无缺损；管路畅通无阻，该刷油漆的地方按规定刷漆。易燃品应放在特定的安全地点。

（16）检修现场应保持整洁、文明施工，部件摆放有序，并注意防火防尘。在检修现场设置隔离带，并挂相关的标示牌。

4.2 箱式变压器

4.2.1 概述

箱式变压器作为一整套配电设备，是由变压器、高压电压控制设备、低压电压控制设备组合而成。目前，箱式变压器已经被广泛应用到电力工程施工之中，在低压电网建设中被广泛采用。光伏电站箱式变压器设备的主要作用是将逆变器发出的0.315kV电能经过升压变为35kV，再通过地埋电缆或架空线路输送到光伏电站。箱式变压器外观图如图4-2所示。

图4-2 箱式变压器外观图

箱式变压器类型及技术特性见表 4-2。

表 4-2　　　　　　　　　　　　箱式变压器类型及技术特性

类　型	技　术　特　性
欧式	1. 辐射较美式箱式变压器要低，因为欧式箱式变压器的变压器是放在金属箱体内，可以起到屏蔽的作用。 2. 可以设置配电自动化，不但具有Ⅲ型站和Ⅰ型站的优点，而且还有美式箱式变压器的主要优点
美式	1. 体积小占地面积小、便于安放、便于伪装。 2. 过载能力强，容许过载 2 倍 2h，过载 1.6 倍 7h 而不影响箱变寿命。 3. 采用肘式插接头，可以十分方便高压进线电缆的连接，并可在紧急情况下作为负荷开关使用，即可带电拔插。 4. 采用双熔断路器保护，插入式熔断器为双敏熔丝（温度、电流），保护箱变二次侧发生的短路故障。 5. 变压器一般采用高燃点油。 6. 高压负荷开关保护用熔断器等全部元件都与变压器铁芯、绕组放在同一油箱内
国产	国产箱式变压器每相用一只熔断器代替美式箱式变压器的两支熔断器做保护，其最大特点是当任一相熔断器熔断之后，都会保证负荷开关跳闸而切断电源，而且只有更换熔断器后，主开关才可合闸

4.2.2　施工安全技术

1. 箱式变压器的运输

在运输过程中，倾斜角不得超过 30°，保持箱变的平稳。箱式变压器安装现场道路应平整、通畅，所有桥涵、道路能够保证各种施工车辆安全通行。要做好危险路段记录并积极采取应对措施，特别是山区和车流量密集道路行车安全，要做到"一慢、二看、三通过"。运输驾驶人员应谨慎驾驶，严格遵守道路交通规则和交通运输法规。

2. 箱式变压器的施工安全

（1）箱式变压器在装卸、就位过程中，设专人负责统一指挥，指挥人员发出的指挥信号必须清晰、准确。

（2）汽车吊就位时，汽车吊的支撑腿必须稳固，受力均匀。吊耳选用变压器器身自带吊耳，起吊时必须试吊，起吊过程中，在吊臂及吊物下方严禁任何人员通过或逗留，吊起设备不得在空中长时间停留。

（3）箱式变压器就位移动时不宜过快，应缓慢移动，不得发生碰撞及不应有严重的冲击和震荡。

（4）箱式变压器就位后，外壳干净不应有裂纹、破损等现象，各部件应齐全完好，门可正常开启。

（5）箱式变压器调校平稳后，与基础槽钢焊接牢固并做好防腐措施。用地脚螺栓固定，拧紧牢固。

（6）接地装置引出的接地干线与变压器的低压侧中性点直接连接，接地干线与箱式变压器的 N 母线和 PE 母线直接连接，箱式变压器箱体外壳应接地，接上所有连接。

4.2.3 运行安全技术

1. 箱式变压器设备运行

（1）箱式变压器的运行应注意检查以下方面：

1）箱式变压器在额定使用条件下，全年可按定容量运行。

2）箱式变压器上层油温不宜超过 85℃，温升限值为 60℃。

3）箱式变压器各绕组负荷不得超过额定值。

4）箱式变压器三相负荷不平衡时，应监视最大电流项的负荷。

5）箱式变压器的外加一次电压可以较额定电压高，一般不超过该运行分接头额定电压的 5%。

6）变压器运行时，气体继电器保护应投入信号和接入跳闸。

7）值班员在投运变压器前，应仔细检查，确认箱式变压器在完好状态，具备带电运行条件（接地线是否拆除，核对分接开关位置和测量绝缘电阻）。

8）在大修、事故抢修和换油后，宜静止 48h，待消除油中气泡后方可投入运行。

9）箱式变压器压力释放器在运行中产生非常压力时，释放器自动释放，油箱压力正常后，释放器的阀盖应自动封闭。如释放器动作，阀盖就把指示杆顶起，必须手动压复位，此时微动开关动作，必须搬动扳手使机械复位，以备下次动作再发信号。释放器接点宜作用于信号。

（2）断路器的运行应注意检查以下方面：

1）观察分、合闸位置是否正确无误，机构动作是否正常，并做好记录。

2）观察断路器内部有无异常响声，严重发热等异常现象，如发现问题，需查明原因，必要时应及时请求调度退出运行，进行清查检修。

3）运行中的断路器机构箱不得擅自打开，利用停电机会进行清扫、检查及缺陷处理，所进行的维护项目均应记入有关记录。

4）电动储能机构完成一次储能后，就将储能开关断开，此次储能只用于此次合闸，下次合闸前再进行储能。当停电时需要检修试验合闸，可使用手动储能。

（3）隔离开关的运行应注意检查以下方面：

1）观察隔离开关支持瓷瓶是否清洁、完整，无裂纹、破损及放电痕迹。

2）观察机械连锁装置是否完整可靠。

3）检查确保各引线接应无过热、无变色、无氧化、无断裂等现象。

4）隔离开关卡涩时，不可用强力拉合，以免隔离开关损伤或损坏接地连锁装置。

（4）箱式变压器停送电的操作应注意检查以下方面：

1）箱式变压器高压开关柜具备五防功能，操作时按照联锁条件进行。

2）停电时先停风机，再断开低压侧开关，最后断开高压侧负荷开关。

3）低压侧开关直接按下跳闸按钮便可。

4）高压侧开关按下跳闸按钮，负荷开关断路器断开，拔出定位销，然后用操作把手将隔离/接地开关操作至接地合位、隔离分位位置，固定好定位销。

5）送电顺序与停电顺序相反。

6）如断路器电动无法操作，紧急情况可使用机械跳闸或机械合闸方式操作。

（5）箱式变压器的操作应注意检查以下方面：

1）负荷开关分、合闸操作时，要推到分闸或合闸最终位置，切勿在负荷开关完成动作前松开或拔出操作手柄。

2）负荷开关分、合闸操作时，操作手柄的操作把向外。

3）负荷开关分、合闸操作前，必须把对应单元面板上部的电动、手动切换旋钮拔出，并旋转 90°固定到手动位置后，才能进行负荷开关的手动操作。

2. 箱式变压器设备检修

（1）进行箱式变压器设备检修作业前，要做好保证安全的组织措施和技术措施。

（2）箱式变压器停运操作可直接拉开高压侧的柱上断路器或跌落式熔断器，然后再拆下低压侧的熔断器，并将高压侧下闸口的引线和低压侧的引线短路接地。

（3）停电后的箱式变压器应进行验电、放电操作；检修箱式变压器的周围应设置遮栏或围栏，并挂标志牌。

（4）箱式变压器门的开启与关闭，不能生拉硬拽，防止门体变形，影响箱式变压器的正常使用。

（5）高压负荷开关本地手动操作结束后，要将负荷开关操作手柄放到规定位置，防止丢失。

（6）在箱式变压器顶盖上作业必须穿软底鞋。

（7）停电后的箱式变压器与周围带电部分的距离不能满足检修作业要求时，必须设置遮栏，并有监护人监护作业；做试验时，周围严禁有人，地面应设围栏，并悬挂"止步，高压危险！"的标志牌，有监护人监护。

（8）更换变压器油时，必须同牌号且经化验试验合格方可，必要时应做混油试验。

（9）箱式变压器设备检修工作完毕后，应清点检修前所携带的工器具和物料，及时清理现场废弃物。

（10）箱式变压器应定期巡视维护，发现缺陷及时维修，定期进行预防性试验，操作时要正确解除机械连锁，做好保证安全的组织措施和技术措施才能开始工作。

3. 运行巡视项目

（1）瓷套管清洁无裂纹、污闪及放电痕迹，油色、油位正常，无渗漏油现象。

（2）油枕油位应跟温度刻度相对应；本体及冷却系统各部位应无渗漏油现象。

（3）声音正常为均匀的"嗡嗡"声。

（4）压力释放装置应完好，无冒油。

（5）箱式变压器的冷却控制器完好，风冷按规定温度开启，进出风口无堵塞。本体温度表指示与控制盘温度表指示应相符。

（6）各引线张弛适度，无散股、断股现象，接头接触良好，无过热变色现象。

（7）气体继电器内充满油，无气体；呼吸器完好，硅胶颜色正常。

（8）接地部分牢固；各接地线应完好。壳体及壳体连接部分接地线应无缺失、锈蚀、断裂。

（9）检查确保开关柜屏上指示灯、三相带电显示器指示正确，远方/就地位置转换开关、开关分合闸操作开关把手投切位置应正确。

（10）柜内设备正常，绝缘子完好无破损。

（11）检查确保分、合闸机械指示器，分合闸指示灯和开关实际状态相对应，合闸红灯亮、分闸绿灯亮、储能黄灯亮。

（12）检查确保各高压柜内无放电声、异味和不均匀的电磁噪声。

（13）检查确保 35kV 三相电压平衡；各开关三相电流表指示平衡。

（14）检查确保开关柜内照明灯工作良好。

（15）检查确保二次端子无锈蚀及松动现象。

（16）柜体、母线应无过热、变形、下沉，各封闭板螺丝应齐全，无松动、锈蚀，接地应牢固。

（17）检查确保电缆接头应无发热变色、放电等现象，接头最高温度不超过 65℃。

（18）柜内干式互感器表面应无裂纹和明显的老化、受潮现象。

4. 特殊巡视项目

（1）大风时，检查确保箱式变压器各门应无未关紧情况，检查确保箱式变压器附近应无容易被吹动的杂物，防止吹落至变压器带电部分。

（2）大雾、雨天时，检查确保套管、瓷瓶应无严重电晕闪络和放电等现象。

（3）雷雨后，检查各侧避雷器记数动作情况，伞裙应无破损、裂纹及放电痕迹。

（4）夜巡时，应注意引线接头处、线夹应无过热、发红及严重放电等现象。

（5）过载运行期间，加强检查负荷电流、运行时间及上层油温等参数，检查断路器的电缆引线接头处有无过热现象。

（6）节假日或有重大供电任务时。值班人员都必须对变压器的负荷、温度、油色、油位、响声及冷却装置等运行情况加强巡视。

4.3　接地变压器及站用变压器

4.3.1　概述

接地变压器兼站用变压器是人为的为中性点不接地系统制造一个中性点，以便采用消弧线圈或小电阻的接地方式。当系统发生接地故障时，对正序负序电流呈高阻抗，对零序电流呈低阻抗性使接地保护可靠动作；在小电流接地系统中同时为变电站内提供生活、生产用的交流电源，接地变压器外观图如图4-3所示。

图4-3 接地变压器外观图

接地变压器兼站用变压器类型及技术特性见表4-3。

表4-3 接地变压器兼站用变压器类型及技术特性

变压器类型	技 术 特 性
干式	干式变压器主要优点是： (1) 承受热冲击能力强，过负载能力大。 (2) 阻燃性强，材料难燃，防火性能极高。 (3) 低损耗、局部放电量小。 (4) 噪声低、不产生有害气体、不污染环境，对湿度、灰尘不敏感，体积小、不易开裂、维护简单
油浸式	油浸式变压器主要优点是： (1) 造价较低、容量较大、额定电压高。 (2) 散热性能好，液体油循环散热流动性较强。 (3) 过载能力较强

4.3.2 施工安全技术

接地变压器兼站用变压器安装的施工安全技术主要内容为：

(1) 施工周围要设有足够的灭火器，在周围挂禁止吸烟和明火作业等标示牌。

(2) 就位时，手不应放在其行走轮上、前方，以防卡手。在变压器就位和基础找中时，手严禁伸入设备底座下。

(3) 在开箱时，施工人员应相互配合好，注意防止撬棒伤人。开箱后应立即将装箱钉头敲平，严禁钉头竖直。

(4) 作业人员分工明确，实施安全、技术交底。

(5) 所使用的梯子必须有可靠的防滑和防倾斜措施。

(6) 吊装所用的绳索、钢丝绳、卡扣要进行抽查，并经拉力试验合格，有伤痕或不合格的严禁使用，更不能以小代大。

（7）紧螺栓时，要对角轮流转圈上紧，有胶圈的地方要紧到胶圈的厚度减少到 3/5 为止。

（8）安装时，要充分考虑部件的重量、作业半径和安装高度，用有充分余量的吊车进行吊装。吊装作业必须由起重工指挥，所有作业人员持证上岗。

（9）使用的工具必须清点好，做记录，专人管理。

（10）始终保持现场整齐、清洁，做到设备、材料、工具摆放整齐，现场卫生"一日一清理"，做到工完料尽场地清。

（11）施工前要对作业人员进行安全、技术措施交底并做好签证记录。

（12）加强机具维护，减少施工机具噪音对人身和环境的影响。

（13）施工用完的油漆罐、松节水罐、润滑油罐、废弃的包装箱纸、粘有油脂的废手套和棉布、残油和工机具的渗漏油等应用专用容器收集等收集好，用专门的垃圾箱装好，交有资质公司处理，以免污染环境，并做好防火措施。安装位置应符合设计要求。

（14）支架底座与基础预埋槽钢焊接牢固，并涂防锈漆，检查支架水平度误差应小于 2mm。

（15）在支架上安装接地变应保持相同距离，铭牌、编号朝向通道一侧，安装好的整组站用变压器应保持水平和垂直度。

（16）按设计图、厂家说明书及图纸要求，在接地变端子间安装降压线，接线应牢固可靠，对称一致，整齐美观，相色标示正确。

（17）按照施工设计图及相关规范的要求，安装接地变压器各设备的接地引下线。

（18）将接地引下线涂刷黄绿色漆，要求漆层均匀完整。

（19）安装调整工作、接线施工完成后，可进行设备交接试验。

4.3.3 运行安全技术

1. 接地变压器兼站用变压器的运行

（1）运行中监视、维护的规定：在干燥、清洁的环境中，在正常负荷情况下，应着重注意以下方面：

1）经常观察负荷情况和变压器的温度情况。

2）如发现有过多的灰尘聚集，应在可断电的情况下用干燥、清洁的压缩空气来清除这些灰尘。

3）接地变压器停运后，经绝缘检测，无异常情况可直接带负荷投入运行。

4）注意接地变压器的温控器设定和调节。

5）无激磁调压的变压器，在完全脱离电网（高、低压侧均断开）的情况下，用户可根据当时电网电压的高低按分接位置进行三相同时调节。

6）接地变压器的附件如温度控制器、开关等的使用顺序为：在附件调试正常后，先将变压器投入运行，再将附件投入运行。

（2）接地变压器运行安全注意事项：

1）接地变压器投入运行前，必须对变压器室的接地系统进行认真的检查。

2）接地变压器外壳的门要关好，以确保用电安全。

3）接地变压器室要有防小动物进入的措施，以免发生意外事故。

4）工作人员进入接地变压器室一定要穿绝缘鞋。注意与带电部分的安全距离，不要触摸变压器。

5）如发现接地变噪声突然增大，应立即注意接地变的负荷情况和电网电压情况，加强观察接地变的温度变化，要及时与有关人员联系获取咨询。

6）接地变压器应每年全面检查一次，同时做一些预防性试验。

2. 接地变压器兼站用变压器的检修

（1）设备检修前须参照有关安全操作规程，对施工现场的安全措施进行全面检查。

（2）带电设备应切断电源并挂好接地线。

（3）在 1.5m 以上的高空作业时，作业者应有可靠的脚手架，工作人员应系安全带。

（4）工作时应用安全绳传递工器具及其他物件。

（5）工作现场应备有足够的消防器材。

（6）工作人员必须穿工作服，戴好安全帽。

（7）使用电动工具必须戴绝缘手套。

（8）进行设备清扫工作时，应小心工作，攀登瓷瓶时用力适度，以免损坏瓷瓶。

（9）在解开设备引线时，应有专人扶好人字梯，作业人员应系好安全带方能进行工作，防止作业人员高空坠落。

（10）各部件在拆除前应认真查对、做好编号，并做好记录。

（11）部件拆装时联接紧固力要对称均匀，力度适当。

（12）零部件存放时，小型的应分类做好标记，用布袋或木箱装好妥善保管，大型部件应按指定地点用垫放好，不得相互叠放。

（13）所有零件要保护其加工面，拆装时应避免直接敲击，存放时不得砸碰，精密部件的工作面不得被锈蚀并做好保护措施。

（14）设备分解完毕后应及时检查零部件完整情况，若有毛刺、伤痕、缺损等要进行处理修复；不能修复的要更换或加工新的备品。

（15）所有零部件回装前均应按要求进行清洗，回装时应保证清洁、干净，组合面无毛刺，零件无缺损；管路畅通无阻，该刷油漆的地方按规定刷漆。易燃品应放在特定的安全地点。

（16）检修现场应保持整洁，文明施工，部件摆放有序，并注意防火防尘。在检修现场设置隔离带，并挂相关的标示牌。

4.4　SVG 连接变压器

4.4.1　概述

静止无功发生器（static var generator，SVG）具有变压器的全部特性，在光伏电站电力系统中的主要作用是将电压降低然后再连接 SVG 进行补偿。光伏电站 SVG 连接变压器采用油浸式变压器，是以油作为 SVG 连接变压器主要绝缘手段，并依靠油作为冷却介质，SVG 连接变压器的主要部件有铁芯、绕组、油箱、油枕、呼吸器、防爆管（压力释放阀）、散热器、绝缘套管、分接开关、气体继电器、温度计等。SVG 连接变压器外观图如图 4-4 所示。

图 4-4　SVG 连接变压器外观图

SVG 连接变压器结构特点及技术特性见表 4-4。

表 4-4　　　　　　　　　　　SVG 连接变压器结构特点及技术特性

结　构　特　点	技　术　特　性
相数：三相变压器。 绕组：双绕组变压器。 绕组材料：铜线变压器。 调压方式：无载调压。（光伏电站多数采取此方式） 冷却介质和冷却方式：自然风冷却	1. SVG 连接变压器油绝缘性能好、导热性能好，同时 SVG 连接变压器油廉价、成本低。 2. 能够解决 SVG 连接变压器大容量散热问题和高电压绝缘问题。 3. 高可靠性，防冲击，防干扰，防雷电。 4. 采用优质冷轧硅钢片叠装，具有高导磁和低损耗的优点。 5. 环保特性强，具有耐热性、防潮性、稳定性、化学兼容性、低温性、抗辐射性和无毒性。 6. 可以适应各种户外恶劣的环境

4.4.2　施工安全技术

1. SVG 连接变压器场内外运输

（1）在 SVG 连接变压器运输前要做好施工机械和工器具的安全检查准备工作，保证机械状况良好，了解道路及桥梁、涵洞、铁路道口情况及道路的宽度、坡度、倾斜度、转角及承重情况，必要时应采取措施。在确保 SVG 连接变压器运输整个过程安全顺利进行的前提下，方可进行 SVG 连接变压器运输。

（2）SVG 连接变压器在运输过程中，倾斜角不得超过 30°，保持 SVG 连接变压器的平稳。

（3）在运输过程中严禁急刹车或急牵引，起车时应用一档缓慢起车。

（4）SVG 连接变压器在运输途中临时停置时，应选择在安全地区停置，并做好防护措施，设专人值班监护，夜间装安全信号警示灯。

（5）公路运输时要与交通部门取得联系，相互配合，便于顺利运输。

（6）如遇雪天要暂停运输，车辆在冰雪路面行驶时要采取预防措施，保障运输车辆的行车安全。

2. SVG 连接变压器的安装

（1）所有施工人员在施工前必须经过安全技术交底，并在交底单上签字，没有经过安全技术交底的人员不能进行施工。

（2）安装现场和其他施工现场应有明显的分界标志，SVG 连接变压器安装人员和其他施工人员互不干扰。

（3）起重工作区域内无关人员不得停留或通过，在伸臂及吊物的下方严禁任何人员通过或逗留。

（4）起重和搬运应按有关规定和产品说明书规定进行，防止在起重和搬运中人员受伤和设备损坏。

（5）吊装作业必须办理工作票。

（6）起吊物应绑牢。吊钩悬挂点应与吊物的重心在同一垂直线上，吊钩钢丝绳应保持垂直，严禁偏拉斜吊。落钩时应防止吊物局部着地引起吊绳偏斜。吊物未固定时严禁松钩。

（7）高空拆卸，装配零件，必须不少于两人配合进行。

（8）上下传递物件，必须系绳传递，严禁抛掷。

（9）应做好防风沙、防雨、防寒保温等准备措施。

（10）现场配备相应消防器材。

4.4.3　运行安全技术

1. SVG 连接变压器的运行

（1）SVG 连接变压器一次电压不得超过运行额定值的 105%，即在分接头电压额定值±5%范围内运行时其容量不变。

（2）SVG 连接变压器油温正常值不超过 85℃，最高不超过 95℃，容许温升不超过 55℃。

（3）新安装、大修、事故检修及换油后的 SVG 连接变压器，在加电压前静置时间应不少于 24h。

（4）SVG 连接变压器正常检查项目：

1）雷雨天后，应检查确保 SVG 连接变压器各部无放电痕迹，引线接头无过热现象。

2）SVG 连接变压器声音正常，无放电声。

3）各线接头不过热，各处无杂物。

4）高低压瓷瓶清洁无裂纹、无闪络现象。

5）气体继电器内无气体、不漏油、油色透明、导线完好。

6）散热管无局部过热现象。

7）呼吸器完整、硅胶不潮湿不饱和。

8）分解开关指示正确，连接良好。

9）温度装置和油位计指示正确无误。

10）外壳接地良好。

11）铭牌、警告牌及其他标志完好。

2. SVG 连接变压器的检修

（1）SVG 连接变压器的检修，一般随变配电装置或线路的检修同期进行。无论线路是否停电，SVG 连接变压器均视为带电。

（2）检修中使用的绝缘手套、绝缘靴、验电器、接地线等检查确认合格后方可使用。

（3）停电后的 SVG 连接变压器应进行验电、放电操作，检修 SVG 连接变压器的周围应设置遮拦或围栏，并挂标示牌。

（4）在 SVG 连接变压器顶盖上作业必须穿软底鞋，工具的传递必须手对手，且轻拿轻放。

（5）在使用高脚架或梯子登高作业时，要派专人扶监护。登高 2m 以上必须佩带安全带，安全带要做到高挂低用，挂点必须牢固且能受力。

（6）更换 SVG 连接变压器油时，必须使用同牌号且经化验试压合格，必要时应做混油试验。

（7）SVG 连接变压器检修完毕必须经试验合格才能投入运行。

4.5 备用变压器

4.5.1 概述

备用变压器是当电站停电检修、发生异常情况、站用变压器停运时给变电站内提供生活、生产用电，为变电站内的设备提供交流电。在光伏电站中，多为农电线路接引（10kV/400V）承担变电功能的变压器。备用变压器外观图如图 4-5 所示。

图 4-5 备用变压器外观图

备用变压器类型、结构特点及技术特性见表 4-5。

表 4 - 5　　　　　　备用变压器类型、原理、结构特点及技术特性

变压器类型	原　理	结 构 特 点	技 术 特 性
干式	一般利用树脂绝缘，靠自然风冷内部线圈	相数：三相； 绕组：双绕组； 绕组材料：铜线； 调压方式：无载调压（风电场多数采取此类型）； 冷却介质和冷却方式：光伏电站多为油浸式变压器；冷却方式一般为自然冷却、风冷却（在散热器上安装风扇）、强迫风冷却（在前者基础上还装有潜油泵，以促进油循环）	1. 承受热冲击能力强、过负载能力大； 2. 阻燃性强，材料难燃，防火性能极高； 3. 低损耗、局部放电量小； 4. 噪音低、不产生有害气体、不污染环境，对湿度、灰尘不敏感，体积小、不易开裂、维护简单
油浸式	靠绝缘油进行绝缘，绝缘油在内部的循环将线圈产生的热带到变压器散热器（片）上散出		1. 造价较低、容量较大、额定电压高； 2. 散热性能好，液体油循环散热流动性较强； 3. 过载能力较强

4.5.2　施工安全技术

1. 备用变压器的场内外运输

（1）运输过程中，其倾斜度应不大于30°。

（2）对于震动易损的元件，如控制器、电表等，长途运输前可拆下，单独采用防震包装，运输到达目的地后再安装。

（3）分立式备用变压器中，对于有小车的组件，如接地变压器、消弧线圈，为防止其在运输过程中的位置移动，一般应卸掉小车轮。

（4）组合共箱式备用变压器或分立式装置中的箱体组件在运输时，应按其使用正常位置放置，且一定将其底座或包装底盘与运输工具之间牢固绑扎好，运输过程中不允许有移动和明显摇晃现象。除箱体的底座、挂钩及顶部吊环外，不允许绑拉箱体的其他部位。

（5）在运输的过程中，要对沿途路况进行勘察，了解路、桥、涵洞等的承重与宽度，必要时请交通部门进行协助通过。

（6）对道路运输驾驶人员要求做到"八不"。即"不超载超限、不超速行车、不强行超车、不开带病车、不开情绪车、不开急躁车、不开冒险车、不酒后开车"。保证精力充沛，谨慎驾驶，严格遵守道路交通规则和交通运输法规。

（7）做好危险路段记录并积极采取应对措施，特别是山区道路行车，要做到"一慢、二看、三通过"。

（8）发生事故时，应立即停车、保护现场、及时报警、抢救伤员和货物财产，协助事故调查。

（9）不违章作业，驾驶人员连续驾驶时间不超过 4h。

（10）如遇雪天要暂停运输，车辆在冰雪路面行驶时要采取预防措施，保障运输车辆的行车安全。

2. 备用变压器的安装

（1）施工现场周围要设有足够的灭火器，在周围挂禁止吸烟和明火作业等标示牌。

（2）就位时，手不应放在其行走轮上、前方，以防卡手。变压器在就位和基础找中时，手严禁伸入设备底座下。

（3）在开箱时，施工人员应相互配合好，注意防止撬棒伤人。开箱后应立即将装箱钉头敲平，严禁钉头竖直。

（4）作业人员分工明确，实施安全、技术交底。

（5）所使用的梯子必须有可靠的防滑和防倾斜措施。

（6）吊装所用绳索、钢丝绳、卡扣要进行抽查，并经拉力试验合格，有伤痕或不合格的严禁使用，更不能以小代大。

（7）紧螺栓时，要对角轮流转圈上紧，有胶圈的地方要紧到胶圈的厚度减少到 3/5 为止。

（8）部件安装时，要充分考虑部件的重量、作业半径和安装高度，用有充分余量的吊车进行吊装。吊装作业必须由起重工指挥，所有作业人员持证上岗。

（9）使用的工具必须清点好，做记录，专人管理。

（10）始终保持现场整齐、清洁，做到设备、材料、工具摆放整齐，现场卫生"一日一清理"、做到工完料尽场地清。

（11）施工前要对作业人员进行安全、技术措施交底并做好签证记录。

（12）加强机具维护，减少施工机具噪音对人身和环境的影响。

（13）施工用完的油漆罐、松节水罐、润滑油罐，废弃的包装箱纸，粘有油脂的废手套、棉布，残油和工机具的渗漏油等应用专用容器收集好，用专门的垃圾箱装好，交有资质公司处理，以免污染环境，并做好防火措施。安装位置应符合设计要求。

（14）组装备用变压器支架，支架底座与基础预埋槽钢焊接牢固，并涂防锈漆，检查支架水平度误差应小于 2mm。

（15）按设计图、厂家说明书及图纸要求，在站用变压器端子间安装连接线，接线应牢固可靠，对称一致，整齐美观，相色标示正确。

（16）按照施工设计图及相关规范的要求，安装备用变压器各设备的接地引下线并与接地网连接，要求连接牢固。

（17）将接地引下线涂刷黄绿色漆，要求漆层均匀完整。

（18）备用变压器安装调整、接线施工完成后，可进行设备交接试验，试验方法、步骤及技术要求详见《电力安全工作规程　高压试验室部分》（GB 26861—2011）中试验项目。

4.5.3　运行安全技术

1. 备用变压器运行

（1）备用变压器运行中的监视、维护与运行中应注意：

1）变压器一次电压不得超过运行电压额定值的105％，即在分头电压额定值±5％范围内运行时其容量不变。

2）变压器油温正常值不超过85℃，最高不超过95℃，容许温升不超过55℃。

3）变压器事故情况下，容许短时间过负荷，其倍数和连续时间应符合表4-6的规定。

表4-6 变压器事故情况下过负荷倍数与时间统计表

过负荷倍数	1.3	1.45	1.6	1.75	2.0	2.4	3.0
过负荷连续时间	120	80	30	15	7.5	3.5	1.5

4）变压器可在正常过负荷和事故过负荷的情况下运行，一般情况下不准过负荷运行。事故过负荷只允许在事故情况下出现（例如：运行中的若干台变压器中有一台损坏，又无备用变压器，则其余变压器允许按事故过负荷使用）。

5）定期切换备用变压器，并检查记录电压、相序是否正常。

（2）备用变压器正常检查项目：

1）变压器油温正常不超过85℃，最高不得超过90℃。

2）变压器声音正常，无放电声。

3）油位油色正常、油位应在油位计1/3～2/3范围内，各处不漏油。

4）各线接头不过热，各处无杂物。

5）高低压瓷瓶清洁、无裂纹、无闪络现象。

6）防爆膜完整、无喷油现象。

7）气体继电器内无气体、不漏油，油色透明、导线完好。

8）散热管无局部过热现象。

9）呼吸器完整、硅胶不潮湿、不饱和。

10）外壳接地良好。

11）指示牌及照明设备完好。

（3）备用变压器的特殊检查项目：

1）当系统发生短路故障或变压器跳闸后应立即检查变压器系统有无爆裂、断脱、移位、变形、焦味、烧伤、闪络、烟火及喷油等现象。

2）气温骤变时，检查变压器的油位是否正确，导线及接头有无变形发热等现象。

3）变压器过负荷时，检查确保各部正常。

4）新安装或大修后的变压器投运后，应增加必要的检查次数。

5）备用变压器必须一切处于正常状态，一旦投入即可正常运行，其定期检查项目同工作变压器。

2. 备用变压器检修

（1）设备检修前须参照有关安全操作规程，对施工现场的安全措施进行全面的检查。

（2）带电设备应切断电源并挂好接地线。

（3）在1.5m以上高空作业的作业者应有可靠的脚手架，工作人员应系安全带。

（4）工作时应用安全绳传递工器具及其他物件。

（5）工作现场应备有足够的消防器材。

（6）工作人员必须穿工作服，戴好安全帽。

（7）使用电动工具必须戴绝缘手套。

（8）进行设备清扫工作时，应小心工作，攀登瓷瓶时用力适度，以免损坏瓷瓶。

（9）在解开设备引线时，应有专人扶好人字梯，作业人员应系好安全带方能进行工作，防止作业人员高空坠落。

（10）各部件在拆除前应认真查对和做好编号，并做好记录。

（11）部件拆装时联接紧固力要对称均匀，力度适当。

（12）零部件存放时，小型的应分类做好标记，用布袋或用木箱装好妥善保管，大型部件应按指定地点用垫放好，不得相互叠放。

（13）所有零件要保护其加工面，拆装时应避免直接敲击，存放时不得砸碰，精密部件的工作面不得被锈蚀并做好保护措施。

（14）设备分解完毕后应及时检查零部件完整情况，若有毛刺、伤痕、缺损等要进行处理修复；不能修复的要更换或加工新的备品。

（15）所有零部件回装前均应按要求进行清洗，回装时应保证清洁、干净，组合面无毛刺，零件无缺损；管路畅通无阻，该刷油漆的地方按规定刷漆。易燃品应放在特定的安全地点。

（16）检修现场应保持整洁，文明施工，部件摆放有序，并注意防火防尘。在检修现场设置隔离带，并挂相关的标示牌。

4.6 事故及异常处理

4.6.1 主变压器事故及异常处理

1. 自动跳闸处理

（1）有备用变压器则迅速将其投入运行。

（2）有自动投入装置的厂用备用变压器未自动投入时，应立即手动投入。如投入后跳闸，不得再次投入。

（3）查明保护报警，区分何种保护装置动作，到变压器外部进行检查，报告分场及值长。

（4）如差动保护动作时有以下处理：

1）进行差动保护范围内全部电气设备的外部检查，是否有损坏和闪络现象。

2）对主变压器油位、油色、压力释放装置、盘柜等情况进行详细检查。

3）停电并测定绝缘电阻值。

4）检查保护及二次回路。

5）经查明不是主变压器本身故障，待外部故障消除后，方可投入运行。

6）如果是主变压器本身故障，未经检修人员试验合格前不许投入运行。

（5）当过流保护动作时有以下处理：

1）根据表计没有短路冲击、电压下降等现象时，可以判断是由于继电保护误动、误碰造成的二次回路故障，则可不经外部检查，直接将变压器重新投入运行。

2）根据表计有短路冲击、电压下降等现象时，可以判断是因外部故障引起越级跳闸的，则在外部故障消除后且对变压器外部检查无问题时，方可投入运行。

2. 主变压器着火处理

（1）主变压器着火时，应立即切断电源，投入备用变压器（有备用变压器者），迅速使用干粉或 CO_2 灭火器灭火，并按应急预案要求汇报。

（2）在电源未切断的情况下，严禁用液体灭火。

（3）若变压器油溢出在变压器顶盖上引起着火时，应打开变压器下部放油阀放油，使油面低于着火处，且不得将火焰带出，然后进行灭火。若变压器内部故障引起着火时，则不能放油，以防变压器发生严重爆炸。

3. 声音异常的处理

（1）当变压器内部有"咕嘟咕嘟"水的沸腾声时，可能是绕组有较严重的故障或分接开关接触不良导致局部严重过热引起，应立即停止变压器的运行，进行检修。

（2）变压器声响明显增大，内部有爆裂声时，立即断开变压器断路器，将变压器转检修状态。

（3）当响声中夹有爆裂声时，既大又不均匀，可能是变压器的器身绝缘有击穿现象，应立即停止变压器的运行，进行检修。

（4）响声中夹有连续的、有规律的撞击或摩擦声时，可能是变压器的某些部件因铁芯振动而造成机械接触。如果是箱壁上的油管或电线处，可通过增加距离或增强固定来解决。另外，冷却风扇、油泵的轴承磨损等也会发出机械摩擦的声音，应确定后进行处理。

4. 油温异常升高的处理

（1）判断变压器油温异常升高的原因，主要有：

1）变压器冷却器运行不正常。

2）运行电压过高。

3）潜油泵故障或检修后电源的相序接反。

4）散热器阀门没有打开。

5）变压器长期过负荷。

6）内部有故障。

7）温度计损坏。

8）冷却器全停。

（2）油温异常升高的检查：

1）检查变压器就地及远方温度计指示是否一致。

2）检查变压器是否过负荷。

3）检查冷却设备运行是否正常。

4）检查变压器声音是否正常，油温是否正常，有无故障迹象。

5）检查变压器油位是否正常。

6）检查变压器的气体继电器内是否积聚了可燃气体。

7）必要时进行变压器预防性试验。

（3）油温异常升高的处理措施：

1）若温度升高的原因是由于冷却系统故障，且在运行中无法修复，应将变压器停运修理；若不能立即停运修理，则应按现场规程规定调整变压器的负荷至容许运行温度的相应容量，并尽快安排处理；若冷却装置未完全投入或有故障，应立即处理排除故障；若故障不能立即排除，则必须降低变压器运行负荷，按相应冷却装置冷却性能与负荷的对应值运行。

2）如果温度比平时同样负荷和冷却温度下高出 10℃ 以上，或变压器负荷、冷却条件不变，而温度不断升高，温度表计又无问题，则认为变压器已发生内部故障（铁芯烧损、绕组层间短路等），应投入备用变压器，停止故障变压器运行，联系检修人员进行处理。

3）若经检查分析是变压器内部故障引起的温度异常，则立即停运变压器，尽快安排处理。

4）若是由变压器过负荷运行引起，在顶层油温超过 105℃ 时，应立即降低负荷。

5）若散热器阀门没有打开，应设法将阀门打开，一般变压器散热器阀门没有打开，在变压器送电带上负荷后温度上升很快。若本站有两台变压器，那么通过对两台变压器的温度进行比较就能判断。

6）如果三相变压器组中某一相油温升高，明显高于该相在过去同一负荷、同样冷却条件下的运行油温，而冷却装置、温度计均正常，则过热可能是由变压器内部的某种故障引起，应通知专业人员立即取油样做色谱分析，进一步查明故障。若色谱分析表明变压器存在内部故障，或变压器在负荷及冷却条件不变的情况下，油温不断上升，则应按现场规程规定将变压器退出运行。

5. 油位异常的处理

（1）判读引起油位异常的主要原因有：

1）指针式油位计出现卡针等故障。

2）隔膜或胶囊下面蓄积有气体，使隔膜或胶囊高于实际油位。

3）吸湿器堵塞，使油位下降时空气不能进入，油位指示将偏高。

4）胶囊或隔膜破裂，使油进入胶囊或隔膜以上的空间，油位计指示可能偏低。

5）温度计指示不准确。

6）变压器漏油使油量减少。

（2）油位过低的处理措施：

1）若变压器无渗漏油现象，油位明显低于当时温度下应有的油位（查温度～油位曲线），应尽快补油。

2）若变压器大量漏油造成油位迅速下降时，应立即采取措施制止漏油。若不能制止漏油，且低于油位计指示限度时，应立即将变压器停运。

3）对有载调压变压器，当主油箱油位逐渐降低，而调压油箱油位不断升高，以至从吸湿器中漏油，可能是主油箱与有载调压油箱之间密封损坏，造成主油箱的油向调压油箱内渗。应申请将变压器停运，转检修状态。

（3）油位过高的处理措施：

1）如果变压器油位高出油位计的最高指示，且无其他异常时，为了防止变压器油溢出，则应放油到适当高度；同时应注意油位计、吸湿器和防爆管是否堵塞，避免因假油位造成误判断。

2）变压器油位因温度上升有可能高出油位指示极限，经查明不是假油位所致时，则应放油，使油位降至与当时油温相对应的高度，以免溢油。

6. 渗漏油、油位异常和套管末屏放电处理

（1）判断运行中变压器渗漏油的原因：

1）阀门系统、蝶阀胶垫材质不良、安装不良，放油阀精度不高，螺纹处渗漏。

2）高压套管基座电流互感器出线桩头胶垫处不密封或无弹性，造成接线桩头胶垫处渗漏。小绝缘子破裂，造成渗漏油。

3）胶垫不密封造成渗漏。

4）设计制造不良。

（2）变压器渗漏油的处理：

1）变压器本体渗漏油若不严重，并且油位正常，应加强监视。

2）变压器本体渗漏油严重，并且油位未低于下限，但一时又不能停电检修，应通知专业人员进行补油，并应加强监视，增加巡视的次数；若低于下限，则应将变压器停运。

（3）套管渗漏、油位异常和套管末屏有放电声的处理：

1）套管严重渗漏或瓷套破裂时，变压器应立即停运。更换套管或消除放电现象，经电气试验合格后方可将变压器投入运行。

2）套管油位异常下降或升高，包括利用红外测温装置检测油位，确认套管发生内漏；当确认油位已漏至金属储油柜以下时，变压器应停止运行，进行处理。

3）套管末屏有放电声时，应将变压器停止运行，并对该套管做试验。

4）大气过电压、内部过电压等，会引起瓷件、瓷套管表面龟裂，并有放电痕迹。此时应采取加强防止大气过电压和内部过电压措施。

7. 压力释放阀异常处理

（1）压力释放阀冒油而变压器的气体继电器和差动保护等电气保护未动作时，应立即取变压器本体油样进行色谱分析，如果色谱正常，则怀疑压力释放阀动作是其他原因引起。

（2）压力释放阀冒油且瓦斯保护动作跳闸时，在未查明原因、故障未消除前不得将变压器投入运行。

8. 轻瓦斯保护报警的处理

（1）变压器轻瓦斯保护报警的原因：

1）变压器内部有较轻微故障产生气体。

2）变压器内部进入空气。

3）外部发生穿越性短路故障。

4）油位严重降低至气体继电器以下，使气体继电器动作。

5）直流多点接地、二次回路短路。

6）受强烈振动影响。

7）气体继电器本身问题。

（2）变压器轻瓦斯保护报警后的检查：

1）检查是否因变压器漏油引起。

2）检查变压器油位、温度、声音是否正常。

3）检查气体继电器内有无气体，若存在气体，应取气体进行分析。

4）检查二次回路有无故障。

5）检查储油柜、压力释放装置有无喷油、冒油，盘根和塞垫有无凸出变形。

9. 变压器轻瓦斯保护报警后的处理

（1）如气体继电器内有气体，则应记录气体量，观察气体的颜色及试验是否可燃，并取气样及油样做色谱分析，根据有关规程和导则判断变压器的故障性质。

（2）轻瓦斯保护动作发信后，如一时不能对气体继电器内的气体进行色谱分析，则可按颜色、气味、是否可燃进行鉴别。

（3）如果轻瓦斯保护动作发信后，经分析已判为变压器内部存在故障，且发信间隔时间逐次缩短，则说明故障正在发展，这时应尽快将该变压器停运。

10. 油色谱异常的处理

根据油色谱含量情况，结合变压器历年的试验（如绕组直流电阻、空载特性试验、绝缘试验、局部放电测量和微水测量等）的结果，并结合变压器的结构、运行、检修等情况进行综合分析，判断故障的性质及部位。根据具体情况对设备采取不同的处理措施（如缩短试验周期、加强监视、限制负荷、近期安排内部检查或立即停止运行等）。

11. 内部放电性的处理

若经色谱分析判断变压器故障类型为电弧放电兼过热，一般故障表现为绕组匝间、层间短路，相间闪络、分接头引线间油隙闪络，引线对箱壳放电，绕组熔断，分接开关飞弧，因环路电流引起电弧、引线对接地体放电等。对于这类放电，一般应立即安排变压器停运，进行其他检测和处理。

12. 变压器铁芯运行异常的处理

（1）变压器铁芯绝缘电阻与历史数据相比较低时，首先应判定是否因受潮引起。

（2）如果变压器铁芯绝缘电阻低的问题一时难以处理，不论铁芯接地点是否存在电流，均应串入电阻，防止环流损伤铁芯。有电流时，宜将电流限制在 100mA 以下。

（3）变压器铁芯多点接地，并采取了限流措施，仍应加强对变压器本体油的色谱跟踪，缩短色谱监测周期，监视变压器的运行情况。

13. 变压器油流故障的处理

（1）变压器油流故障的现象：

1）变压器出现油流故障时，变压器油温不断上升。

2）风扇运行正常，变压器油流指示器指在停止的位置。

3）如果是管路堵塞（油循环管路阀门未打开），将会发出油流故障信号，油泵热继电器将动作。

（2）变压器油流故障产生的原因：

1）油流回路堵塞。

2）油路阀门未打开，造成油路不通。

3）油泵故障。

4）变压器检修后油泵交流电源相序接错，造成油泵电动机反转。

5）油流指示器故障（变压器温度正常）。

6）交流电源失压。

（3）变压器流油故障的处理方法：

油流故障告警后，运行人员应检查油路阀门位置是否正常，油路有无异常，油泵和油流指示器是否完好，冷却器回路是否运行正常，交流电源是否正常，并进行相应的处理。同时，严格监视变压器的运行状况，发现问题及时汇报，按调度的命令进行处理。若是设备故障，则应立即向调度报告，通知有关专业人员来检查处理。

14. 变压器过负荷的处理

（1）运行中发现变压器负荷达到相应调压分接头额定值的 90％ 及以上，应立即向调度汇报，并做好记录。

（2）根据变压器容许过负荷情况，应及时做好记录，并派专人监视主变压器的负荷及上层油温和绕组温度。

（3）按照变压器特殊巡视的要求及巡视项目，对变压器进行特殊巡视。

（4）过负荷期间，变压器的冷却器应全部投入运行。

（5）过负荷结束后，应及时向调度汇报，并记录过负荷结束时间。

15. 冷却装置故障的处理

（1）冷却器故障的原因：

1）冷却器的风扇或油泵电动机过载，热继电器动作。

2）风扇、油泵本身故障（轴承损坏，摩擦过大等）。

3）电动机故障（缺相或断线）。

4）热继电器整定值过小或在运行中发生变化。

5）控制回路继电器故障。

6）回路绝缘损坏，冷却器组空气开关跳闸。

7）冷却器动力电源消失。

8）冷却器控制回路电源消失。

9）一组冷却器故障后，备用冷却器由于自动切换回路问题而不能自动投入。

（2）冷却器故障的处理：

1）冷却装置电源故障。

2）机械故障包括电动机轴承损坏、电动机绕组损坏、风扇扇叶变形等。这时需要尽快更换或检修。

3）控制回路故障。控制回路中的各元件损坏，引线接触不良或断线，触点接触不良时，应查明原因迅速处理。

4）散热器出现渗漏油时，应采取堵漏措施。

5）当散热器表面油垢严重时，应清扫散热器表面。

6）散热器密封胶垫出现渗漏油时，应及时更换密封胶垫，使密封良好，不渗漏。

4.6.2　箱式变压器事故及异常处理

（1）断路器合闸就跳，切不可反复多次合闸，必须查明故障，排除后再合闸。

（2）地线损坏或断开时，应当及时停电修理。

（3）断路器或熔断器越级动作时，查明原因，如果是定值问题，应重新整定。

（4）机构脱扣后，没有复位。查明脱扣原因并排除故障后复位。如果断路器带欠压线圈而进线端无电源，这种情况要让进线端带电，将手柄复位后再合闸。

（5）箱式变压器有下列情况时应立即停运：

1）内部响声很大且不均匀，并伴有爆裂、电击声。

2）油温超过 105℃。

3）负荷及冷却装置正常时温度不正常上升很快。

4）箱式变压器严重漏油，油面急剧下降。

5）压力释放器发出信号。

6）套管有严重裂纹、破坏和放电。

（6）箱式变压器发生火灾时应迅速切断箱式变压器高低压侧电源，组织人员用现场的干粉灭火器进行自救，同时拨打 119。在火势被基本控制住的时候向上级领导汇报并写事故报告。若火势较大人员无法扑灭时，远离着火位置，观察事态进展，等待消防车来场扑灭。

4.6.3 接地变压器兼站用变压器事故及异常处理

（1）中性点位移电压在相电压额定值的 15%～30% 之间，容许运行时间不超过 1h。

（2）中性点位移电压在相电压额定值的 30%～100% 之间，允许在事故时限内运行。

（3）发生单相接地必须及时排除，接地时限一般不超过 2h。

（4）发现消弧线圈、接地电阻箱、接地变压器、阻尼电阻发生下列情况之一时应立即停运：

1）正常运行情况下，声响明显增大，内部有爆裂声。

2）严重漏油或喷油，使油面下降到低于油位计的指示限度。

3）套管有严重的破损和放电现象。

4）冒烟着火。

5）附近的设备着火、爆炸或发生其他情况，对成套装置构成严重威胁时。

6）当发生危及成套装置安全的故障，而有关的保护装置拒动时。

（5）有下列情况之一时，禁止拉合消弧线圈或接地电阻箱与中性点之间的单相隔离开关：

1）系统有单相接地现象出现，已听到嗡嗡声。

2）中性点位移电压大于 15% 相电压。

4.6.4 SVG 连接变压器事故及异常处理

（1）在运行中，发生下列故障之一时，应立即将 SVG 连接变压器停运：

1）SVG 连接变压器声响明显增大，很不正常，内部有爆炸声。

2）严重漏油或喷油，使油面下降到低于油位计指示限度。

3）套管有严重的破损和放电现象。

4）SVG 连接变压器冒烟着火。

5）当发生危及人身和设备安全的故障，而 SVG 连接变压器的有关保护拒动时。

6）当 SVG 连接变压器附近的设备着火、爆炸或发生其他情况，对 SVG 连接变压器构成严重威胁。

（2）当 SVG 连接变压器发生下列情况之一时，允许先汇报调度和上级领导，联系有关部门后，将 SVG 连接变压器停运：

1）SVG 连接变压器声音异常。

2）SVG 连接变压器盘根向外突出且漏油。

3）绝缘油严重变色。

4）套管裂纹且有放电现象。

5）轻瓦斯保护动作，气体可燃并不断发展。

（3）SVG 连接变压器油温异常升高的处理方法：

1）检查 SVG 连接变压器的负载和冷却介质的温度，并与在同一负载和冷却介质温度下的正常温度核对。

2）核对测温装置动作是否正确。

3）在正常负载和冷却条件下，SVG 连接变压器温度不正常并不断上升，且经检查确认温度指示正确，则认为 SVG 连接变压器已发生内部故障，应立即联系当值调度员将 SVG 连接变压器停运。

4）SVG 连接变压器在各种超额定电流方式下运行时，若顶层油温超过 105℃，应立即降低负荷。

（4）SVG 连接变压器轻瓦斯动作的处理方法：

1）检查气体继电器内有无气体，记录气量、取气样，并检查气体颜色及是否可燃。对油品进行采样化验，并报告有关领导。

2）如气体继电器内无气体，应检查二次回路有无问题。

3）如气体为无色，不可燃，应加强监视，可以继续运行。如气体可燃，油色谱分析异常则应立即汇报调度，将 SVG 连接变压器停电检查。

（5）重瓦斯保护动作跳闸的事故处理：

1）记录跳闸后的电流、电压变动情况。

2）检查压力释放装置释放动作有无喷油、冒烟等现象。油色和油位有无显著变化。

3）检查气体继电器有无气体，收集气样，检查是否可燃，观察颜色。

4）检查二次回路是否有误动的可能。

5）属于下列情况之一时，经请示有关领导批准并取得当值调度员同意后，许可将重瓦斯保护作用于信号后，再受电一次，如无异常可带负荷运行：

a. 确无 1）、2）、3）现象，确认是二次回路引起的。

b. 确无 1）、2）现象，气体继电器只有气体但无味、无色、不可燃。

6）有 1）、2）现象之一或气体继电器的气体可燃或有色或有味时，在故障未查明前禁止再次受电。

7）提取油样做色谱分析。

（6）差动保护动作跳闸的处理：

1）检查 SVG 连接变压器油位、油色有无显著变化。压力释放器有无动作和喷油、冒烟现象，油箱有无变形，周围有无异味。

2）对差动保护范围内的所有一次设备进行检查，即 SVG 连接变压器各侧设备、引线、电流互感器、电力电缆、避雷器等有无故障。

3）检查差动变流器的二次回路有无断线、短路现象。

4）无 1）、2）现象，且确认是二次回路故障引起的可在故障消除后，报请当值调度员同意，再受电一次。

5）无 1）、2）、3）现象，应对 SVG 连接变压器进行绝缘电阻测定和导通试验。若绝缘电阻和停运前的值换算到同温度，无明显变化，导通无异常时，可请示有关领导并报请当值调度员同意后可受电一次。无异常情况，可继续带负荷。

6）提取油样做色谱分析。

（7）SVG 连接变压器着火的处理：SVG 连接变压器着火时，应立即断开电源，使用干式灭火器灭火，同时立即向上级部门报告。若油溢在 SVG 连接变压器顶上而着火时，则应打开下部油门放油到适当油位；若是 SVG 连接变压器内部故障着火时，则不能放油，以防止 SVG 连接变压器爆炸，在灭火时应遵守《电力设备典型消防规程》（DL 5027—2015）的有关规定。当火势蔓延迅速，用现场消防设施难以控制时，应打火警电话"119"报警，请求消防队协助灭火。

4.6.5　备用变压器事故及异常处理

（1）断路器合闸就跳，切不可反复多次合闸，必须查明故障，排除后再合闸。

（2）地线损坏或断开时，应当及时停电修理。

（3）断路器或熔断器越级动作时，查明原因，如果是定值问题，应重新整定。

（4）机构脱扣后，没有复位。查明脱扣原因并排除故障后复位。如果断路器带欠压线圈而进线端无电源，这种情况要让进线端带电，将手柄复位后再合闸。

（5）备用变压器有下列情况时应立即停运：

1）内部响声很大且不均匀，并伴有爆裂、电击声。

2）油温超过 105℃。

3）负荷及冷却装置正常时温度不正常上升很快。

4）备用变压器严重漏油，油面急剧下降。

5）压力释放器发出信号。

6）套管有严重裂纹、破坏和放电。

（6）备用变压器着火后应迅速切断箱式变压器高低压侧电源，组织人员用现场的干粉灭火器进行自救，同时拨打 119。在火势被基本控制住的时候向上级领导进行汇报并写事故报告。若火势较大人员无法扑灭时，远离着火位置，观察事态进展，等待消防车来场扑灭。

4.7　标准依据

变电设备施工及运行必须遵照的相关标准及规范见表 4-7。

表 4-7　　　　　　　　　变电设备施工及运行的标准依据

序号	名　　称	编号或计划号
1	电力变压器　第 1 部分：总则	GB 1094.1—2013
2	电力变压器　第 2 部分：液浸式变压器的温升	GB 1094.2—2013
3	电力变压器　第 5 部分：承受短路的能力	GB 1094.5—2008

序号	名　　称	编号或计划号
4	变压器油中溶解气体分析和判断导则	GB/T 7252—2001
5	电力安全工作规程　发电厂和变电站电气部分	GB 26860—2011
6	电业安全工作规程　第1部分：热力和机械	GB 26164.1—2010
7	电气装置安装工程　电气设备交接试验标准	GB 50150—2016
8	光伏发电站施工规范	GB 50794—2012
9	电气装置安装工程　接地装置施工及验收规范	GB 50169—2016
10	电气装置安装工程　电力变压器、油浸电抗器、互感器施工及验收规范	GB 50148—2010
11	电力变压器　第3部分：绝缘水平、绝缘试验和外绝缘空气间隙	GB/T 1094.3—2017
12	电力变压器　第4部分：电力变压器和电抗器的雷电冲击和操作冲击试验导则	GB/T 1094.4—2005
13	干式电力变压器技术参数和要求	GB/T 10228—2015
14	油浸式电力变压器技术参数和要求	GB/T 6451—2015
15	电力变压器　第7部分：油浸式电力变压器负载导则	GB/T 1094.7—2008
16	电力变压器选用导则	GB/T 17468—2008
17	光伏系统并网技术要求	GB/T 19939—2005
18	光伏发电站安全规程	GB/T 35694—2017
19	光伏发电工程验收规范	GB/T 50796—2012
20	光伏发电站接入电力系统技术规定	GB/Z 19964—2012
21	继电保护和安全自动装置技术规程	GB/T 14285—2006
22	电业安全工作规程（高压试验室部分）	DL 560—1995
23	电力变压器检修导则	DL/T 573—2010
24	电力变压器运行规程	DL/T 572—2010
25	电力设备典型消防规程	DL/T 5027—2015
26	光伏发电并网逆变器技术规范	NB/T 32004—2013

第 5 章　配电设备施工及运行安全技术

配电设备是在电力系统中对高压配电柜、断路器、低压开关柜、配电盘、开关箱、控制箱等设备的统称。本章主要从光伏电站的配电设备，包括 GIS 电器、室外开关设备及开关柜等，介绍其施工及运行维护过程中安全技术方面的知识。

5.1　GIS 设备

5.1.1　概述

全封闭式组合电器（gas insulated switchgear，GIS），国际上称为"气体绝缘开关设备"，是变电站中除变压器以外的一种一次设备，采用 SF_6 或其他气体作为绝缘介质，将断路器、隔离开关、接地开关、电流互感器、母线等高压元件密封，经优化设计后有机地组合成一个整体，装在接地金属壳体中的电气设备。GIS 设备的主要结构图如图 5-1 所示，GIS 外观图如图 5-2 所示。

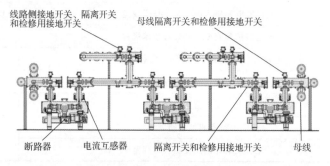

图 5-1　GIS 设备主要结构图

图 5-2　某 GIS 设备外观图

GIS 设备类型、特点及技术特性见表 5-1。

表 5-1 GIS 设备类型、特点及技术特性

类型	特点	技 术 特 性
空气绝缘常规配电装置	其母线裸露直接与空气接触，断路器可用瓷柱式或罐式	(1) GIS 设备主要优点是： 1) 占地面积小、设备体积小，元件全部密封在金属壳体内，不受污染和雨、盐雾等周围环境因素的影响。 2) 运行可靠性较高，操作安全性高、采用 SF₆ 或其他气体绝缘，缺陷、故障发生概率低，防火性能好。 3) GIS 设备采用整块运输，安装方便、现场安装的工作量比常规设备减少了 80% 左右。维护工作量少，检修周期长，适合于变电站无人值班，达到减人增效的目的。
混合式配电装置	母线采用开敞式，其他均为 SF$_6$ 气体绝缘开关装置	(2) GIS 设备主要缺点是： 1) SF$_6$ 气体的泄漏、外部水分的渗入、导电杂质的存在、绝缘子老化等因素，都可能导致 GIS 内部闪络故障。 2) GIS 设备的全密封结构使故障的定位及检修比较困难，检修工作繁杂，事故后平均停电检修时间比常规设备长，其停电范围大，常涉及非故障元件。
SF$_6$ 气体绝缘全封闭配电装置	电气设备内充以 SF$_6$ 作为绝缘介质，风电场、光伏电站采用的是这种型式	(3) SF$_6$ 气体的特点： GIS 设备内充装绝缘介质 SF$_6$ 气体，SF$_6$ 气体本身是无毒的，常温、常压下为气态，无毒、无色、无味，性能稳定，但在高温或电化学作用下产生的氟化物是有毒的。当断路器损坏或密封不良时，这些有毒的氟化物就会泄漏出来，附着在设备表面或弥散在空气中，如工作人员接触或吸入这些有毒物质，就会造成中毒事故

5.1.2 施工安全技术

1. GIS 设备吊装

(1) GIS 设备就位前，作业人员应将作业现场所有孔洞用铁板或强度满足要求的木板盖严，避免人员摔伤。

(2) GIS 设备吊离地面 100mm 时，应停止起吊，检查吊车、钢丝绳扣是否平稳牢靠，确认无误后方可继续起吊。起吊后任何人不得在 GIS 设备吊移范围内停留或走动。

(3) 通道口在楼上时，作业人员应在楼上平台铺设钢板，使 GIS 设备对楼板的压力得到均匀分散。

(4) 作业人员在楼上迎接 GIS 设备时，应时刻注意周围环境，特别是在外沿作业人员更要注意防止高处坠落，必要时应系安全带。

(5) 用天吊机就位 GIS 设备时，作业人员除应遵守上述吊车作业要求外，还应在所吊 GIS 设备的后方或侧面操作。

(6) GIS 设备就位应放置在滚杠上，利用链条葫芦或人工绞磨等牵引设备作为牵引动力源，严禁用撬杠直接撬动设备。GIS 后方严禁站人，防止滚杠弹出伤人。

(7) 牵引前作业人员应检查所有绳扣、滑轮及牵引设备，确认无误后，方可牵引。工作结束或操作人员离开牵引机时必须断开电源。

(8) 操作绞磨人员应精神集中，要根据指挥人员的信号或手势进行开动或停止，停止时速度要快。牵引时应平稳匀速，并有制动措施。

2. GIS 设备安装

（1）GIS 设备安装工艺严格按照国标、产品技术文件进行，两者不一时按较高标准执行，各项工作必须服从制造厂技术人员的指导。

（2）进入施工现场时，工作人员应穿戴干净的工作服及鞋帽，工器具必须登记，严防将异物遗留在设备内部。

（3）GIS 设备耐压试验时，应做好人员和设备的防护工作。

（4）对制造厂已装配好的元件在现场组装时，不要解体检查，如有缺陷必须在现场解体时，要经制造厂同意，并在厂方人员指导下进行。

（5）保证清洁度是 GIS 设备安装中最首要的任务，设备装配工作要在无风沙、无雨雪、空气相对湿度小于 80％的条件下进行，并采取防尘、防潮措施。

（6）严格保证现场的清洁无尘，具体可采取临时封闭，专人用吸尘器清理等措施。按制造厂的编号和规定的程序进行装配，不得混装。

（7）打开对接面盖板时，严禁用手直接接触绝缘件，必须戴白色尼龙手套进行清扫。

（8）绝缘件及罐体内部用无毛纸蘸无水乙醇擦洗，擦洗完后用吸尘器清理。检查密封面应无划伤痕迹，否则进行妥善处理。

（9）密封性是 GIS 设备绝缘的关键，SF$_6$ 气体泄漏会造成 GIS 致命的故障。因此密封性检查应贯穿于整个制造和安装的始终。密封效果主要取决于罐体焊接质量，其次是密封圈的制造、安装调整情况，密封圈变形不得使用。

（10）连接插件的触头中心要对准插口不得卡阻，插入深度要符合产品的技术规定。

（11）对于元件之间的联接，所有螺栓紧固均用力矩扳手按规定的力矩紧固。

（12）设备对接完毕，应立即进行抽真空和充气工作。

5.1.3　运行安全技术

1. GIS 设备运行

（1）预防 SF$_6$ 气体中毒是 GIS 设备维护管理工作中的一个重要方面。在 GIS 室安装 SF$_6$ 报警装置，当 SF$_6$ 的含量超标时立即报警。SF$_6$ 断路器上装设气体压力降低报警装置，当断路器内的 SF$_6$ 气体发生泄漏以致压力降低到设定值时发出报警信号。

（2）GIS 室按必须安装强力通风装置，其通风量为 GIS 室空间体积的 3～5 倍。排风口应设置在室内底部，以便迅速可靠地排出外逸的 SF$_6$ 气体。对运行人员经常出入的 GIS 室，每班至少通风 1 次（15min）；对工作人员不经常出入的室内场所，应定期检查通风设施。在正常的设备运行维护中，应在通风系统开启 15min 后，方可进入室内，且尽量避免单人进入 GIS 室巡视设备。

（3）工作人员进入 GIS 室内电缆沟或凹处工作时，应测含氧量或 SF$_6$ 气体浓度，GIS 室里的 SF$_6$ 气体的体积分数应不大于 1000mL/m^3，空气中的含氧量不得低于 18％，确认安全后方可进入，不准一人进入从事检修工作。

（4）气体采样操作及一般渗漏处理要在通风条件下进行，当 GIS 发生故障造成大量 SF_6 气体外逸时，应立即撤离现场，并开启室内通风设备。

（5）GIS 设备解体检查时，应将 SF_6 气体回收加以净化处理，严禁排放到大气中。

（6）宜在晴朗干燥天气进行充气，并严格按照有关规程和检修工艺要求进行操作。充气的管子应采用不易吸附水分的管材，管子内部应干燥，无油无灰尘。

（7）在环境湿度超标而必须充气时，应确保充气回路干燥、清洁。可用电热吹风对接口处进行干燥处理，并立即连接充气管路进行充气。充气静止 24h 后应对该气室进行湿度测量。

2. GIS 设备分解检查

（1）GIS 设备分解检查前，必须执行工作票制度，被解体部分必须确定完全处于停电状态，并进行可靠的工作接地后，方可进行解体检查。

（2）GIS 设备气室分解检查前，应对相邻气室进行减压处理，减压值一般为额定压力的 50％或按制造厂规定。

（3）GIS 设备分解前，如怀疑气室有电弧放电，应先取气样做生物毒性试验以及做气相色谱分析和可水解氟化物测定。

（4）GIS 设备分解前，气体回收并抽真空后，根据具体情况可用高纯氮气进行冲洗。且每次排放氮气后均应抽真空，每次充氮气压力应接近 SF_6 额定压力。排放氮气及抽真空应用专用导管，工作人员必须站在上风方位。

（5）工作人员必须穿防护服，戴手套，戴备有氧气呼吸器的防毒面具，做好防护措施。封盖打开后，工作人员暂时撤离现场 30min，让残留的 SF_6 及其气态分解物经室内通风系统排至室外，然后才准进入作业现场。

（6）分解设备之前，应确认邻近气室不存在向待修气室漏气的现象。分解设备时，必须先用真空吸尘器吸除零部件上的固态分解物，然后才能用无水乙醇或丙酮清洗金属零部件及绝缘零部件。

（7）工作人员工作结束后应立即清洗手、脸及人体外露部分。

（8）下列物品应做有毒废物处理：真空吸尘器的过滤器及洗涤袋、防毒面具的过滤器、全部抹布及纸；断路器或故障气室的吸附剂、气体回收装置中使用过的吸附剂等；严重污染的防护服也视为有毒废物。处理方法：所有上述物品不能在现场加热或焚烧，必须用 20％浓度的氢氧化钠溶液浸泡 12h 以上，然后装入塑料袋内深埋。

（9）防毒面具、塑料手套、橡皮靴及其他防护用品必须进行清洁处理，并应定期进行检查试验，使其处于备用状态。

5.2 室外开关设备

5.2.1 概述

室外开关设备是室外开关装置及与其相关的控制、测量、保护和调节设备的组合，

图 5-3　室外开关设备外观图

以及与该组合有关的电气联结、辅件、外壳和支持构件组成的总称。光伏电站的配电系统普遍采用的室外开关设备包括断路器、隔离开关、接地刀闸、母线、互感器、避雷器及一次、二次电缆等。室外开关设备外观图如图 5-3 所示。

室外开关设备名称、构成及技术特性见表 5-2。

表 5-2　　　　　　　　　　　　室外开关设备名称、构成及技术特性

名称	构　　成	特　　点
断路器	断路器是指能够关合、承载和开断正常回路条件下的电流，并能关合在规定的时间内承载和开断异常回路条件下电流的开关装置	开关设备一般由高压配电柜、发电机、变压器、电力线路、断路器，低压开关柜、配电盘，开关箱，控制箱等配电设备的组成。一般适用于交流 50Hz 的电力系统中，作为电能接收、分配的通、断和监视保护之用。由制造厂对各种不同的应用场合、不同用户要求提供设计、制造等令人满意的方案，这种设备具有结构简单、操作灵活、联锁可靠等特点，因此广泛用于控制和保护变压器、高压线路和高压电动机等设备中
隔离开关	隔离开关，即在分位置时，触头间有符合规定要求的绝缘距离和明显的断开标志；在合位置时，能承载正常回路条件下的电流及在规定时间内异常条件（如短路）下电流的开关设备	
接地刀闸	接地刀闸是安装于高压开关柜内或者室外代替接地线的一种安全连锁机构	
母线	母线是指在变电所中各级电压配电装置的连接，以及变压器等电气设备和相应配电装置的连接，大都采用矩形或圆形截面的裸导线或绞线。母线的作用是汇集、分配和传送电能	
互感器	互感器又称为仪用变压器，是电流互感器和电压互感器的统称。能将高电压变成低电压、大电流变成小电流，用于量测或保护系统	
避雷器	避雷器是用于保护电气设备免受高瞬态过电压危害并限制续流时间的一种电器	
一次、二次电缆	一次、二次电缆通常是由几根或几组导线（每组至少两根）绞合而成的类似绳索的电缆，每组导线之间相互绝缘，并常围绕着一根中心扭成，整个外面包有高度绝缘的覆盖层	

5.2.2　施工安全技术

1. 一般安全规定

（1）凡参加开关设备安装、调试的人员必须遵守安全工作规程。

（2）施工现场及其周围的悬崖、陡坎、深坑、高压带电区及危险场所等均应设防护设施及警告标志；坑、沟、孔洞等均应铺设与地面平齐的盖板或设可靠的围栏、挡板及警告标志。危险处所夜间应设红灯示警。

（3）进入施工现场的作业人员必须正确佩戴安全帽，穿好工作服，严禁穿拖鞋、凉鞋。严禁酒后进入施工现场。

（4）作业人员工作时必须服从命令，听从指挥，不得擅自离开工作岗位，不得酒后上岗。

（5）施工现场设置的各种安全设施严禁拆、挪或移作他用。

（6）从事高处工作的人员必须经体检合格后方可上岗。

（7）施工场所应保持整洁，垃圾或废料应及时清除，做到"工完、料尽、场地清"，坚持文明施工。在高处清扫的垃圾或废料，不得向下抛掷。

2. 材料、设备堆放及保管

（1）材料、设备应按施工总平面布置规定的地点堆放整齐并符合搬运及消防的要求。堆放场地应平坦、不积水，地基应坚实。现场拆除的模板、脚手杆以及其他剩余器材应及时清理回收，集中堆放。

（2）施工器材不得紧靠木栅栏或建筑物的墙壁堆放，应留有 50cm 以上的间距，并封闭两端。

（3）各类脚手杆、脚手板、紧固件以及防护用具等均应存放在干燥、通风处并符合防腐、防火等要求。已有工程每年以及新工程开工前应进行一次检查、鉴定，合格者方可使用。

（4）易燃、易爆及有毒物品等应分别存放在与普通仓库隔离的专用库内，并按有关规定严格管理。雷管与炸药必须分库存放；汽油、酒精、油漆及稀释剂等挥发性易燃材料应密封存放。

（5）瓷质材料拆箱后，应单层排列整齐，不得堆放，并采取防碰措施。

（6）绝缘材料应存放在有防火、防潮措施的库房内。

（7）电气设备应分类存放稳固、整齐，不得堆放。重心较高的电气设备在存放时应有防止倾倒的措施。

（8）SF_6 气体瓶放置在专设的库房内或场地上，并做标记。库房应保持通风。

（9）易燃材料和易燃废料的堆放场所与建筑物及用火作业区的距离应符合《电力建设安全工作规程》中的相关规定。

3. 施工道路

（1）施工现场的道路应坚实、平坦，主车道的宽度不得小于 5m，单车道的宽度不得小于 3.5m。

（2）现场道路跨越沟槽时应搭设牢固的便桥，便桥经验收合格方可使用。

（3）现场道路不得任意挖掘或截断。如必须开挖时，应事先征得施工管理部门的同意并限期修复；开挖期间必须采取铺设过道板或架设便桥等保证安全通行的措施。

（4）现场的机动车辆应限速行驶，时速一般不得超过 15km/h。机动车辆行驶沿途的路旁应设交通指示标志，危险地区应设"危险"或"禁止通行"等警告标志。

4. 施工用电

（1）施工用电的布设应按已批准的施工组织设计进行，并符合当地供电部门的有关规定。

（2）施工用电设施应有设计方案并经有关部门审核、批准方可施工，竣工后应经验收合格方可投入使用。

（3）施工用电设施安装完毕后，应由专业班组或指定专人负责运行及维护。严禁非电气专业人员拆、装施工用电设施。

（4）用电线路及电气设备的绝缘必须良好，布线应整齐，设备的裸露带电部分应加防护措施。架空线路的路径应合理选择，避开易撞、易碰、易腐蚀场所以及热力管道。

（5）低压架空线路采用绝缘线时，架设高度不得低于 2.5m；交通要道及车辆通行处，架设高度不得低于 5m。

（6）低压架空线路一般不得采用裸线；采用裸线时，架空线高度不得低于 3m，穿过交通要道时不得低于 6m，导线截面积不得小于 $16mm^2$。

（7）现场集中控制的配电箱设置地点应平整，不得被水淹或土埋，并应防止碰撞和被物体打击。配电箱附近不得堆放杂物。

（8）配电箱应坚固，其结构应具备防火、防雨的功能，箱内的配线应绝缘良好，导线剥头不得过长，压接应牢固。盘面操作部位不得有带电体裸露。

（9）杆上或杆旁装设的配电箱，应安装牢固并便于操作和维修。

（10）照明、动力分支开关箱，应装设漏电电流动作保护器。

（11）用电设备的电源引线长度不得大于 5m。距离大于 5m 时，应设流动开关箱；流动开关箱至固定式配电箱之间的引线长度不得大于 40m，且只能用橡套软电缆。

（12）电气设备附近应配备适于扑灭电气火灾的消防器材。电气设备发生火灾时，应首先切断电源。

（13）不同电压的插座与插销应选用相应的结构，严禁用单相三孔插座代替三相插座。单相插座应标明电压等级，严禁将电线直接钩挂在闸刀上或直接插入插座内使用。

（14）电源线路不得接近热源或直接绑挂在金属构件上。

（15）多路电源配电箱宜采用密封式。开关及熔断器必须上口接电源，下口接负荷，严禁倒接。负荷应标明名称，单相闸刀开关应标明电压。

（16）在光线不足的工作场所及夜间工作的场所均应有足够的照明，主要通道上应装设路灯。

（17）施工用电的维护人员，应配备足够的绝缘用具。

（18）施工用电系统的运行应设专人管理，并明确职责及管理范围。

（19）应根据用电情况制订用电、维修等管理制度以及安全操作规程。专业维护人员必须熟悉有关规程制度。

（20）配电箱应加锁并设警告标志。施工电源使用完毕后，应及时拆除。

5. 防火

（1）在仓库、宿舍、加工场地及重要机械设备旁，应有相应的灭火器材，一般标准为建筑面积每 $120m^2$ 设置标准灭火器一个。

（2）消防设施应有防雨、防冻措施，并定期进行检查、试验，保持灭火器有效；沙桶（箱、袋）、斧、锹、钩子等消防器材应放置在明显、易取处，不得任意移动或遮盖，严禁挪作他用。

（3）严禁在办公室、工具房、休息室、宿舍等房屋内存放易燃、易爆物品。

（4）在易燃、易爆区周围动用明火，必须办理动火工作票，经有关部门批准，采取相应措施后可进行。

（5）临时建筑及仓库的设计，应符合现行 GB 50016—2014 的规定。

（6）采用易燃材料搭设的临时建筑应有相应的防火措施。

（7）临时建筑物内的火炉烟囱通过墙和屋面时，其四周必须用防火材料隔离。烟囱伸出屋面的高度不得小于 50cm。严禁用汽油或煤油引火。

6. 高处作业和交叉作业

（1）凡在坠落高度基准面 2m 及以上有可能坠落的高处进行的作业均称为高处作业。

（2）高处作业的平台、走道、斜道等应装设 1.05m 高的防护栏杆和 18cm 高的挡脚板，或设防护立网。

（3）高处作业区周围的孔洞、沟道等必须设盖板、安全网或围栏。

（4）遇有六级及以上大风或恶劣气候时，应停止露天高处作业。在霜冻或雨雪天气进行露天高处作业时，应采取防滑措施。

（5）在夜间或光线不足的地方进行高处作业，必须有足够的照明。

（6）凡参加高处作业的人员每年必须进行体检。经医生诊断患有不宜从事高处作业病症的人员不得参加高处作业。

（7）高处作业必须系好安全带（绳），安全带（绳）应挂在上方的牢固可靠处。高处作业人员应衣着灵便，衣袖、裤脚应扎紧，穿软底鞋。

（8）高处作业人员应配带工具袋，较大的工具应系保险绳。传递物品应用传递绳，严禁抛掷。

（9）高处作业者不得坐在平台、孔洞边缘，不得骑坐在栏杆上，不得站在栏杆外工作或凭借栏杆起吊物件。

（10）高处作业时，点焊的物件不得移动。切割的工件、边角余料等应放置在牢靠的地方，并有防止坠落的措施。

（11）施工中应尽量减少立体交叉作业。必须交叉时，施工负责人应事先组织交叉作业各方，商定各方的施工范围及安全注意事项；各工序应密切配合，施工场地尽量错开，以减少干扰。无法错开的垂直交叉作业，层间必须搭设严密、牢固的防护隔离设施。

（12）交叉作业场所的通道应保持畅通；有危险的出入口处应设围栏或悬挂警告牌。

（13）隔离层、孔洞盖板、栏杆、安全网等安全防护设施严禁任意拆除。必须拆除时，应征得原搭设单位的同意，在工作完毕后应立即恢复原状并经原搭设单位验收。严禁乱动非工作范围内的设备、机具及安全设施。

（14）交叉施工时，工具、材料、边角余料等严禁上下抛掷，应用工具袋、箩筐或吊笼等吊运。严禁在吊物下方接料或逗留。

7. 起重作业

（1）重大的起重、运输项目，应制定施工方案和安全技术措施。

（2）凡属下列情况之一者，必须办理安全施工作业票，并应有施工技术负责人在场指导，否则不得施工。

1）重量达到起重机械额定负荷的 95%。

2）两台及以上起重机械抬吊同一物件。

3）起吊精密物件、不易吊装的大件或在复杂场所进行大件吊装。

4）起重机械在输电线路下方或距带电体较近时。

（3）吊物应绑牢，并有防止倾倒措施。吊钩悬挂点应与吊物的重心在同一垂直线上，吊钩钢丝绳应保持垂直，严禁偏拉斜吊。落钩时，应防止吊物局部着地引起吊绳偏斜，吊物未固定好，严禁松钩。

（4）吊索（千斤绳）的夹角一般不大于 90°，最大不得超过 120°。

（5）起重工作区域内无关人员不得停留或通过。在伸臂及吊物的下方，严禁任何人员通过或逗留。

（6）起重机吊运重物时应走吊运通道，严禁从有人停留场所上空越过；对起吊的重物进行加工、清扫等工作时，应采取可靠的支承措施，并通知起重机操作人员。

（7）吊起的重物不得在空中长时间停留。在空中短时间停留时，操作人员和指挥人员均不得离开工作岗位。

（8）起吊前应检查起重设备及其安全装置；重物吊离地面约 10cm 时应暂停起吊并进行全面检查，确认良好后方可正式起吊。

（9）起重机在工作中如遇机械发生故障或有不正常现象时，应放下重物、停止运转，进行排除，严禁在运转中进行调整或检修。如起重机发生故障无法放下重物时，必须采取适当的保险措施，除排险人员外，严禁任何人进入危险区。

（10）遇有大雪、大雾、雷雨、六级及以上大风等恶劣气候，或夜间照明不足，使指挥人员看不清工作地点、操作人员看不清指挥信号时，不得进行起重作业。

（11）起重机的操作人员必须经培训考试取得合格证后，方可上岗；30t 及以上的大型起重机操作人员，还必须经培训取得省级及以上电力局发放的机械操作证。

（12）指挥人员应站在使操作人员能看清指挥信号的安全位置上。当跟随负载进行指挥时，应随时指挥负载避开人及障碍物。

（13）起重机工作完毕后，应摘除挂在吊钩上的千斤绳，并将吊钩升起；对用油压或气压制动的起重机，应将吊钩降落至地面，吊钩钢丝绳呈收紧状态。悬臂式起重机应将起重臂放置 40°～60°，如遇大风，应将臂杆转至顺风方向，刹住制动器，所有操纵杆放在空档位置，切断电源，操作室的门窗关闭并上锁后方可离开。

8. 焊接与切割

（1）从事焊接或切割的操作人员，每年应进行一次职业性身体检查。对准备从事焊接或切割的操作人员，应进行身体检查，合格者才允许参加该项工作。

（2）进行焊接或切割工作时，操作人员应穿戴专用工作服、绝缘鞋、防护手套等符合专业防护要求的劳动保护用品。衣着不得敞领卷袖。

（3）进行焊接或切割工作时，应有防止触电、爆炸和防止金属飞溅引起火灾的措施，并应防止灼伤。

（4）进行焊接或切割工作，必须经常检查并注意工作地点周围的安全状态，有危及安全的情况时，必须采取防护措施。

（5）焊接或切割工作结束后，必须切断电源或气源，整理好器具，仔细检查工作场所周围及防护设施，确认无起火危险后方可离开。

9. 电气装置安装

（1）对施工人员的基本要求如下：

1）电气安装及调试工作人员必须掌握 GB 26860—2011 的有关部分，并每年考试一次，合格后方可参加工作。

2）对外单位派来支援的电气安装及调试工作人员，工作前应介绍现场情况并进行有关安全技术措施的交底。

3）工作人员至少每两年进行一次体检，不适宜电气安装及调试工作的病症患者不得参加工作。

4）独立进行安装及调试的工作人员应具备必要的电气技术理论知识，掌握有关工具、机具、仪表的正确操作、使用和保管方法。

5）电气安装及调试工作人员应学会触电急救法和人工呼吸法等紧急救护法。

（2）电气设备的安装分为以下方面：

1）互感器安装。

a. 互感器的施工及验收除基本规范、规定的执行外，还应符合国家现行的有关标准规范的规定。

b. 互感器在运输、保管期间应防止受潮、倾倒或遭受机械损伤；互感器的运输和放置应按产品技术要求执行。

c. 互感器整体起吊时，吊索应固定在规定的吊环上，不得利用瓷裙起吊，并不得伤瓷套。

d. 互感器外观应完整，附件应齐全，无锈蚀或机械损伤。

e. 二次接线板应完整，引线端子应连接牢固，绝缘良好，标志清晰。

f. 油浸式互感器安装面应水平，并列安装的应排列整齐，同一组互感器的极性方向应一致。

g. 具有吸湿器的互感器，其吸湿剂应干燥，油封油位正常。

h. 电容式互感器必须根据成套供应的组件编号进行安装，不得互换。各组件连接处的接触面，应除去氧化层，并涂以电力复合脂。

i. 具有均压环的互感器，均压环应安装牢固、水平，且方向正确。具有保护间隙的，应按制造厂规定调好距离。

j. 零序电流互感器的安装，不应使构架或其他导磁体与互感器铁芯直接接触，或与其构成分磁回路。

k. 互感器各部分应良好接地。

2）断路器、隔离开关、接地开关组合电器安装。

a. 在下列情况下不得搬运开关设备：隔离开关、闸刀型开关的刀闸处在断开位置时；断路器、气动低压断路器、传动装置以及有返回弹簧或自动释放的开关，在合闸位置和未锁好时。

b. 在调整、检修开关设备及传动装置时，必须有防止开关意外脱扣伤人的可靠措施，工作人员必须避开开关可动部分的动作空间。

c. 对于液压、气动及弹簧操作机构，严禁在有压力或弹簧储能的状态下进行拆装或检修工作。

d. 放松或拉紧断路器的返回弹簧及自动释放机构弹簧时，应使用专用工具，不得快速释放。

e. 凡可慢分慢合的断路器，初次动作时不得快分快合。空气断路器初次试动作时，应从低气压作起。施工人员应与被试开关保持一定的安全距离或设置防护隔离设施。

f. 就地操作分合空气断路器时，工作人员应戴耳塞，并应事先通知附近的工作人员，特别是高处作业人员。

g. 在调整断路器、隔离开关及安装引线时，严禁攀登套管绝缘子。

h. 隔离开关采用三相组合吊装时，应检查确认框架强度符合起吊要求，否则应进行加固。

i. 断路器、隔离开关安装时，在隔离刀刃及动触头横梁范围内不得有人工作。必要时应在开关可靠闭锁后方可进行工作。

j. SF$_6$组合电器安装过程中的临时支撑应牢固。

k. 对 SF$_6$断路器、组合电器进行充气时，其容器及管道必须干燥，工作人员必须戴手套和口罩。

l. 取出 SF$_6$断路器、组合电器中的吸附物时，工作人员必须戴橡胶手套、护目镜及防毒口罩等个人防护用品。

3）母线安装。

a. 新架设的导线与带电母线靠近或平行时，新架设的母线应接地，并保持安全距离。安全距离不够时应采取隔离措施。在此类母线上工作时，应在工作地点母线上再挂临时地线。

b. 母线架设前应检查金具是否符合要求，构架应验收合格。

c. 软母线引下线与设备连接前应进行临时固定，不得任意悬空摆动。

d. 在软母线上作业前应检查金具连接是否良好，横梁是否牢固。只能在截面积不小于 120m^2 的母线上使用竹梯或竹竿横放在导线上骑行作业并应系好安全带。

e. 硬母线焊接时应通风良好，工作人员应穿戴个人防护用品。

f. 绝缘子及母线不得作为施工时吊装承重的支持点。

g. 大型支持型铝管母线宜采用吊车多点吊装；铝管就位前施工人员严禁登上支柱绝缘子。

h. 大型悬吊式铝管母线吊装应根据施工要求编写安全施工措施，吊装时两端应同时起吊就位悬挂。

4）电缆安装。

a. 电缆支架应安装牢固，放电缆前应进行检查。

b. 运输电缆盘时，应有防止电缆盘在车、船上滚动的措施。盘上的电缆头应固定好。卸电缆盘严禁从车、船上直接推下。滚动电缆盘的地面应平整，破损的电缆盘不得滚动。

c. 敷设电缆时，电缆盘应架设牢固平稳，盘边缘距地面不得小于100mm，电缆应从盘的上方引出，引出端头的铠装如有松弛则应绑紧。

d. 在开挖直埋电缆沟时，应取得有关地下管线等的资料，否则在施工时应采取措施，加强监护。只有在确知地下无其他管线时方可用机械开挖。

e. 敷设电缆前，电缆沟及电缆夹层内应清理干净，做到无杂物、无积水，并应有足够的照明。

f. 敷设电缆应由专人指挥、统一行动，并有明确的联系信号，不得在无指挥信号时随意拉引。

g. 在高处敷设电缆时，应有高处作业措施。直接站在梯式电缆架上作业时，应核实其强度。强度不够时，应采取加固措施。严禁攀登组合式电缆架或吊架。

h. 用机械敷设电缆时，应遵守有关操作规程，加强巡视，并有可靠的联络信号。放电缆时应特别注意多台机械运行中的衔接配合与拐弯处的情况。

i. 电缆通过孔洞、管子或楼板时，两侧必须设监护人，入口侧应防止电缆被卡或手被带入孔内。出口侧的人员不得在正面接引。

j. 敷设电缆时，临时打开的隧道孔应设遮栏或警告标志，完工后立即封闭。

5）其他电气设备安装。

a. 凡新装的电气设备或与之连接的机械设备，一经带电或试运后，如需在该设备或系统上进行工作时，应严格按有关规定执行安全措施。

b. 所有转动机械的电气回路应经操作试验，确认控制、保护、测量、信号回路无误后方可启动。转动机械在初次启动时就地应有紧急停车设施。

c. 对干燥电气设备或元件，均应控制其温度。干燥场地不得有易燃物，并应有消防设施。

d. 严禁在阀型避雷器上攀登或进行工作。

e. 安装瓷套（棒）电器时吊装用的索套应安全可靠，不能危及瓷质的安全，安装时若有交叉作业应自上而下进行。

f. 电力电容器试验完毕必须经过放电才能安装，已运行的电容器组需检修或增加容量扩建新电容器组时，对已运行的电容器组也必须放电才能工作。

5.2.3　运行安全技术

1. 开关设备的验收和投运

（1）开关设备的验收。

1）新装和检修后的高压开关设备，在竣工投运前，运行人员应参加验收工作。

2）交接验收应按国家、电力行业和国家电网公司有关标准、规程和国家电网公司《预防高压开关设备事故措施》的要求进行。

3）运行单位应对开关设备检修过程中的主要环节进行验收，并在检修完成后按照相关规定对检修现场、检修质量和检修记录、检修报告进行验收。

4）验收时发现的问题，应及时处理。暂时无法处理，且不影响安全运行的，应经本单位主管领导批准。

（2）开关设备的投运。

1）投运前的准备。

a. 运行人员应经过培训，熟练掌握高压开关设备的工作原理、结构、性能、操作注意事项和使用环境等。

b. 准备操作所需的专用工具、安全工器具、常用备品备件等。

c. 根据系统运行方式，编制设备事故预案。

2）投运的必备条件。

a. 验收合格并办理移交手续。

b. 设备名称、运行编号、标志牌齐全。

c. 运行规程齐全、人员培训合格、操作工具及安全工器具完备。

2. 开关设备的运行操作

（1）断路器的操作。

1）一般规定。

a. 断路器投运前，应检查接地线是否全部拆除，防误闭锁装置是否正常。

b. 操作前应检查控制回路和辅助回路的电源，确认机构已储能。

c. 检查确保油断路器油位、油色正常；真空断路器灭弧室无异常；SF_6 断路器气体压力在规定的范围内；各种信号正确、表计指示正常。

d. 长期停运超过 6 个月的断路器，在正式执行操作前应通过远方控制方式进行试操作 2～3 次，无异常后方能按操作票拟定的方式操作。

e. 操作前，检查相应隔离开关和断路器的位置；应确认继电保护已按规定投入。

f. 操作控制把手时，不能用力过猛，以防损坏控制开关；不能返回太快，以防时间短断路器来不及合闸。操作中应同时监视有关电压、电流、功率等表计的指示及红绿灯的变化。

g. 操作开关柜时，应严格按照规定的程序进行，防止由于程序错误造成闭锁、二次插头、隔离挡板和接地开关等元件的损坏。

h. 断路器（分）合闸动作后，应到现场确认本体和机构（分）合闸指示器以及拐臂、传动杆位置，保证开关确已正确（分）合闸。同时检查开关本体有无异常。

2）断路器合闸后检查。

a. 红灯亮，机械指示应在合闸位置。

b. 送电回路的电流表、功率表及计量表是否指示正确。

c. 电磁机构电动合闸后，立即检查直流盘合闸电流表指示，若有电流指示，说明合闸线圈有电，应立即拉开合闸电源，检查断路器合闸接触器是否卡涩，并迅速恢复合闸电源。

d. 弹簧操纵机构，在合闸后应检查弹簧是否储能。

3）断路器分闸后的检查。

a. 绿灯亮，机械指示应在分闸位置。

b. 检查表计指示正确。

4）异常操作的规定。

a. 电磁机构严禁用手动杠杆或千斤顶带电进行合闸操作。

b. 无自由脱扣的机构，严禁就地操作。

c. 液压（气压）操动机构，如因压力异常导致断路器分、合闸闭锁时，不准擅自解除闭锁，进行操作。

d. 一般情况下，凡能够电动操作的断路器，不应就地手动操作。

（2）隔离开关的操作。

1）隔离开关操作前应检查断路器、相应接地刀闸确已拉开并分闸到位，确认送电范围内接地线已拆除。

2）隔离开关电动操动机构操作电压应为额定电压的 $85\%\sim110\%$。

3）手动合隔离开关应迅速、果断，但合闸终了时不可用力过猛。合闸后应检查动、静触头是否合闸到位，接触是否良好。

4）手动分隔离开关开始时，应慢而谨慎；当动触头刚离开静触头时，应迅速，拉开后检查动、静触头断开情况。

5）隔离开关在操作过程中，如有卡滞、动触头不能插入静触头、合闸不到位等现象时，应停止操作，待缺陷消除后再继续进行。

6）在操作隔离开关过程中，要特别注意若瓷瓶有断裂等异常时应迅速撤离现场，防止人身受伤。

7）电动操作的隔离开关正常运行时，其操作电源应断开。

8）操作带有闭锁装置的隔离开关时，应按闭锁装置的使用规定进行，不得随便动用解锁钥匙或破坏闭锁装置。

9）严禁用隔离开关进行下列操作：

a. 带负荷分、合操作。

b. 配电线路的停送电操作。

c. 雷电时，拉合避雷器。

d. 系统有接地（中性点不接地系统）或电压互感器内部故障时，拉合电压互感器。

e. 系统有接地时，拉合消弧线圈。

5.3 开关柜

5.3.1 概述

开关柜是一种电气设备，开关柜外线先进入柜内主控开关，然后进入分控开关，各分路按其需要设置。光伏电站配电系统普遍采用的开关设备为金属封闭式开关柜，开关柜外观图如图5-4所示。

开关柜类型及技术特性见表5-3。

图5-4 开关柜外观图

表5-3 开关柜类型及技术特性

类 型	技 术 特 性
金属封闭式开关按实际应用和目前行业的普遍命名，可将它作如下分类： 第一种按断路器手车安装位置，可分为落地式开关柜和中置式开关柜。 第二种按断路器绝缘介质不同，可分为真空开关柜和SF$_6$开关柜，在这两类之前还应用过油类开关柜，现在已经被取代。 第三种按柜体结构分类，可分为金属封闭间隔式开关柜、金属封闭铠装式开关柜和金属封闭箱式固定开关柜	1. 柜体具有足够的机械强度，柜体除能够支撑设备外，还能够承受短路电流冲击和短路电流热稳定冲击。 2. 抗震能力满足操作一次设备时，产生的震动不会引起二次设备电器元件误动作。 3. 有足够保证人身安全的能力，当出现短路时不会危及操作人员人身安全。 4. 具备一定的防护能力，在规定的防护等级下，具备防异物进入的能力。 5. 柜内一次设备相间、相地间安全净距和爬距符合规程要求。 6. 具备机械和电气闭锁装置和功能。 7. 柜内设备、附件和连接线具备阻燃性能

5.3.2 施工安全技术

1. 开关柜吊装

（1）吊装前工作人员必须检查吊车各零部件，正确选择吊具。起吊前应认真检查低压配电柜内设备，防止物品坠落。

（2）吊装现场必须设专人指挥。指挥人员必须有安装工作经验，执行时，做出规定的指挥手势和信号。起重机械操作人员在吊装过程中负有重要责任。吊装前，吊装指挥和起重机械操作人员要共同制定吊装方案。吊装指挥人员应向起重机械操作人员交代清楚工作任务。

（3）参加配电柜吊装的全体人员，必须严格遵守电力工程施工安全规程要求，都要熟悉并严格执行本工种的安全操作规程，精心操作。

（4）如需要应为壳体提供合适的起吊装置或搬运工具。

（5）在起吊过程中，不得调整吊具，不得在吊臂工作范围内停留。地面协助安装指挥及工作人员和地面作业人员要戴安全帽，与低压配电柜保持安全距离。

（6）所有吊具调整应在地面进行。在吊绳被拉紧时，不得用手接触起吊部位，以免碰伤。

（7）起吊点要保持低压配电柜直立后下端处于水平位置，且应有导向绳导向。

（8）吊装时，吊具必须绑扎牢固。

（9）吊装现场划定作业区域，非施工人员禁止进入施工区域。

2. 开关柜场内外运输

（1）低压配电柜运输过程中要进行固定，防止低压配电柜碰撞造成损伤。场内外运输道路应平整，减少低压配电柜运输过程中的剧烈抖动。

（2）运输和储存温度应为−25～55℃。短时间内（不超过24h）不大于70℃也适用于运输和存储过程。

（3）道路运输驾驶人员要做到"八不"。即"不超载超限、不超速行车、不强行超车、不开带病车、不开情绪车、不开急躁车、不开冒险车、不酒后开车"。保证精力充沛，谨慎驾驶，严格遵守道路交通规则和交通运输法规。

（4）做好危险路段记录并积极采取应对措施，特别注意山区道路行车安全，要做到"一慢、二看、三通过"。

（5）发生事故时，应立即停车、保护现场、及时报警、抢救伤员和货物财产，协助事故调查。

（6）不违章作业，驾驶人员连续驾驶时间不超过4h。

3. 开关柜安装要求

（1）检查成套设备，包括检查接线，如果有必要进行操作试验（出厂试验）。

（2）检查防护措施和保护电路的电连续性（出厂试验）。

（3）用直观检查过电阻测量、验证成套设备的裸露导电部件和保护电路之间的有效连接。

（4）测试短路耐受强度。

（5）现场成套设备柜之间、设备与监控室之间等的动力电缆、控制电缆、总线都是集中在有限空间内，应将各种连接电缆分类按敷设规程进行。

（6）厂房中，电缆敷设采用架空母线与电缆穿管的方式时，电缆管道应该由电导体材料构成，并分段连接到功能地。总线电缆的布置应使其不受到机械应力。否则，应采取保护措施，如用钢管或弯曲的金属导管布置电缆。管道应每间隔一段距离接地防腐，间隔距离应满足电磁兼容要求。

（7）一般电缆敷设在不同支架上的分层为：大电流动力电缆、低压动力照明电缆、一般控制电缆、信号电缆、总线电缆等。无论是电缆沟还是电支架都要注意通风与分层敷设电缆。动力电缆通常在支架上只能单层敷设，占支架的 50%～60%，控制电缆和总线单独一层，各层支架之间的距离一般为 30cm。电缆支架应每隔一定距离，如 10～20m，与接地母线连接。

（8）室外安装应把电缆置入合适的塑料管道中，以对电缆提供额外保护。从外部到内部的电缆传输应用一个辅助端子块，用来连接埋入地下电缆与标准总线电缆。在电缆进入建筑物内前，应安装雷击吸收器，同时辅助端子还应包含有抗过压的保护电路。

（9）通信电缆的屏蔽层应根据所使用总线的要求在电缆的一端或两端接地。如果使用环境中有严重干扰问题，更换使用光纤电缆。

（10）接地电缆应采用并联方式并尽可能靠近通信数据电缆；接地电缆必须捆扎好以保证大面积区域、高频下仍有效及较低的阻抗等。

（11）按所选用总线的形式，选择相应类型的中继器。安装中继器时还要遵守制造商的规范要求。中继器优先安装在成套开关设备内。无中继器时，采用屏蔽双绞线，传输最大距离 1200m，最大站点 32 个。

（12）总线长度和连接站点数可用中继器来增加，1 个中继器：2.4km，62 个站；2 个中继器：3.6km，92 个站；3 个中继器：4.8km，122 个站。

（13）电缆出口应在距离地面最近，并与可能连接在低压配电柜上的最大电缆弯曲半径相适应的位置。

（14）通信电缆应尽可能与其他控制信号线分开布置。

（15）电缆进入盘、柜、屏等孔洞应采取电缆防火措施。

（16）电缆预留孔和电缆保护管两端口应采用有机堵料封堵严实。堵料嵌入管口的深度不应小于 50mm，预留孔封堵应平整。

4. 施工用电

（1）施工用电的布设应按已批准的施工组织设计进行，并符合当地供电部门的有关规定。

（2）施工用电设施应有设计方案并经有关部门审核、批准方可施工，竣工后应经验收合格方可投入使用。

（3）施工用电设施安装完毕后，应由专业班组或指定专人负责运行及维护。严禁非电气专业人员拆、装施工用电设施。

（4）现场集中控制的配电箱设置地点应平整，不得被水淹或土埋，并应防止碰撞和被物体打击。配电箱附近不得堆放杂物。

（5）配电箱应坚固，其结构应具备防火、防雨功能，箱内的配线应绝缘良好，导线剥头不得过长，压接应牢固。盘面操作部位不得有带电体裸露。

（6）照明、动力分支开关箱，应装设漏电电流动作保护器。

（7）用电设备的电源引线长度不得大于 5m。距离大于 5m 时，应设流动开关箱；流动开关箱至固定式配电箱之间的引线长度不得大于 40m，且只能用橡套软电缆。

（8）电气设备附近应配备适于扑灭电气火灾的消防器材。电气设备发生火灾时，应首先切断电源。

（9）多路电源配电箱宜采用密封式。开关及熔断器必须上口接电源，下口接负荷，严禁倒接。负荷应标明名称，单相闸刀开关应标明电压。

（10）在光线不足的工作场所及夜间工作场所均应有足够的照明，主要通道上应装设路灯。

5.3.3 运行安全技术

1. 开关柜运行

（1）电气设备及电气系统的安装调试工作全部完成后，在通电及启动前应检查是否已经做好下列工作：

1）通道及出口畅通，隔离设施完善，孔洞堵严，沟道盖板完整，屋面无漏雨、渗水情况。

2）照明充足、完善，有适合于电气灭火的消防设施。

3）房门、网门、盘门应该上锁的已锁好，警告标志明显、齐全。

4）人员组织配套完善，操作保护用具齐备。

5）工作接地及保护接地符合设计要求。

6）通信联络设施足够、可靠。

7）所有开关设备均处于断开位置。

（2）在成套设备制造商与用户的协议中缺少实际负载电流的情况下，成套设备输出电路或输出电路组的设定负载按相关规定设置。

（3）在非专业人员可以进入的场地安装的成套设备中不允许有抽出式部件。

（4）为了防止未经允许的操作，对可移式和可抽出式部件或它们所属成套设备的位置应提供一个可靠的空间，以将它们固定在一个或几个位置上。

（5）在不使用钥匙和工具的情况下，只有插座、操作手柄和控制按钮可以接触。

（6）进入低压配电柜壳体内部空间的门或可移式覆板应加装防护锁，经值班人员同意才可使用钥匙或工具打开进入。

（7）进入低压配电柜壳体的电缆密封板和覆板需移动时，经值班人员同意才可使用钥匙或工具打开进行移动。当一个壳体的可移式部件被移开时，应遵照《低压成套开关设备和控制设备空壳体的一般要求》（GB/T 20641—2006），壳体的其余部件不允许与保护电路断开。

（8）户内安装场所周围空气温度不得超过 40℃，而且在 24h 内其平均温度不得超过 35℃。周围空气温度下限为－5℃。

（9）施工用电进线单元电缆的连接设施应与此单元的电流额定值相匹配，应有一个隔离装置和一个过流保护装置，并应具有将隔离装置锁定在分断位置上的设施。电流额定值应大于 125A，但不得超过 630A。

（10）施工用电出线单元应包括一个或数个出线电路。通常用来连接手持式电动工具或类似便携式装置的插座，其额定电流不超过 32A，应采用额定剩余动作电流不超过 30mA 的剩余电流动作保护器进行保护。多条插座电路可以用同一剩余电流动作保护器进行保护。

（11）带电或启动条件具备后，应由指挥人员按启动方案指挥操作。操作应按有关规定执行。

（12）用系统电压、负荷电流检查保护装置时应做到：

1）工作开始前经值长向调度人员申请停用被检查的保护装置。

2）应有防止操作过程中电流互感器二次回路开路、电压互感器二次短路的措施。

3）带负荷切断二次电流回路时，操作人员应站在绝缘垫上或穿绝缘鞋。

4）操作过程应有专人监护。

（13）发电厂（站）、变电站（所）内电缆线路应每 3 个月巡视一次。检查电缆终端表面有无放电、污秽现象；终端密封是否完好；终端应力锥部位是否发热等。

（14）开关柜、分接箱内的电缆终端应每 2～3 年结合停电巡视检查一次。

（15）电缆线路发生故障后应立即进行故障巡视，具有交叉互联的电缆线路跳闸后，应同时对线路上的交叉互联箱、接地箱进行巡视，还应对给同一设备供电的其他电缆线路开展巡视工作以保证设备供电安全。

（16）因恶劣天气、自然灾害、外力破坏等因素影响及有特殊运行要求时，应组织运行人员开展特殊巡视。对电缆线路周边的施工行为应加强巡视；对已开挖暴露的电缆线路，应缩短巡视周期，不定时进行实时监控或安排人员看护。

（17）定期检查电气连接点固定件有无松动、锈蚀，引出线连接点有无发热现象。

（18）定期检查接地线是否良好，连接处是否紧固可靠，有无发热或放电现象；测量连接处温度和单芯电缆金属护层接地线电流，有较大突变时应停电进行接地系统检查，查找接地电流突变原因。

（19）定期检查电缆铭牌是否完好，相色标志处是否齐全、清晰；电缆固定、保护设施是否完好等。

（20）定期检查电缆外护套与支架或金属构件处有无磨损或放电迹象，衬垫是否失落，电缆及接头位置是否固定正常，电缆及接头上的防火涂料或防火带是否完好。

2. 开关柜检修

（1）开关设备检修前，应根据检修项目要求，制定检修方案，落实检修人员及在检修中保障安全的组织措施和技术措施。

（2）检修工作中须严格执行 GB 26860—2011 中的相关规定。

（3）进行低压配电柜检修作业时，必须保持通信畅通，随时保持各作业点、监控中心之间的联络。

（4）检修前做好安全措施，检修设备与带电设备进行隔离，内部隔离能被用于获得功能单元间、单独隔离间或封闭的防护空间防止触及危险部件及防止固体外来物的进入。如果低压电路的接线是根据主电路的相-地电压采用了绝缘电缆，则可以不用挡板。

（5）对于手车式开关柜，一般情况下，仅对手车开关本体进行检修时，应在"开关检修"状态下进行；仅在开关柜出线室工作时，应在"出线仓检修"状态下进行；需要接近母线或者静触头时，应在"开关柜检修"状态下进行。

（6）对于手车式开关柜，涉及静触、隔离挡板、挡板轨道、头手车推进机构、传动连杆等部位的检查或检修工作，应在"开关柜检修"状态下进行，严禁在"开关仓检修"状态下开展相关工作。

（7）手车式开关柜无绝缘隔离挡板或隔离挡板在手车开关拉出后不能可靠锁闭的，严禁在"开关仓检修"状态下工作。

（8）开关柜检修工作中，所有带电仓室必须封闭并上锁，带电仓门或外壳上必须挂设"运行设备"红布幔。工作地点邻近的带电间隔前后柜门应可靠锁闭，并用遮栏遮挡，遮栏上悬挂"止步高压危险"标志牌。

（9）遵照《低压成套开关设备和控制设备 第1部分：型式试验和部分型式试验成套设备》（GB 7251.1—2005）要求，$0.23 \sim 0.4kV$ 低压配电系统最小电气间隙为 $5.5mm$。

（10）运行单位应积极开展状态检修工作。依据电缆线路的状态检测和实验结果、状态评价结果，考虑设备风险因素，动态制定设备维护检修计划，合理安排状态检修的计划和内容。

（11）检修工作中严禁强行解除开关柜内联锁，严禁强行拆除开关柜壳体，严禁随意使用万能钥匙解锁。

（12）电缆线路新投1年后，应对电缆线路进行全面检查，收集各种状态量，并据此进行状态评价，评价结果作为状态检修的依据。

（13）对于运行达到一定年限，故障或发生故障概率明显增加的设备，宜根据设备运行及评价结果，对检修计划及内容进行调整。

（14）对电缆线路状态检修应进行适当分类。

5.4 事故及异常处理

5.4.1 GIS 设备事故及异常处理

（1）室内 GIS 设备发生故障有气体外逸时，全体人员应迅速撤离现场，并立即投入全部通风设备。发生事故后，除开启通风系统外，还应检测空气中的含氧量（要求不低于 18% 和 SF_6 气体的含量）。

（2）在事故发生后 15min 之内，只准抢救人员进入室内。事故发生后 4h 内，任何人进入室内必须穿防护服，戴手套，以及戴备有氧气呼吸器的防毒面具。事故后清扫 GIS 安装室或故障气室内的固态分解物时，工作人员也应采取同样的防护措施。

（3）若故障时有人被外逸气体侵袭，应立即送医院诊治。

（4）抢修人员身体的裸露部分，用过的防毒面具、手套、靴子等，先用小苏打溶液清洗，再用肥皂及清水洗干净、揩干。用过的防护服、抹布、清洁袋、过滤器、吸附剂、苏打粉等物品，均应用塑料袋装好放入金属容器中深埋地下，不允许焚烧。

5.4.2　断路器事故及异常处理

（1）断路器动作分闸后，值班人员应立即记录故障发生时间，停止音响信号，并立即进行事故特巡，检查断路器本身有无故障。

（2）对故障分闸线路实行强送后，无论成功与否，均应对断路器外观进行仔细检查。

（3）断路器故障分闸时发生拒动，造成越级分闸，在恢复系统送电时，应将发生拒动的断路器脱离系统并保持原状，待查清拒动原因并消除缺陷后方可投入。

（4）SF_6 设备发生意外爆炸或严重漏气等事故，值班人员接近设备要谨慎，对户外设备，尽量选择从上风处接近设备，对户内设备应先通风，必要时要戴防毒面具、穿防护服。

（5）断路器合闸失灵。造成断路器合闸失灵的主要原因有：保险合闸时控制保险熔断或接触不良；直流接触器接点接触不良或控制开关接点及开关辅助接点接触不良；直流电压过低；合闸闭锁动作。

断路器合闸失灵处理：对控制回路、合闸回路及直流电源进行检查处理；若直流母线电压过低，调节蓄电池组端电压，使电压达到规定值；检查 SF_6 气体压力、液压压力是否正常；弹簧机构是否储能；若值班人员现场无法消除时，按危急缺陷报值班调度员。

（6）断路器分闸失灵。造成断路器分闸失灵的主要原因有掉闸回路断线，控制开关接点和开关辅助接点接触不良；操动保险接触不良或熔断；分闸线圈短路或断线；操动机构故障；直流电压过低。

断路器分闸失灵处理：对控制回路、分闸回路进行检查处理。当发现断路器的跳闸回路有断线信号或操作回路的操作电源消失时，应立即查明原因；对直流电源进行检查处理，若直流母线电压过低，调节蓄电池组端电压，使电压达到规定值。手动远方操作跳闸一次，若不成，请示调度，隔离故障开关。

（7）故障掉闸处理。

1）断路器掉闸后，值班员应立即记录事故发生的时间，停止音响信号，并立即进行特巡，检查断路器本身有无故障汇报调度，等候调度命令再进行合闸，合闸后又跳闸亦应报告调度员，并检查断路器。

2）系统故障造成越级跳闸时，在恢复系统送电时，应将发生拒动的断路器与系统隔离，并保持原状，待查清拒动原因并消除缺陷后方可投入运行。

3）下列情况不得强送：

a. 线路带电作业时。

b. 断路器已达允许故障掉闸次数。

c. 断路器失去灭弧能力。

d. 系统并列的断路器掉闸。

e. 低周减载装置动作断路器掉闸。

5.4.3 隔离开关事故及异常处理

1. 隔离开关接头发热

应加强监视，尽量减少负荷，如发现过热，应该迅速减少负荷或倒换运行方式，停止该隔离开关的运行。

2. 传动机构失灵

应迅速将其与系统隔离，按危急缺陷上报，做好安全措施，等待处理。

3. 瓷瓶断裂

应迅速将其隔离出系统，按危急缺陷上报，做好安全措施，等待处理。

4. 误合隔离开关

误合隔离开关，在合闸时产生电弧，不准将隔离开关再拉开。

5. 误拉隔离开关

在闸口刚脱开时，应立即合上隔离开关，避免事故扩大。如果隔离开关已全部拉开，事故已经发生时则不允许在未做任何处理时直接将误拉的隔离开关再次合上。

5.5 标准依据

配电设备施工及运行必须遵照的相关标准及规范见表5-4。

表5-4 配电设备施工及运行的标准依据

序号	名　　称	编号或计划号
1	低压成套开关设备和控制设备　第2部分：成套电力开关和控制设备	GB 7251.12—2013
2	电业安全工作规程　第1部分：热力和机械	GB 26164.1—2010
3	电力安全工作规程　发电厂和变电站电气部分	GB 26860—2011
4	高压交流隔离开关和接地开关	GB 1985—2014
5	电气装置安装工程　电气设备交接试验标准	GB 50150—2016

续表

序号	名　称	编号或计划号
6	电气装置安装工程　母线装置施工及验收规范	GB 50149—2010
7	电气装置安装工程　电缆线路施工及验收规范	GB 50168—2006
8	低压成套开关设备和控制设备 第 4 部分：对建筑工地用成套设备（ACS）的特殊要求	GB/T 7251.4—2017
9	低压成套开关设备和控制设备智能型成套设备通用技术要求	GB/T 7251.8—2005
10	六氟化硫电气设备中气体管理和检测导则	GB/T 8905—2012
11	高压开关设备和控制设备标准的共用技术要求	GB/T 11022—2011
12	电力建设安全工作规程　第 3 部分：变电站	DL 5009.3—2013
13	3.6kV～40.5kV 交流金属封闭开关设备和控制设备	DL/T 404—2007
14	六氟化硫气体回收装置技术条件	DL/T 662—2009
15	六氟化硫设备运行、试验及检修人员安全防护细则	DL/T 639—1997
16	电力用电流互感器使用技术规范	DL/T 725—2013
17	电力用电磁式电压互感器使用技术规范	DL/T 726—2013
18	12kV～40.5kV 户外高压开关运行规程	DL/T 1081—2008
19	电力设备母线用热缩管	DL/T 1059—2007
20	气体绝缘金属封闭开关设备状态检修导则	DL/T 1689—2017
21	电力电缆线路运行规程	DL/T 1253—2013
22	电子式电流互感器技术规范	Q/GDW 424—2010
23	电子式电压互感器技术规范	Q/GDW 425—2010
24	电缆防火措施设计和施工验收标准	DLGJ 154—2000

第6章 无功补偿设备施工及运行安全技术

无功补偿设备能改善电能质量，主要功能包括无功补偿、抑制谐波、降低电压波动和闪变以及解决三相不平衡等。本章主要从光伏电站的无功补偿设备，包括电容器、静止无功补偿器（static var compensator，SVC）、静止无功发生器（static var generator，SVG）、SVG功率模块（包含于SVG成套设备内）等方面讲解其施工及运行维护过程中安全技术方面的知识。

6.1 电容器

6.1.1 概述

电容器是电力系统中重要的设备之一。按照电力电容器用途可分为8种，分别为并联电容器、串联电容器、耦合电容器、断路电容器、电热电容器、脉冲电容器、直流和滤波电容器、标准电容器，均被广泛用于配变电系统中，其中并联电容器多见于光伏发电场站，主要用于补偿电力系统感性负荷的无功功率，以提高功率因数，改善电压质量，降低线路损耗。某电容器的外观图如图6-1所示。

电容器类型及作用见表6-1。

图6-1 某电容器的外观图

表6-1 电容器类型及作用

电容器类型	作　用
并联	原称移相电容器。主要用于补偿电力系统感性负荷的无功功率，以提高功率因数，改善电压质量，降低线路损耗
串联	串联于工频高压输、配电线路中，用以补偿线路的分布感抗，提高系统的静、动态稳定性，改善线路的电压质量，加长送电距离和增大输送能力
耦合	主要用于高压电力线路的高频通信、测量、控制、保护以及在抽取电能的装置中作部件用
断路器	原称均压电容器。并联在超高压断路器断口上起均压作用，使各断口间的电压在分断过程中和断开时均匀，并可改善断路器的灭弧特性，提高分断能力

续表

电容器类型	作　用
电热	用于频率为 40～24000Hz 的电热设备系统中，以提高功率因数，改善回路的电压或频率等特性
脉冲	主要起储能作用，用作冲击电压发生器、冲击电流发生器、断路器试验用振荡回路等基本储能元件
直流和滤波	用于高压直流装置和高压整流滤波装置中
标准	用于工频高压测量介质损耗回路中，作为标准电容或测量高压的电容分压装置

电容器的主要优点：

（1）具有介质损耗低、寿命长等性能。

（2）机械强度高，易于焊接、密封和散热、耐污秽。

（3）分散式高压并联电容器，其具有容量调节灵活，装置安装维护方便，储油量少等特点。

（4）集合式电容器具有全密封、免维护的优点。

电容器的主要缺点：

（1）投切电容器时容易发生谐振。

（2）投退电容器组时容易产生大的涌流。

（3）退出电容器组时断路器容易产生重燃过电压。

（4）运行环境中谐波含量高时容易发生过热等现象。

6.1.2　施工安全技术

1. 电容器安装

（1）电容器安装时应合理选用起吊设备，采取相应措施，防止电容器损坏，确保人身安全。

（2）电容器安装时，严禁搬动电容器两侧及顶部套管，以防损坏。

（3）安装时严禁用金属物敲打电容器，防止磕碰和损伤，以免影响防护性能和装置使用寿命。

（4）按原理图正确连接导线，接线端子与导电杆连接应紧密可靠，在端子与螺帽间，加装平面垫片和弹簧垫片。

（5）安装时应严格执行有关安全操作规程，安装完成后，将装置清理干净，等待试投运。

（6）电容器之间的最小垂直净距要满足要求。

2. 电容器的运输

（1）装置按零部件分箱包装。

（2）运输时，不准倒置、翻滚，并应做好防潮措施。

6.1.3 运行安全技术

1. 电容器运行

（1）电容器组的投运与切除，应根据功率因数进行。

（2）电容器可在 1.1 倍额定电压以下长期运行，但达到 1.15 倍额定电压而过电压保护未动作分闸时，则应手动切除电容器组开关。

（3）电容器的最大运行电流不应超过其额定电流的 1.3 倍。

（4）每台电容器的外壳都应贴 55℃ 的示温蜡片，试温蜡片宜贴在大面的 2/3 高度。

（5）电容器室应在电容器组通风较差，距电容器 0.6～1m 处装设环境温度表。

（6）运行人员在巡视电容器时，应根据示温蜡片的变化判断电容器运行温度是否正常。

（7）为了确保电容器的使用寿命，应避免运行中高电压（高于额定值）和高气温同时出现。

（8）电容器的运行电压或电流及电容器温度超过其规定值时，应及时汇报车间。

（9）运行中电容器应定期抄录电流、电压环境温度，抄录时应注意三相电流是否平衡。雷雨天气时巡视电容器要穿绝缘鞋。

2. 电容器检修

（1）清扫电容器本体及附属设备，应清洁无污垢。

（2）引线套管、支柱瓷瓶应无破损、裂纹。

（3）放电装置应完好，接地应良好。

（4）电容器箱壳应无膨胀变形，无渗油。

（5）更换电容器后，三相电流应平衡，误差不应超过 5%。检修时，必须停电 10min，合上接地开关、接好接地线、做好措施后，检修人员方可对电容器进行检修。

6.2 SVC

6.2.1 基本概念

SVC 是一种并联连接的静止无功发生器或吸收器，通过调整感性或容性电流，来维持或控制其与电网连接点的某种参数（一般是控制母线电压）。某 SVC 的外观图如图 6-2 所示。

SVC 类型及技术特性见表 6-2。

图 6-2　某 SVC 的外观图

表 6 - 2 SVC 类型及技术特性

类 型		技 术 特 性
晶闸管控制型静止无功补偿器	晶闸管控制型	通过改变晶闸管的导通角来调节并联电抗器的大小或投切并联电容器组，从而达到调节无功功率的目的 （1）晶闸管控制型 SVC 主要优点是： 1）动态跟踪无功变化，且跟踪速度较快。 2）不存在过补偿问题，且不会出现投切振荡和冲击投切问题。 （2）晶闸管控制型 SVC 主要缺点是： 1）功耗大，占地面积大。 2）晶闸管的水冷系统必须带电运行，水冷运行维护成本高，风冷效率低 3）易产生谐波污染，降低电感、电容等设备的使用寿命
	晶闸管控制电抗器 （thyristor controlled reactor，TCR）	
	晶闸管投切电容器 （thyristor switched capacitor，TSC）	
	晶闸管投切电抗器 （thyristor switched reactor，TSR）	
	晶闸管控制高阻抗变压器 （thyristor controlled transforme，TCT）	
	磁控电抗器型	主要由磁控电抗器（简称 MCR）支路和电容器支路组成，利用直流励磁磁化铁芯，通过改变磁芯的饱和程度，从而实现无功功率的连续可调。 （1）磁控电抗器型 SVC 主要优点是： 1）不需要大功率晶闸管阀组，占地面积小，结构简单，安装方便，成本低。 2）可靠性较好，20 年免维护。 （2）磁控电抗器型 SVC 主要缺点是： 1）采用饱和电抗器技术，铁芯损耗非常大。 2）运行噪声大，对周围环境产生噪声污染

6.2.2 施工安全技术

1. SVC 安装

（1）电容器组的绝缘水平应与电网绝缘水平相配合。当电容器组与电网绝缘水平相一致时，应将电容器外壳和框架可靠接地；当电容器组低于电网绝缘水平时，应将电容器组安装在电网绝缘水平相一致的绝缘框架上，并将电容器外壳和框架可靠接地。

（2）电容器套管相互之间和电容器套管至母线或熔断器的连接线，应有一定的松弛度。不得用电容器套管直接连接或支撑硬母线。单套挂电容器组的接壳导线，应使用软导线在接壳端子上引接。

（3）SVC 铜、铝导体连接应采取装设铜铝过渡接头或镀锡等措施，防止氧化。

（4）电容器组的框架、框体结构件、电抗器支架等钢结构件，应采取镀锌或其他有效的防腐措施。

（5）当电容器装置未装设接地开关时，应设置挂接地线的母线接触面和地线连接端子。

（6）电容器组的汇流母线应有足够的机械强度，防止熔断器至母线的连接线松弛。

（7）SVC 装置必须就近设置消防设施，并应设有消防通道。

（8）电容器组或电抗器与其他生产建筑物或主要电气设备之间的防火距离不应小于10m，否则应设置防火墙；当电容器组或电抗器与其他生产建筑物毗邻布置时，应设置不开门窗洞口的防火隔墙，防火隔墙距两侧的门、窗距离不得小于2m。

（9）SVC室不宜设置采光玻璃，其门应向外开启；相邻两SVC室之间的防火墙如需开门，应按照乙级防火门，并能向两个方向开启。

2. SVC 的运输

（1）SVC在运输过程中应有防尘、防水、防雨、防潮措施，同时要有可靠的防震措施以保证无严重震动、颠簸和撞击现象。

（2）SVC包装应有防止破坏、变形、丢失、受潮的措施。

6.2.3 运行安全技术

1. SVC 运行（以晶闸管控制型 SVC 为例）

（1）SVC投入运行前，运行人员要对SVC的一次设备和二次设备进行一次全面检查，并确保运行环境与连接点电气参数满足规定要求。投入采用水冷却的SVC时，应确保水冷系统已正常运行（水冷系统运行1h以上无报警、跳闸），严禁不带水冷系统投入TCR（TSC）支路。对SVC控制保护功能进行初始化，确认SVC控制保护系统正常运行，按调控的要求设定SVC控制目标。

（2）加强对SVC的巡视检查工作，监视各指示信号是否正常，风机、水泵、空调运行是否正常，有无异常声响和震动；检查电容器及电抗器有无变形、渗漏、过热、接头松动、异常声响及气味等异常现象。

（3）晶闸管阀每年应进行一次统一维护，检查晶闸管级两端的正反向电阻是否有突变或单方向改变的趋势；检查晶闸管元件、光纤及触发系统是否正常；检查阻尼电容器接线是否正常及电容器是否存在膨胀、泄漏现象；检查绝缘子是否完好，表面是够清洁、干燥。

（4）SVC运维期间，严禁开启晶闸管阀围栏门，晶闸管阀的维护必须在停电后进行。

（5）晶闸管元件损坏个数或BOD动作次数在容许范围内时，允许继续运行，待SVC检修时处理。

（6）日常维护中，运行人员要严格按照SVC运行维护手册和相关标准进行维护，不得擅自改变操作步骤，发现任何异常，应做好记录并及时上报。

（7）SVC室的温度要严格按相关规定及标准控制，进排风口应有防止小动物和雨雪进入的设施。风沙较大的区域，进风口应设置过滤装置，严寒地区应有防寒措施。

2. SVC 检修

（1）进入SVC室内工作，应设专人登记，无关人员不得入内。

（2）检修人员必须佩戴绝缘鞋、绝缘手套、安全帽，做好防护措施，确保人身安全。

（3）SVC室内严禁放置易燃易爆物品。在SVC室内使用电焊、火焊等明火设备时，应做好防火措施，准备足够的灭火器材。

（4）在 SVC 室内从事电气试验等危害人身安全的工作时，应撤出其他人员。掉入柜中的异物，在保证安全的前提下，应设法取出，防止造成安全隐患。

（5）检修工作完毕后，应进行全面彻底的打扫，做到无灰尘、无污垢、无遗留工具等。

6.3　SVG

6.3.1　概述

SVG 以 IGBT 为核心，采用链式换流器，又称为链式 SVG。SVG 能够快速连续地

提供容性和感性无功功率，实现适当的电压与无功功率控制，SVG 主要由控制柜、功率单元柜、启动柜、连接电抗器及冷却系统五个部分组成。其中控制柜由控制器、显示操作面板、控制电源、继电器、空气开关等部分组成。SVG 带电时，运行状态包含五种工作状态，即待机、充电、运行、跳闸、放电。某 SVG 外观图如图 6-3 所示。

图 6-3　某 SVG 外观图

SVG 类型、特点及技术特性见表 6-3。

表 6-3　　　　　　　　　　　SVG 类型、特点及技术特性

类型	特　点	技　术　特　性
强制风冷型	采用轴流风机强制对功率单元柜内控制板散热	（1）SVG 恒无功控制根据装置无功设定与实际无功闭环进行控制，无功指令除以当前电压得到电流指令，然后进行闭环跟踪。 （2）SVG 恒功率因素控制。根据系统功率因数设定计算系统无功指令，除以当前电压得到电流指令，进行闭环跟踪。 （3）恒电压控制。采用闭环反馈控制，通过电压设定、电压偏差及系统电压、电流等信息的反馈，最终输出无功指令。 （4）暂态及空载说明。
水冷型	采用水循环方式对功率单元柜内控制板散热	1）暂态情况下的快速响应。暂态情况下，由 SVG 控制器可以进行快速控制，暂态控制响应时间不大于 30ms。SVG 本体快速地无功输出：系统电压骤降时输出最大容性无功；系统电压骤升时输出最大感性无功，暂态电压上下线可在 SVG 本体上设定。暂态恢复后，SVG 自动返回稳态下进行控制。
根据布局方式分室内 SVG 和集装箱 SVG		2）轻载限流控制。SVG 在轻载时，实行最小容量运行控制，即需要保证最小的运行电流，SVG 容性和感性最小运行电流为 3%，即最小运行容量为额定容量的 3%

6.3.2　施工安全技术

1. SVG 安装

1）安装位置应符合设计要求。

2）满足室外安装的使用要求，防护等级达标，具备通风功能。

3）SVG 的接地应牢固、可靠。

4）SVG 中接地端与外壳可靠连接，且满足接地电阻要求（不大于 4Ω）。

2. SVG 运输

（1）SVG 运输前由专人对设备出厂相关资料、信号系统、车辆防护装置等进行全面巡回检查，发现问题和安全隐患及时处理。

（2）运输时必须低速慢行，不准忽快忽慢，以防设备车掉道。

（3）运输过程中若设备车掉道，在上道时要防止设备车倾斜，以防倾倒伤人，严禁强拉硬拖。车辆上道必须由专人指挥，并采取防止车辆倾倒的临时措施。

（4）开车时如有异常声音和异常情况，要立即停车检查，恢复正常后使用。

6.3.3 SVG 运行安全技术

1. SVG 运行

（1）检查 SVG 室内无异味、无异响，如发现异常，应立即停机。

（2）检查 SVG 室内温度应为 −25～40℃，如温度过低或者过高应采取相关措施保证室内温度位于正确区间。

（3）雨雪天气应检查 SVG 室内是否有雨雪侵入现象，如有异常，应立即停机并采取有效的整改措施。

（4）SVG 室内进风口滤网、功率单元柜滤网灰尘较多时，应及时停机清理，避免灰尘积累，影响设备散热、绝缘。

（5）检查 SVG 散热风扇应处于正常运行状态，无堵转、异响等情况，室内无负压。

（6）检查 SVG 控制柜指示灯，应只有运行指示灯亮，其他灯灭，如有异常及时联系厂家人员。

（7）观察 SVG 触摸屏，确保装置补充效果良好。

（8）检查 SVG 连接变压器，应油温正常，油位正常，无气体继电器、压力释放等动作。

（9）水冷设备应检查水冷系统，管路无漏水、渗水现象。

（10）SVG 及 SVG 开关柜调试检修完成后，应及时恢复相关保护压板和跳闸回路接线。

（11）SVG 运行中，禁止打开 SVG 控制柜内跳闸压板，或擅自改动跳闸回路中的任何接线。

（12）严格遵循启机时先开控制电再上高压电、停机时先断开高压电再断开控制电源的操作顺序。

（13）设备运行时，应保证交流和直流供电电源正常工作，严禁断开控制柜内交流和直流电源。

（14）设备运行时，严禁断开控制柜内任何空气开关。

（15）设备运行时，严禁擅自修改 SVG 控制参数。

（16）设备故障跳闸后，严禁故障原因不清强行送电。

2. SVG 检修

（1）操作流程。

1）断开 SVG 主开关，并摇至试验位置。

2）确保 SVG 支路已失电。

3）拉开 SVG 支路隔离刀闸，合上接地刀闸。

4）投入控制柜内检修压板。

5）停机等待 10min 后，在 SVG 功率单元柜或者启动柜处挂专用接地线，方可进行检修工作。

（2）严禁在功率单元柜内部模块存在开路、接地以及一次设备绝缘耐压试验不合格的情况下对装置进行送电。

（3）严格遵循启机时先开控制电再上高压电、停机时先断开高压电再断开控制电源的操作顺序。

（4）设备故障跳闸后，严禁故障原因不清强行送电。

6.4　SVG 功率模块

6.4.1　概述

SVG 功率模块是 SVG 主电路的基本组成单元，功率单元内部主要由功率单元板、IGBT 模块、薄膜电容、均压电阻、散热器等组成。功率单元模块如图 6-4 所示。

SVG 功率模块类型、特点及技术特性见表 6-4。

表 6-4　　　　　　　　　SVG 功率模块类型、特点及技术特性

类型	特点	技术特性
风冷散热模式	根据功率单元容量大小不同，配有不同数量的风机，将热风散在室外，解决 SVG 功率模块散热问题	（1）功率单元驱动板具有故障检测功能，可以检测 IGBT 过流、直流侧电压过压和功率单元超温，实现对单元最主要最直接的保护。 （2）IGBT 是自换相桥式电路的核心器件，通过控制 IGBT 的通断，将直流侧电压转换成与交流侧电网同频率的输出电压。 （3）薄膜电容为功率单元直流侧提供直流电压支撑。 （4）均压电阻保持功率单元串联均压。 （5）散热器用于将工作中的 IGBT 热量及时散发出去，保证 IGBT 正常工作。 （6）具备抗谐波功能，更保障系统安全。SVG 是可控电流源，只补偿基波无功电流，系统谐波电流不会造成补偿设备损坏，使其寿命延长、维护工作量少。同时避免串电抗的电容器组可能造成的谐波放大，防止系统其他设备及补偿设备因谐波过电压而损坏。
水冷散热模式	将主要热源元器件布置于散热器表面，可通过调节冷却水流量，响应不同的散热需求，解决了大容量 SVG 功率模块的实现问题	（7）动态连续平滑补偿，更高速的响应速度使对电压闪变的补偿效果更好。SVG 可跟随负载变化，动态连续补偿功率因数，可以发无功，也可吸收无功，杜绝了无功倒送的情况。 （8）能够解决负荷的不平衡问题。 （9）不仅不产生谐波，而且能在补偿无功功率的同时动态补偿谐波。 （10）电流源特性，输出无功电流不受母线电压影响，传统 SVC 含阻抗型特性，输出电流随母线电压线性降低

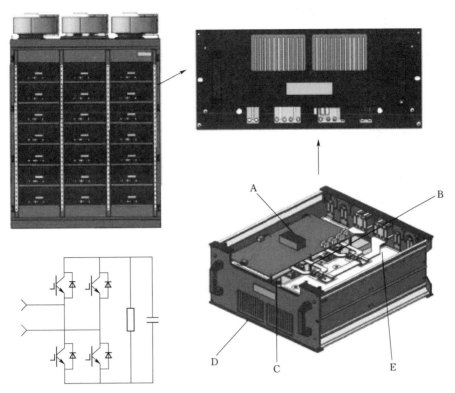

图 6-4 功率单元模块

A—功率单元驱动板，用于控制 IGBT 模块通断；B—IGBT 模块，功率半导体器件；

C—均压电阻，用于保持功率单元模块串联均压；D—散热器，用于给 IGBT 模块散热；

E—复合母排，用于连接电容正负极板

6.4.2 施工安全技术

1. SVG 功率模块安装

（1）应安装在无腐蚀性气体、无易燃性气体、无导电粉尘、干燥无尘的环境中。如空气中含有灰尘，应在进风口安装过滤网。

（2）运行环境温度应在-10～40℃的范围内，如环境温度超过容许值，应安装安全可靠的通风散热装置。

（3）现场应具备防止小动物入侵的防护措施，要严格避免其侵入造成系统接地短路所致的设备损坏。

2. SVG 功率模块运输

（1）运输前由专人对运输线路、信号系统、处道岔位置、跑车防护装置等进行全面巡回检查，发现问题和安全隐患应及时处理。

（2）运输时必须低速慢行，不准忽快忽慢，以防设备车掉道。

（3）运输过程中若设备车掉道，在上道时，要防止设备车倾斜，以防倾倒伤人，用千斤顶进行上道，严禁强拉硬拖。车辆上道必须由跟班队长指挥，并采取防止车辆倾倒的临时措施。

（4）整个运输过程严禁人员跟车，在运输路线的每个岔口各派一人设警戒。其他人员严禁进入运输路线内工作或逗留。

（5）开车时如有异常声音和异常情况，要立即停车检查，恢复正常后才可使用。

6.4.3　运行安全技术

1. SVG 功率模块运行

（1）运行中运行人员应加强对功率单元的定期检查和巡检工作，严密监视 SVG 功率模块运行温度，注意高负荷时段的逆变器温度运行记录，注意温度不应超过 40℃，必要时要降低 SVG 功率模块输出，保证 SVG 功率模块的安全运行。

（2）在 SVG 功率模块出现不明原因的高温状态时，要检查 SVG 功率柜的内部冷却系统工作是否正常，有无冷却风扇停转现象，检查冷却系统管路有无堵塞现象，检查空气过滤部分是否灰尘过多，影响通风。

（3）在 SVG 功率室内严禁堆放任何其他易燃物品，日常运行维护工作中加强 SVG 及与之相关设备的保护定值检查，确保在出现异常运行时不会导致设备的保护失效情况，造成功率单元及其相关设备着火。

（4）运行时检查 SVG 功率模块有无异常振动、声响，紧固件有无松动，功率单元间连接铜排或者电缆有无松动、灼伤痕迹。

（5）检查 SVG 功率模块驱动板上电源线、温度信号线、驱动信号线有无松动现象，薄膜电容器有无漏液、变色、裂纹或膨胀现象。

（6）运行中要通过监控单元检查确保各 SVG 功率模块运行电压在规定范围内。

2. SVG 功率模块检修

（1）检修人员必须穿绝缘鞋，佩戴绝缘手套、安全帽，做好防护措施，确保人身安全。

（2）动态补偿装置的操作维护人员必须经过专门培训取得电气设备操作上岗证，同时应仔细读完 SVG 用户手册。

（3）SVG 功率模块检修工作必须严格按照相关的检修指导文件进行，必要时需厂家配合进行。

（4）即使 SVG 功率模块已经断开电源，其直流母排及直流电容器上仍然残留有危险的直流电压，因此在断开电源 10min 后才允许打开 SVG 功率模块柜门，且禁止触碰 SVG 功率模块的直流侧电容及相关部件。

（5）对功率单元进行维护前，需使用万用表直流电压档（1000V）测量母排及直流电容器上的剩余电压，确保剩余电压不超过 24V。

（6）严禁对单元模块进行耐压试验，否则将损坏模块。

（7）严禁使用兆欧表测试功率单元是否为绝缘电阻，否则将损坏模块。

6.5 事故及异常处理

6.5.1 电容器事故及异常处理

（1）电容器接头严重过热或电容器外壳示温腊片熔化、电容器套管发生破裂并有闪络放电、电容器严重喷油或起火、电容器外壳膨胀变形或严重漏油、三相电流不平衡超过 10% 以上、电容器内部有异常声响、集合式电容器已看不见油位、压力出现异常等情况发生时应立即停用电容器组，并报告调度，联系相关人员进行处理。

（2）当电容器熔断器熔断后，应立即向调度员汇报，待取得调度员同意更换熔断器后，拉开电容器的断路器和隔离开关，同时对其进行充分放电，并做好有关安全措施。检查电容器套管有无闪络痕迹，外壳是否变形、漏油，接地汇流排有无短路现象等，最后用绝缘电阻表检查电容器极间和极对地的绝缘电阻值是否合格。若未发现故障现象，就可换上符合规格的熔断器后将电容器投入运行。如果送电后熔断器仍熔断，则应拆出故障电容器，为了确保三相电容值平衡，还应拆除另外两项的非故障相部分电容。再拆除对地安全保护措施，最后恢复电容器组的供电。

（3）电容器断路器跳闸（熔断器未熔断）。电容器开关跳闸后应检查断路器、电流互感器电力电缆及电容器外部情况，若无异常现象，可以试送一次。否则应该对保护做全面通电试验，如果不能查明原因，就需要拆开电容器联线逐相逐个检查试验。未查明原因之前不得再试送。

（4）电容器爆炸、断路器起火而跳闸时，首先断开隔离开关并将电容器组退出运行。

（5）自动投切的电容器组，当发现自动装置失灵时，应将其停运，改为手动同时报告给有关部门。

（6）电容器本身温度超过制造厂家的规定时，应将其退出运行。

（7）电容器着火及引线发热。电容器着火时，首先断开电容器电源，并在离着火电容器较远的一端进行放电，经接地后确保安全情况下用干粉灭火器等灭火。运行中的电容器引线如果发热至暗红，则必须立即退出运行，避免事故扩大。

（8）处理电容器故障时应注意的安全事项：

1）因事故变电站全部停电时，首先应该先拉开电容器断路器，然后拉开各路出线断路器，恢复时顺序相反。

2）并联电容器组断路器跳闸后，不准强送；保护熔丝熔断后，查不出熔断原因前，不准更换熔丝送电。

3）并联电容器组，禁止带电荷合闸；电容器组再次合闸必须在分闸 3min 之后进行。

4）装有并联电阻的断路器不准手动合闸。

5）放电注意事项：运行电容器尽管已内部自行放电，但仍有残余电荷存在，必须进行人工放电，放电时一定要先将地线接地端接好，然后才能放电。放电时远离易燃易爆物品，避免火灾发生，放电时必须多次连续放电，直至无火花或无声音为止。

6）在处理故障电容器时必须佩戴劳动防护用品（如绝缘手套、绝缘靴等），应用端路线将两级间连接放电（防止极间残余电荷存在）。

6.5.2 SVC 事故及异常处理

（1）当电容器发生放电、过热、有异常声响或外壳出现膨胀变形、漏油等现象时，应立即退出运行，按操作规程检查电容器并做出相应处理。

（2）当电抗器出现过热现象，支撑绝缘子出现断裂、放电现象，基础严重倾斜或油浸式电抗器严重漏油时，应立即退出运行，按操作规程检查电抗器并做出相应处理。

（3）晶闸管阀发生以下故障时，应立即退出运行。

（4）水冷系统发生以下故障时，应立即退出运行，并做相应处理：

1）循环冷却水流量超低跳闸：检查主循环泵、备循环泵、三相电源、主循环管路、氮气罐是否正常。

2）循环冷却水进阀压力超低跳闸：检查主循环泵、备循环泵、去离子回路阀门、主管道过滤器、蝶阀是否正常。

3）循环冷却水电阻率超低跳闸：检查管路系统、去离子流量、树脂，若树脂正常耗尽，应进行及时更换。

4）缓冲罐液位超低跳闸：查找漏水点，排出故障并补水。

5）水冷系统动力电源故障跳闸：及时检查熔断器、动力电源电压，并做相应处理。

6）当水冷系统为双套配置时，若发生单套系统故障，故障的水冷系统应立即退出运行。

（5）触发脉冲丢失故障：按设备运行规程停机，检查控制柜和脉冲柜内各插头、插座及接线是否松动。

（6）补偿器电抗器过流：检查过流相晶闸管是否击穿，如有击穿则更换击穿的晶闸管；检查高压进线电缆是否有击穿，如有击穿则更换。在晶闸管控制电抗器（thyristor controlled reactor，TCR）重新投入运行之前必须做低压导通试验和高压柜连锁试验。各项操作严格按运行操作规程进行，注意安全。

（7）温度保护：当由于温度过高引起跳闸时，应检查空调是否正常运行，风机是否正常运行，是否按 TCR 装置的日常运行监护及时启动了风机。

（8）欠压保护：当发生欠压保护跳闸时，应停机检查控制系统三相电源是否正常，有无缺相，三相稳压电源的地线是否连接良好。

（9）CPU 死机故障：当发生 CPU 死机跳闸时，停机并根据故障显示，更换死机的CPU。如果上电运行仍出现死机现象，则更换该控制板或综合保护板。

6.5.3　SVG 事故及异常处理

（1）SVG 启动、停机严格按照厂家运维手册所列内容执行。

（2）检修人员必须穿绝缘鞋，佩戴绝缘手套、安全帽，做好防护措施，确保人身安全。

（3）SVG 的启动柜、功率单元柜均属高压危险区域，在高压通电的情况下禁止打开柜门进行作业。控制柜与其他柜体采用光纤隔离技术，不存在 6kV 或者 10kV 的高压电，但存在 380V 交流电，熟悉设备的运行人员方可进行操作。

（4）只有在 SVG 不带电（一次设备断电和控制部分断电）时才能接触柜内设备。

6.5.4　SVG 功率模块事故及异常处理

（1）功率模块运行中报电源故障时，应立即检查开关电源是否损坏或检查电气接线是否断线、短路、反接等。

（2）功率模块单元状态故障、过压保护、电压不平衡保护、功率单元状态不一致时，应立即检查电网是否故障或查找数据库中的故障单元信息。

（3）功率模块过温故障，应立即检查散热器是否损坏及测温元件是否动作正确。

（4）功率模块通信故障，应根据故障信息检查并重新接插对应的光纤查找故障原因。

6.6　标准依据

无功补偿设备施工及运行必须遵照的相关标准及规范见表 6-5。

表 6-5　　　　　　　　无功补偿设备施工及运行的标准依据

序号	名　　称	编号或计划号
1	电力安全工作规程　发电厂和变电站电气部分	GB 26860—2011
2	电气装置安装工程　高压电器施工及验收规范	GB 50147—2010
3	光伏发电站施工规范	GB 50794—2012
4	电气装置安装工程　串联电容器补偿装置施工及验收规范	GB 51049—2014
5	并联电容器装置设计规范	GB 50227—2017
6	继电保护和安全自动装置技术规程	GB/T 14285—2006
7	电能质量　供电电压偏差	GB/T 12325—2008
8	交流电气装置的过电压保护和绝缘配合设计规范	GB/T 50064—2014
9	电能质量　三相电压不平衡	GB/T 15543—2008
10	电能质量　电压波动和闪变	GB/T 12326—2008
11	电能质量　公用电网谐波	GB/T 14549—1993

序号	名　称	编号或计划号
12	光伏发电站接入电力系统技术规定	GB/T 19964—2012
13	光伏系统并网技术要求	GB/T 19939—2005
14	静止无功补偿装置（SVC）现场试验	GB/T 20297—2006
15	静止无功补偿装置（SVC）功能特性	GB/T 20298—2006
16	光伏发电站无功补偿技术规范	GB/T 29321—2012
17	光伏发电站安全规程	GB/T 35694—2017
18	光伏发电工程验收规范	GB/T 50796—2012
19	光伏发电站接入电力系统技术规定	GB/Z 19964—2012
20	高压并联电容器装置使用技术条件	DL/T 604—2009
21	高压静止无功补偿装置　第 1 部分：系统设计	DL/T 1010.1—2006
22	高压静止无功补偿装置（第 1-5 部分）	DL/T 1010—2006
23	静止无功补偿装置运行规程	DL/T 1298—2013
24	高压并联电容器装置保护导则	DL/T 1415—2015
25	磁控电抗器型高压静止无功补偿装置	NB/T 42028—2014
26	光伏发电并网逆变器技术规范	NB/T 32004—2013
27	高压静止无功补偿装置及静止同步补偿装置技术监督导则	Q/GDW 1177—2015

第7章 综合自动化系统设备施工及运行安全技术

综合自动化系统设备是电力系统中的重要设备,其负责对光伏电站的一次设备进行保护、控制、调节和测量。本章主要从光伏电站的综合自动化系统设备,包括继电保护装置、测控装置、自动装置及其他装置等方面介绍其施工和运行维护过程中安全技术方面的知识。

7.1 继电保护装置

7.1.1 概述

继电保护装置是当电力系统中的电力元件(如发电机、线路等)或电力系统本身发生了故障危及电力系统安全运行时,能够向运行值班人员及时发出警告信号,或者直接向所控制的断路器发出跳闸命令以终止这些事件发展的一种自动化措施和设备。继电保护装置外观图如图7-1所示。

图7-1 继电保护装置外观图

继电保护装置分类、特点及技术特性见表7-1。

7.1.2 施工安全技术

(1)保护装置安装工艺严格按照国家标准、企业标准进行,两者不一时按较高标准执行,各项工作必须服从制造厂技术人员的指导。

表 7 – 1   **继电保护装置分类、特点及技术特性**

分　类		特　点	技　术　特　性
电流保护（按照保护的整定原则，保护范围及原理特点）	过电流保护	这是按照躲过被保护设备或线路中可能出现的最大负荷电流来整定的。如大电机启动电流（短时）和穿越性短路电流之类的非故障性电流，以确保设备和线路的正常运行。为使上、下级过电流保护能获得选择性，在时限上设有一个相应的级差	继电保护装置为了完成它的任务，必须在技术上满足选择性、速动性、灵敏性、可靠性、安全性、信赖性六个基本要求。对于作用于继电器跳闸的继电保护，应同时满足六个基本要求，而对于作用于信号以及只反映不正常运行情况的继电保护装置，这六个基本要求中有些要求可以降低。
	电流速断保护	这是按照被保护设备或线路末端可能出现的最大短路电流或变压器二次侧发生三相短路电流而整定的。速断保护动作，理论上电流速断保护没有时限。即以零秒及以下时限动作来切断断路器的	
	定时限过电流保护	在正常运行中，被保护线路上流过最大负荷电流时，电流继电器不应动作，而本级线路上发生故障时，电流继电器应可靠动作；定时限过电流保护由电流继电器、时间继电器和信号继电器三元件组成（电流互感器二次侧的电流继电器测量电流大小→时间继电器设定动作时间→信号继电器发出动作信号）；定时限过电流保护的动作时间与短路电流的大小无关，动作时间是恒定的（人为设定）	（1）选择性。选择性就是指当电力系统中的设备或线路发生短路时，其继电保护仅将故障的设备或线路从电力系统中切除，当故障设备或线路的保护或断路器拒动时，应由相邻设备或线路的保护将故障切除。
	反时限过电流保护	继电保护的动作时间与短路电流的大小成反比，即短路电流越大，继电保护的动作时间越短，短路电流越小，继电保护的动作时间越长	（2）速动性。速动性是指继电保护装置应尽快地切除故障，以减少设备及用户在大电流、低电压运行的时间，降低设备的损坏程度，提高系统并列运行的稳定性。
	无时限电流速断	不能保护线路全长，它只能保护线路的一部分，系统运行方式的变化，将影响电流速断的保护范围，为了保证动作的选择性，其启动电流必须按最大运行方式（即通过本线路的电流为最大的运行方式）来整定，但这样对其他运行方式的保护范围就缩短了，规程要求最小保护范围不应小于线路全长的 15%。另外，被保护线路的长短也影响速断保护的特性，当线路较长时，保护范围就较大，而且受系统运行方式的影响较小，反之，线路较短时，所受影响就较大，保护范围甚至会缩短为零	（3）灵敏性。灵敏性是指电气设备或线路在被保护范围内发生短路故障或不正常运行情况时，保护装置的反应能力。
电压保护（按照系统电压发生异常或故障时的变化而动作的继电保护）	过电压保护	防止电压升高可能导致电气设备损坏而装设	（4）可靠性。可靠性包括安全性和信赖性，是对继电保护最根本的要求。
	防孤岛保护	防止电压突然降低致使电气设备的正常运行受损而设	（5）安全性。要求继电保护在不需要它动作时可靠不动作，即不发生误动。
	零序电压保护	为防止变压器一相绝缘破坏造成单相接地故障的继电保护	（6）信赖性。要求继电保护在规定的保护范围内发生应该动作的故障时可以可靠动作，即不拒动。
瓦斯保护		油浸式变压器内部发生故障时，短路电流所产生的电弧使变压器油和其他绝缘物产生分解，并产生气体（瓦斯），利用气体压力或冲力使气体继电器动作	
差动保护		这是一种按照电力系统中被保护设备发生短路故障，在保护中产生的差电流而动作的一种保护装置。常用作主变压器、发电机和并联电容器的保护装置	
高频保护		这是一种作为主系统、高压长线路的高可靠性继电保护装置。我国已建成的多条 500kV 超高压输电线路就要求使用这种可行性、选择性、灵敏性和动作迅速的保护装置。高频保护分为相差高频保护、方向高频保护	

分　　类	特　　点	技　术　特　性
距离保护	这种继电保护也是主系统的高可靠性、高灵敏度的继电保护，又称为阻抗保护，这种保护是按照长线路故障点不同的阻抗值而整定的	以上六个基本要求是设计、配置和维护继电保护的依据，又是分析评价继电保护的基础。这六个基本要求之间是相互联系的，但往往又存在着矛盾。 因此，在实际工作中，要根据电网的结构和用户的性质，辩证地进行统一
平衡保护	这是一种高压并联电容器的保护装置。继电保护有较高的灵敏度，对于采用双星形接线的并联电容器组，采用这种保护较为适宜。它是根据并联电容器发生故障时产生的不平衡电流而动作的一种保护装置	
方向保护	这是一种具有方向性的继电保护。对于环形电网或双回线供电的系统，某部分线路发生故障时，故障电流的方向符合继电保护整定的电流方向，则保护装置可以可靠地动作，切除故障点	

（2）进入施工现场时，工作人员应穿戴干净的工作服及鞋帽，工器具必须登记，严防将异物遗留在设备内部。

（3）保护传动试验时，做好人员和设备的防护工作。

（4）制造厂已装配好的元件在现场组装时，不要解体检查，如有缺陷必须在现场解体时，要经制造厂同意，并在厂方人员指导下进行。

（5）设备装配工作要在室内、恒温、恒湿的条件下进行，并采取恒温、恒湿措施。

（6）采取临时封闭，专人用吸尘器清理等措施，严格保证现场的清洁无尘。按制造厂的编号和规定的程序进行装配，不得混装。

（7）按施工图纸进行接线工作，如有疑问应咨询设计院询问清楚，禁止私自更改设计进行接线。

（8）继电保护室应布置绝缘地板，且各出入口应有防小动物措施。

（9）各保护装置应装有等电位接地铜排，对地接地电阻应小于 0.5Ω。

7.1.3　运行安全技术

1. 保护设备运行

（1）在电力系统运行过程中，禁止无保护运行。

（2）继电保护室内装有蓄电池组的场站，应配置通风设施，且宜每月定期进行通风，每次通风时间不宜少于 15min。

（3）各个保护装置必须与双时钟对时装置时间吻合。

（4）保护装置应具不间断电源，保证主路跳闸后保护仍能继续工作。

（5）对保护装置进行检修时，应启用备用保护，避免无保护运行。

（6）保护动作后，应记录下动作时间及动作保护名称。

（7）每月定期对保护压板进行核对，如有更改保护压板状态及保护定值的操作应做好记录。

2. 保护装置检修

（1）检修人员必须佩戴劳保防护用品，做好防护措施，确保人身安全。

（2）测量设备对地电阻小于 0.5Ω，确保良好接地。

（3）保护装置检修工作必须严格按照相关的检修指导文件进行，必要时需厂家配合进行。

（4）保护装置检修前需严格按照检修、维护操作流程执行，在检修前应获得相关部门及调度机构认可，且被保护设备在保护装置进行检修期间应启用备用保护，如无备用保护装置，应将设备停运。

（5）保护装置需要带电检修时，应将出口压板退出，避免在检修过程中导致设备误动作。

（6）在保护装置检修完毕后，至少但不限于进行通流实验、传动实验等，保证设备能正常运作。

7.2　测控装置

7.2.1　概述

测控装置是集保护、测量、控制、监测、通信、事件记录、故障录波、操作防误等多种功能于一体的综合自动化装置，既可以和综合操作系统配合完成电站控制、保护、防误闭锁，还可以独立成套完成 110kV 及以下中小规模无人值守变电站或者作为 220kV 及以上变电站中、低压侧的成套保护和测量监控功能。既可以就地分散安装，也可以集中组屏，这是构成变电站、发电厂厂用电等电站综合自动化系统的理想智能设备装置。某测控装置外观图如图 7-2 所示。

图 7-2　某测控装置外观图

测控装置类型、特点及技术特性见表 7-2。

表 7-2　　　　　　　　　　　　测控装置类型、特点及技术特性

类型	特　点	技　术　特　性
微机保护型	由高集成度、高精度电流电压互感器、高绝缘强度出口中间继电器、高可靠开关电源模块等部件组成。是集测量、控制、保护、通信于一体的一种经济型保护	微机保护测控装置主要优点是： （1）可省掉传统的电流表、电压表、功率表、频率表、电度表等，并可通过通信口将测量数据及保护信息远程上位机，方便事项配网自动化。 （2）功能完善、使用及维护方便、智能化程度高、体积小、适应一次系统灵活性大。

类型	特　点	技　术　特　性
微机保护型	由高集成度、高精度电流电压互感器、高绝缘强度出口中间继电器、高可靠开关电源模块等部件组成。是集测量、控制、保护、通信于一体的一种经济型保护	（3）自定义保护功能，可实现标准保护库中未提供的特殊保护，最大限度满足要求。 （4）各种保护功能相对独立，保护定值、闭锁条件和保护投退可独立整定和配制。 （5）保护功能实现不依赖于通信网络，满足电力系统保护的可靠性。 微机保护测控装置主要缺点是： （1）集成度高，成本偏高。 （2）执行速度不及常规保护
电磁式保护型	电磁测控保护装置由各种电磁式继电器构成，靠能量转换动作，保护基本上由硬件实现	电磁式保护测控装置主要优点是： （1）可靠性较高。 （2）执行速度比较快。 电磁式保护测控装置主要缺点是： （1）集成度低，体积大，适应一次系统灵活性小。 （2）接线复杂、整定维护困难、无法实现远动功能及比较复杂的自动化功能

7.2.2　施工安全技术

1. 测控装置安装

（1）安装位置应符合设计要求。

（2）各装置地应与屏（柜）地用接地线与接地母排及系统大地可靠连接，且满足接地电阻要求（不大于4Ω）。

（3）装置接线应符合接线图的要求。

（4）装置应牢固地在屏（柜）上固定，装置各连接螺钉应紧固。

2. 测控装置运输

（1）运输道路应平整、通畅，所有桥涵、道路能够保证各种施工车辆安全通行。

（2）在运输的过程中，要对沿途路况进行勘察，了解路、桥、涵洞等的承重与宽度，必要时请交通部门进行协助通过。

（3）对道路运输驾驶人员要求做到"八不"。即"不超载超限、不超速行车、不强行超车、不开带病车、不开情绪车、不开急躁车、不开冒险车、不酒后开车"。保证精力充沛，谨慎驾驶，严格遵守道路交通规则和交通运输法规。

（4）做好危险路段记录并积极采取应对措施，特别是山区道路行车安全，要做到"一慢、二看、三通过"。

（5）发生事故时，应立即停车、保护现场、及时报警、抢救伤员和货物财产，协助事故调查。

（6）不违章作业，驾驶人员连续驾驶时间不超过4h。

（7）开车时如有异常声音和异常情况，要立即停车检查，恢复正常后才可使用。

7.2.3　运行安全技术

1. 测控装置运行

（1）装置投运前应检查内容：

1）如无特殊需要，应清除装置内的试验记录数据。

2）装置应无任何告警呼唤异常现象。

3）装置各组定值应与定值清单相符。

4）装置运行定值区和保护投退压板应符合设备的运行要求。

5）装置上电后面板运行灯应亮，其他灯应不亮。

（2）由于装置具有完善的软硬件自检功能，最有效的日常维护手段就是监视装置的信号节点及 LED 指示灯的状态。正常运行时，结合 LED 指示灯和 LCD 显示屏，装置可全面反映自身的工作状况和设备的实时运行数据，不需要人工干预。

（3）如果出现保护动作情况，应及时调出保存相应的故障记录和录波数据，以供事故分析。事故处理结束后，应复归装置的动作信号接点和相关 LED 指示灯。

（4）如果出现告警呼唤等异常情况，需要给予足够的重视，应详细记录当时所观察到的现象。如属于设备运行工况异常（如过负荷、零流告警等），按相应运行规程处理解决。如属于装置关键部件异常，应立即停机检修。告警原因排除后，应复归装置的告警信号接点和相关 LED 指示灯。

（5）在日常维护中应严格按照测控装置操作手册要求进行。

（6）加强工作用电源的高可靠性，避免出现因工作用电源突然中断引起测控装置强迫停机，减少测控装置使用寿命。

2. 测控装置检修

（1）装置投运后的检修必须由专业人员进行，检修工作必须严格按照相关的检修指导文件进行，必要时需厂家配合进行。检修人员必须佩戴绝缘鞋、绝缘手套、安全帽，做好防护措施，确保人身安全。

（2）测量设备对地电阻小于 0.5Ω，确保良好接地。

（3）装置背部的某些端子带有高电压，必须验电确保安全。

（4）光伏并网逆变器检修前需严格按照检修、维护操作流程执行。

（5）检修维护人员对电路板或功率器件操作时，应采取防静电措施。

7.3　自动装置

7.3.1　概述

自动装置是指按照预先的设定、系统对各方面的要求，自动完成预定功能的装置。

在变电站内主要有备用电源自动切换装置、自动发电控制/自动电压控制（automatic generation control/automatic voltage control，AGC/AVC）装置、自动补偿消谐装置等。某自动电源切换装置外观图如图 7-3 所示。AGC/AVC 装置外观图如图 7-4 所示。

图 7-3　某电源自动切换装置外观图

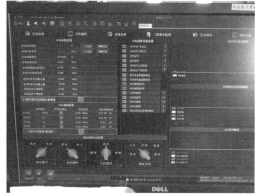

图 7-4　AGC/AVC 装置外观图

自动装置类型、特点及技术特性见表 7-3。

表 7-3　　　　　　　　　　自动装置类型、特点及技术特性

类型	特 点	技 术 特 性
备用电源切换装置	主要用于自动切换主路电源和旁路电源	在发生站用变压器电源失电事故时，自动切换至旁路备用电源，防止重要设备失电，在并联切换过程中，应防止两电源长期并列行程环流，并列时间不宜超过 1s，可以有效防止事故扩大
AGC/AVC装置	AGC 装置是能量管理系统 EMS 中的一项重要内容，它控制着调频机组的出力，以满足不断变化的用户电力需求，并使系统处于经济的运行状态。 AVC 装置是能量管理系统 EMS 中的一项重要内容，它控制着调频机组的出力，以满足不断变化的用户电力需求，并使系统处于经济的运行状态	1. 在电力行业中 AGC 指自动发电控制，是并网发电厂提供的有偿辅助服务之一，发电机组在规定的处理调整范围内，跟踪电力调度交易机构下发的指令，按照一定调节速率实时调整发电出力，以满足电力系统频率和联络线功率要求。 2. AVC 装置对电网中的无功资源以及调压设备进行自动控制，以达到保证安全、优质和经济运行的目的
自动补偿消谐装置	保护 TV 一次侧的阻尼器件，用来消除电网中的谐振	其本质是一种高容量分线性电阻器，起到阻尼与限流的作用。可以起到良好的限制电压互感器铁磁谐振的效果。如果 6～35kV 电网中性点不接地，母线上 Y0 接线的 TV 一次绕组，成为该电网对地唯一金属性通道。电网对地电容通过 TV 一次绕组有一个充放电的过渡过程。试验测得此时常常有最高幅值达数安培的工频半波涌流通过 TV，此电流有可能将 TV 高压熔丝熔断。而安装了消谐器后，这种涌流将得到有效抑制，高压熔丝不再因为这种涌流而熔断

7.3.2 施工安全技术

（1）自动装置安装工艺严格按照国家标准、企业标准进行，两者不一时按较高标准执行，各项工作必须服从制造厂技术人员的指导。

（2）进入施工现场时，工作人员应穿戴干净的工作服及鞋帽，工器具必须登记，严防将异物遗留在设备内部。

（3）空切试验时，做好人员和设备的防护工作。

（4）制造厂已装配好的元件在现场组装时，不要解体检查，如有缺陷必须在现场解体时，要经制造厂同意，并在厂方人员指导下进行。

（5）装置应有金属插箱保护。

（6）采取临时封闭，专人用吸尘器清理等措施，严格保证现场的清洁无尘。按制造厂的编号和规定的程序进行装配，不得混装。

（7）按施工图纸进行接线工作，如有疑问应咨询设计院询问清楚，禁止私自更改设计进行接线。

（8）装置结构应采取必要的抗电气干扰措施，插箱的不带电金属部分应在电气上连成一体，并具备可靠接地点

（9）金属结构件应有防腐蚀措施，应满足发热元件的散热要求。

7.3.3 运行安全技术

1. 自动设备运行

（1）在电力系统运行过程中，可定期进行投切试验，保证自动投切装置安全可靠。

（2）AGC/AVC 运行方式应严格按照调度要求执行，发现装置异常后应及时与调度中心取得联系，退出设备运行，避免事故扩大。

（3）AGC/AVC 必须与双时钟对时装置时间吻合，避免命令接收不及时、不准确。

（4）自动投切装置应具备复位功能，当装置不正常时，能自动复位，复位后仍不能正常工作时，应能发出异常信号或信息，装置不应误动作。

（5）在工作母线 TV 断线或备用电源电压低时，应闭锁切换装置。

（6）电压互感器熔丝熔断时应对消谐装置进行全面检查，防止消谐装置损坏引起涌流使故障扩大。

（7）自动装置工作环境应保持恒定的温度、湿度，必要时应启动温湿度控制器。

2. 保护装置检修

（1）检修人员必须佩戴劳保防护用品，做好防护措施，确保人身安全。

（2）测量设备对地电阻小于 4Ω，确保良好接地。

（3）自动装置检修工作必须严格按照相关的检修指导文件进行，必要时需厂家配合进行。

（4）自动装置检修前需严格按照检修、维护操作流程执行，在检修前应获得相关部门及调度机构认可。

（5）自动装置需要带电检修时，应切断与相关设备的连接，避免在检修过程中导致设备误动作。

（6）在自动装置检修完毕后，至少但不限于进行通流实验、空切实验、AGC/AVC控制等，保证设备能正常运作。

7.4 其他装置

7.4.1 概述

其他装置主要是指监控系统，包括集中监控系统、视频监控系统、后台监控系统、五防系统、对时系统、光功率预测装置、电能质量在线监测装置、关口计量设备、保护信息子站等。电力网络计算机监控系统如图7-5所示。视频安防监控系统如图7-6所示。

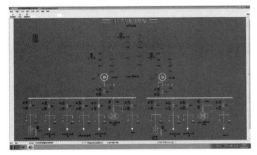

图7-5 电力网络计算机监控系统　　图7-6 视频安防监控系统

电力网络计算机监控系统是以计算机和网络技术为基础，对发电厂（站）对高压配电装置及其他电气设备进行监控和管理的计算机控制系统。包括集中监控系统、后台监控系统、五防系统、对时系统、光功率预测装置、电能质量在线监测装置、保护信息子站等。

视频安防监控系统利用视频探测技术、监视设防区域并实时显示、记录现场图像的电子系统或网络。

7.4.2 施工安全技术

（1）监控系统应采用开放式体系结构、具备标准软件接口和良好的可扩展性，并要求稳定性强，抗干扰性强。

（2）监控系统应满足《电力二次系统安全防护规定》（国家电力监管委员会〔2004〕5号令）的要求。

（3）监控系统应包含有功控制、无功控制和数据监视功能。

（4）监控系统的电源应安全可靠，应采用直流或不间断电源系统（uninterruptible power system，UPS）供电，UPS 在交流电源失电或电源不符合要求时，维持系统正常工作时间不低于 2h。

（5）监控系统的输入、输出回路宜选用专用的阻燃型屏蔽电缆，电缆屏蔽层的型式宜为铜带屏蔽。

（6）监控屏上装置的接地端子应采用截面不小于 4mm² 的多股铜线和屏内接地铜排相连。屏内接地铜排应采用截面不小于 50mm² 的铜缆与室内的等电位接地网相连。

（7）功率预测系统独立配置时，光伏发电站监控系统应能向功率预测系统提供实时有功数据、实时气象监测数据等信息，并能接收功率预测系统提供的短期和超短期功率预测结果。

（8）独立配置的继电保护故障信息管理系统应单独组网，与监控系统物理隔离，继电保护故障信息管理系统与监控系统通信应满足《电力二次系统安全防护规定》（国家电力监管委员会〔2004〕5 号令）的要求，继电保护装置应单独提供通信接口与继电保护故障信息管理系统通信。

（9）主时钟宜按主备方式配置，每台时钟应设置 1 路无线授时基准信号接口，两台主时钟中应至少有 1 台时钟的无线授时基准信号取自北斗卫星导航系统。

（10）视频监控系统应能实现图像显示、前端摄像机控制、画面切换、照片抓拍、手动和自动录像、回放等功能。

7.4.3　运行安全技术

（1）双机系统年可用率不小于 99.98%。

（2）系统内主要设备运行寿命不小于 10 年。

（3）工作环境相对湿度日平均 95%，月平均 90%。

（4）室内最低工作温度不得低于 −5℃，最高工作温度不高于 45℃。

（5）气象监测数据采集器连续无日照正常工作时间不小于 15 天，采集数据存储时间不小于 3 个月，数据刷新周期不大于 5min。

（6）设备操作时应同时满足站控层防误、间隔层防误和现场电气防误的闭锁要求，任意一层出现故障应不影响其他层的正常闭锁。站内所有操作指令应经过防误验证，并有出错告警功能。

7.5　事故及异常处理

7.5.1　保护装置事故及异常处理

（1）保护动作后 5min 之内，应完成事故情况汇报并确定故障范围、故障现象。

（2）在事故发生后 15min 之内，应打印出故障录波，查看保护装置动作情况，进行事故分析，确定故障原因，按照装置手册进行处理或联系厂家处理。

（3）如保护装置出现误动作，在检查现场一次设备的同时，应对该保护装置出口压板、装置通信通道、端子排进行细致检查，防止因接线松动等问题引起事故扩大。

（4）在对保护装置进行检修过程中，运行中的一次设备如具有备用保护应投入并退出需检修保护，如无备用保护应将设备停运后再对保护装置进行检修工作。

（5）若录波显示无异常，现场设备检查未发现问题，可对设备试送一次，如仍出现故障，应立即停运相关设备待进一步检查。

7.5.2 测控装置事故及异常处理

（1）测控装置可以检查到所有硬件的状态，值班人员可以通过告警灯和告警光字排发现装置是否处于故障状态，并可以通过液晶显示和打印报告（故障信息为汉字）确定故障位置和性质。

（2）建议每 5～6 年更换一次开关电源。

（3）装置在运行过程中定时自检，自检的对象包括定值区、开出回路、采样通道等各部分，发现异常时主动上送告警报告，点亮告警指示灯。当发生告警时，运行及操作人员应立即通知继保人员前来处理。

7.5.3 自动装置事故及异常处理

（1）设备故障后 5min 之内，应完成事故情况汇报并确定故障范围、故障现象。

（2）在事故发生后 15min 之内，应打印出故障录波，查看保护装置动作情况，进行事故分析，确定故障原因，按照装置手册进行处理或联系厂家处理。

（3）对已经损坏或短时间内无法修复的设备应及时进行更换，更换过程应严格执行该设备技术规范要求，更换完成后对该设备进行特殊巡检，保证更换设备安全可靠。

（4）对自动装置通信通道进行检修时，应保证其他设备通信不会因检修工作而中断，在进行通信线插拔之前应对该通信电缆进行确认，完成线缆更换或测试后应对该电缆进行标记。

（5）若录波显示无异常，现场设备检查未发现问题，可对设备试送一次，如仍出现故障，应立即停运相关设备待进一步检查。

7.6　标准依据

综合自动化系统设备施工及运行必须遵照的相关标准及规范见表 7-4。

表 7 - 4　　　　　　　　综合自动化系统设备施工及运行的标准依据

序号	名　称	编号或计划号
1	电力安全工作规程　发电厂和变电站电气部分	GB 26860—2011
2	视频安防监控系统工程设计规范	GB 50395—2007
3	电业安全工作规程　第 1 部分：热力和机械	GB 26164.1—2010
4	电气装置安装工程　盘、柜及二次回路接线施工及验收规范	GB 50171—2012
5	继电保护和安全自动装置技术规程	GB/T 14285—2006
6	继电保护及二次回路安装及验收规范	GB/T 50976—2014
7	光伏系统并网技术要求	GB/T 19939—2005
8	光伏发电站接入电力系统技术规定	GB/T 19964—2012
9	光伏发电工程验收规范	GB/T 50796—2012
10	光伏发电站监控系统技术要求	GB/T 31366—2015
11	光伏发电站接入电力系统技术规定	GB/Z 19964—2012
12	电力系统继电保护及安全自动装置柜（屏）通用技术条件	DL/T 720—2013
13	继电保护和安全自动装置通用技术条件	DL/T 478—2013
14	继电保护和电网安全自动装置检验规程	DL/T 995—2016
15	继电保护和安全自动装置运行管理规程	DL/T 587—2016
16	电厂厂用电源快速切换装置通用技术条件	DL/T 1073—2007
17	备用电源自动投入装置技术条件	DL/T 526—2013
18	继电保护和安全自动装置运行管理规程	DL/T 587—2016
19	继电保护和电网安全自动装置检验规程	DL/T 995—2016
20	电力系统的时间同步系统　第 1 部分：技术规范	DL/T 1001.1—2009
21	发电厂电力网络计算机监控系统设计技术规程	DL/T 5226—2013
22	电能质量监测系统运行维护规范	DL/T 1585—2016
23	220kV～500kV 变电所计算机监控系统设计技术规程	DL/T 5149—2001

第8章 直流系统设备施工及运行安全技术

光伏电站直流系统主要由蓄电池组、充电装置、直流馈线屏、直流配电柜、直流电源监测装置、直流分支馈线等部分组成，并由此形成一个庞大、遍布直流电源的供电网络，为继电器保护装置、断路器跳合闸、信号系统、直流充电机、UPS、通信等各个子系统提供安全、可靠的工作电源。本章主要从站用直流系统和通信直流系统、UPS系统等方面讲解其施工及运行维护过程中安全技术方面的知识。

8.1 站用直流系统

8.1.1 概述

站用直流系统是应用于水力、火力发电厂，各类变电站和其他使用直流设备的用户，给信号设备，保护、自动装置，事故照明，应急电源及断路器分、合闸操作提供直流电源的电源设备。直流系统是一个独立的电源，它不受发电机、厂用电及系统运行方式的影响。其在外部交流电中断的情况下，保证由后备电源—蓄电池继续提供直流电源。站用直流系统如图8-1所示。

图8-1 站用直流系统

站用直流系统组成、特点及技术特性见表8-1。

8.1.2 施工安全技术

1. 基础安装要求

（1）对盘柜基础进行尺寸核对，检查基础型钢开距是否正确，高压及控制电缆的孔洞是否对应盘、柜的排列布置。

（2）清除基础型钢面上的灰砂，基础型钢应与接地网可靠连接，测量基础型钢的水平度和不直度，找出最高点，并标注高差。

2. 盘柜安装要求

（1）盘柜就位时应小心谨慎，以防损坏盘面上的电气元件及漆层，进入主控室应根据安装位置逐一移到基础型钢上并做好临时固定，以防倾倒。

表 8 - 1　　　　　　　　　　站用直流系统组成、特点及技术特性

组成	特　　　点	技　术　特　性
整流模块系统	电力整流模块就是把交流电整流成直流电的单机模块	（1）直流母线绝缘电阻应不小于 10MΩ；绝缘强度应受工频 2kV，耐压 1min。 （2）蓄电池组浮充电压稳定范围：稳定范围电压值为 90%～130%（2V 阀控式蓄电池为 125%）的直流标称电压。 （3）蓄电池组充电电压调整范围为 90%～125%（2V 铅酸式蓄电池）直流标称电压；90%～130%（6V、12V 阀控式蓄电池）直流标称电压；90%～145%（镉镍蓄电池）直流标称电压。 （4）恒流充电时，充电电流调整范围为（20%～100%）I_n。 （5）恒压运行时，负荷电流调整范围为（0～100%）I_n。 （6）恒流充电稳流精度范围： 1）磁放大型充电装置，稳流精度应不大于±（2%～5%）； 2）相控型充电装置，稳流精度应不大于±（1%～2%）； 3）高频开关模块型充电装置，稳流精度应不大于±（0.5%～1%）。 （7）恒压充电稳压精度范围： 1）磁放大型充电装置，稳压精度应不大于±（1%～2%）； 2）相控型充电装置，稳压精度应不大于±（0.5%～1%）； 3）高频开关模块型充电装置，稳压精度应不大于±（0.1%～0.5%）。 （8）直流母线纹波系数范围： 1）磁放大型充电装置，纹波系数应不大于 2%； 2）相控型充电装置，纹波系数应不大于（1%～2%）； 3）高频开关模块充电装置，纹波系数应不大于（0.2%～0.5%）。 （9）噪声要求不大于 55dB（a），若装设有通风机时应不大于 60dB（a）。 （10）直流电源装置中的自动化装置应具有电磁兼容的能力。 （11）充电装置返回交流电源侧的各次电流谐波，应符合《电力系统直流电源柜订货技术条件》（DL/T 459—2000）的要求
监控系统	监控系统是整个直流系统的控制、管理核心，其主要任务是对系统中各功能单元和蓄电池进行长期自动监测，获取系统中的各种运行参数和状态，根据测量数据及运行状态及时进行处理，并以此为依据对系统进行控制，实现电源系统的全自动管理，保证其工作的连续性、可靠性和安全性	
绝缘监测单元	直流系统绝缘监测单元是监视直流系统绝缘情况的一种装置，可实时监测线路对地漏电阻，此数值可根据具体情况设定	
电池巡检单元	电池巡检单元就是对蓄电池在线电压情况巡环检测的一种设备	
开关量检测单元	开关量检测单元是对开关量在线检测及告警干节点输出的一种设备	
降压单元	降压单元就是降压稳压设备，是合母电压输入降压单元，降压单元再输出到控母，调节控母电压在设定范围内（110V 或 220V）	
配电单元	配电单元主要是直流屏中为实现交流输入、直流输出、电压显示、电流显示等功能所使用的器件，如电源线、接线端子、交流断路器、直流断路器、接触器、防雷器、分流器、熔断器、转换开关、按钮开关、指示灯以及电流、电压表等	

（2）对屏柜必须进行精密的调整，为其找平、找正。调整工作可以首先从靠原有保护屏一头开始，先精确调整好第一块，再以第一块为标准调整以后各块。一般用增加铁垫片的厚度进行调整，但铁垫片不能超过三块。两相邻屏间无明显的空隙，使该盘柜成一列做到横平竖直，屏面整齐。

3. 蓄电池组安装要求

（1）安装位置应符合设计要求。

（2）用万能表核对每只电池接线端的正负标志与其内部极板实际正负极是否一致；正负极板的片数与说明书是否相符；并逐个检查每个电池是否符号生产厂家要求。

（3）蓄电池柜架要按照生产厂家提供的说明书及柜架图纸进行安装，当制造厂无要

求时，相邻两蓄电池间保持不小于 5mm 间距。蓄电池台架的水平偏差应不大于±5mm。测量柜架尺寸及蓄电池尺寸与安装图是否相符，能否悉数放置电池。

（4）柜架放置的位置应便于敷设电缆，保证柜架的垂直度及可靠接地。

（5）蓄电池的排列应按照生产厂家的图纸进行，放置于柜架上的蓄电池应平稳且受力均匀，当蓄电池放置完毕后，放置蓄电池的屏柜底板应无明显变形。同一排列的蓄电池应平稳，间距均匀，高低一致，排列整齐。

（6）蓄电池安装连线时应注意每个蓄电池采用串联方式进行连接，接线应正确，极板接触面应做好防腐蚀处理，导电接触面要薄涂一层电力脂，螺丝及极板外表涂中性凡士林油，接触面应平整，保证接触良好。

（7）蓄电池每排之间采用生产厂家提供连接线进行连接，连接螺丝应按生产厂家规定使用力矩扳手紧固，防止过力损坏端子的铜螺丝。电池组的引出线和接入电缆的正极标以赭色，负极标以蓝色，并挂上电缆牌。蓄电池组电源引出电缆不应直接连接到极柱上，应采用过渡板连接。电缆接线端子处应有绝缘防护罩。

（8）安装好蓄电池后在每个蓄电池外壳的适当位置处贴上编号，以便日后维护整组蓄电池，连接好后需复检电池极性是否正确。

（9）所有连接线连接完成后，先检查蓄电池极性及连接是否正确，同时必须测量蓄电池端电压。另外，应安装完成所有充电设备，敷设完成屏间所有联络电缆。

4. 直流系统设备运输

（1）直流系统设备运输前由专人对运输线路、信号系统、处道岔位置、跑车防护装置等进行全面巡回检查，发现问题和安全隐患及时处理。

（2）运输时必须低速慢行，不准忽快忽慢，以防设备车掉道。

（3）运输过程中若设备车掉道，在上道时，要防止设备车倾斜，以防倾倒伤人，用千斤顶进行上道，严禁强拉硬拖。车辆上道必须由跟班队长指挥，并采取防止车辆倾倒的临时措施。

（4）整个运输过程严禁人员跟车，在运输路线的每个岔口各派一人设警戒。其他人员严禁进入运输路线内工作或逗留。

（5）开车时如有异常声音和异常情况，要立即停车检查，恢复正常后才可使用。

8.1.3　运行安全技术

1. 例行运行巡视检查项目

（1）检查蓄电池组运行环境：蓄电池室通风、照明完好，温度不超 35℃；蓄电池室装设空调且空调运行正常；通风口装设网栅（防小动物方面，直流系统屏、保护屏等二次屏柜内最好增加放置防小动物粘板，对蟑螂、蜈蚣等有很好防护效果，防止端子排等间隙较小的地方因小动物短路）；蓄电池室窗帘已拉下防止阳光直射。进入蓄电池室前，必须开启通风。

（2）检查蓄电池组的端电压、浮充电流正常。

（3）检查蓄电池无鼓肚、裂纹或泄漏，极柱与安全阀周围无酸雾逸出；蓄电池编号及极性标志正确且清晰。

（4）检查蓄电池组连接条无明显变形或损坏（连接螺丝是否紧固，可通过观察弹簧片是否松动间接判断），确保电缆号牌及号头标志清晰准确；蓄电池柜（蓄电池架）可靠接地。

（5）充电装置交流输入电压，直流输出电压、电流正常，表计指示正确，保护的声、光信号正常，运行声音正常。

（6）直流控制母线、动力母线电压值在规定范围内，浮充电流值符合规定。

（7）直流系统绝缘值状况良好。

（8）各支路的运行监视信号完好、指示正常，熔断器无熔断，自动空气开关位置正确。

2. 特殊运行巡视检查项目

（1）新安装、检修、改造后的直流系统投运后，应进行特殊巡视。

（2）蓄电池核对性充放电期间应进行特殊巡视。

（3）直流系统出现交、直流失压，直流降低，熔断器熔断等异常现象并处理后，应进行特殊巡视。

（4）出现自动空气开关脱扣、熔断器熔断等异常现象后，应巡视保护范围内各直流回路元件有无过热、损坏和明显故障现象。

3. 直流系统检修

（1）检修人员必须穿工作服、绝缘鞋，佩戴绝缘手套、安全帽、护目镜，并做好防护措施，确保人身安全。

（2）测量设备对地电阻应小于 0.5Ω，确保良好接地。

（3）直流系统检修工作必须严格按照相关的检修指导文件进行，必要时需厂家配合进行。

（4）直流系统检修前需严格按照检修、维护操作流程执行，检修维护时应防止触电、防止蓄电池酸液溅到眼睛和皮肤。

8.2　通信直流系统

8.2.1　概述

光伏电站必须装设可靠的通信直流电源系统，以确保通信设备的不间断供电，尤其要保证变电所发生事故时的不间断通信供电。通信直流系统是由整流设备、直流配电设备、蓄电池组、直流变换器相关的配电线路组成为通信系统提供直流电源的系统。

通信直流系统组成、特点及技术特性见表8-2。

表8-2　　　　　　　　　　　通信直流系统组成、特点及技术特性

组成	特　点	技　术　特　性
交流部分	主要为系统提供交流电源，其输入一般是两路380V的三相四线，采取交流方式输入，而当电源自身容量较小时，则应采用两路220V的单相交流输入，从而保证电源供电可靠	（1）交流电压通过整流器变换器之后，直接输出直流电压。（2）蓄电池组在输出端，可直接给负载供电，也可与整流模块并联一起给负载供电。（3）设备控制简单，不易初故障、维护简便。（4）系统简单可靠性高，便于进行维护。（5）投资成本较UPS系统低。（6）系统并机运行简单，只需要电源极性和电压相同即可并机运行。（7）单点故障点较UPS系统少。（8）可以直接通过蓄电池直接向负载进行供电
整流部分	整流器是通信直流电源最重要的组成部分，通过AC-DC变换并以并联均流方式为通信设备供电，同时对蓄电池组进行恒流限压充电和监控模块的供电	
直流部分	其作用主要是分配整流器所输出的直流电压，其中一路主要是对蓄电池组进行充电，而其他路则为通信设备供电	
蓄电池组	蓄电池组是通信直流电源不可缺少的组成部分，蓄电池组一旦发生故障，在市电输入停电时，将造成所有使用该蓄电池组做后备电源的通信设备全部停止工作，造成通信中断	
监控模块	监控模块对于通信直流电源来说具有智能控制中心的作用，主要是监测功能，包括监测交流输入电压、电流，整流器模块并联输出电压值和每个整流器模块的输出电流、负载电流、蓄电池组充放电电流和电压等	

8.2.2　施工安全技术

1. 通信直流系统安装

（1）开展系统安装前要严格执行"两票"制度，办理工作票，室外安装时要做好防晒、防蚊虫叮咬措施。

（2）进行系统安装前要正确穿戴好安全防护用品，做好防护措施

（3）设备应安装在水平硬质地面。如果是防静电活动地板，则需考虑地板的承重能力，应根据设备重量来设计与制造钢质托架；设备安装应满足相关规范的减震要求。

（4）系统屏柜安装时，两带电导体之间、带电导体与裸露的不带电导体之间的电气间隙和爬电距离均应符合表8-3的规定。小母线、汇流排或不同极的裸露带电导体之间，以及裸露的带电导体与未经绝缘的不带电导体之间的电气间隙不小于12mm，爬电距离不小于20mm。

表8-3　　　　　　　　　　　电气间隙和爬电距离

额定绝缘电压 U_i/V	电气间隙/mm	爬电距离/mm
$U_i \leqslant 63$	3.0	3.0
$63 < U_i \leqslant 300$	5.0	6.0
$300 < U_i \leqslant 500$	8.0	10.0

注：1. 当主电路与控制电路或辅助电路的额定绝缘电压不一致时，其电气间隙和爬电距离可分别按其额定值选取。

2. 具有不同额定值的主电路或控制电路导电部分之间的电气间隙与爬电距离，按最高额定绝缘电压选取。

（5）系统直流柜宜采用加强型结构，防护等级不宜低于 IP20。布置在交流配电间内的直流柜防护等级应与交流开关柜一致。直流母线绝缘电阻应不小于 $10\mathrm{M}\Omega$。

（6）通信系统机房设备接地线严禁与接闪器、铁塔、防雷引下线直接连接。

（7）通信系统的电源系统，应采取适当、有效的雷电过电压分级保护措施。

（8）通信系统防雷接地与交流工作接地、直流工作接地、安全保护接地共用一组接地装置时，接地装置的接地电阻值应按接入设备中要求的最小值确定。通信系统防雷接地电阻不宜大于 10Ω。

（9）蓄电池放置的基架及间距应符合设计要求；蓄电池放置在基架后，基架不应有变形，基架宜接地。抗压设防烈度不小于 7 度的地区，蓄电池组应有抗震加固措施。

（10）蓄电池室的照明，应使用防爆灯，并至少有一个接在事故照明母线上，开关、插座、熔断器应安装在蓄电池室外。室内照明线应采用耐酸绝缘导线。

（11）系统室窗户，应安装遮光玻璃或者涂有带色油漆的玻璃，以免阳光直射在蓄电池上。

（12）通信系统的蓄电池在安装过程中不能触动极柱和安全排气阀。

（13）蓄电池出口回路、充电装置直流侧出口回路、直流馈线回路和蓄电池试验放电回路等应装设保护电器。

（14）安装蓄电池时要戴绝缘手套，使用绝缘工具。当使用扳手时，除扳头外其余金属部分要包上绝缘带，杜绝扳手与蓄电池的正、负极同时相碰，形成正、负极短路故障。

（15）连接蓄电池连接条时应使用绝缘工具，并应佩戴绝缘手套。连接条的接线应正确。为了防止人体不小心触及带电部分，要求接线端子处应有绝缘防护罩。

（16）通信直流系统屏（柜、台）结构应考虑安全接地措施并确保保护电路的连续性，接地连接处应有防锈、防污染的措施，接地处应有明显的标记。

（17）通信直流系统内会产生直接触电的屏柜的防护，应从结构上考虑防护措施，例如加隔离挡板、防护门，加绝缘防护等。对会产生间接触电的部位应采用保护电路进行防护，且要保证各裸露的非带电导电部件之间以及它们与保护电路之间的电连续性，屏（柜、台）内任意应该接地的点至总接地点之间的电阻应不大于 0.1Ω。

2. 通信直流系统运输

（1）在装卸通信蓄电池时应小心装卸电池箱，严禁摔掷翻滚、重压。避免粗暴装卸而导致蓄电池短路或损坏，从而致使蓄电池泄漏、破裂、爆炸或着火。

（2）运输过程中要保持环境通风、干燥和凉爽，避免暴晒或受潮。同时要对蓄电池箱进行固定，不得受剧烈机械冲击及倒置。

（3）运输过程中要将通信蓄电池保存在原包装中，当多箱电池箱堆叠在一起时，最下层箱中的电池有可能受损并导致电解质泄漏，电池箱堆叠的高度不可超过制造商规定的高度。

（4）在运输的过程中，要对沿途路况进行勘察，了解路、桥、涵洞等的承重与宽度，必要时请交通部门进行协助通过。

（5）对道路运输驾驶人员要求做到"八不"。即"不超载超限、不超速行车、不强行超车、不开带病车、不开情绪车、不开急躁车、不开冒险车、不酒后开车"。保证精力充沛，谨慎驾驶，严格遵守道路交通规则和交通运输法规。

（6）做好危险路段记录并积极采取应对措施，特别是山区道路行车安全，要做到"一慢、二看、三通过"。

（7）发生事故时，应立即停车、保护现场、及时报警、抢救伤员和货物财产，协助事故调查。

（8）不违章作业，驾驶人员连续驾驶时间不超过 4h。

8.2.3 运行安全技术

1. 通信直流系统运行

（1）运行中的直流设备各盘柜标识要清晰，接线要完整，室内要清洁无杂物、照明充足，系统室内要严闭不进雨，不允许有水滴、水泥片等杂物落到蓄电池上。

（2）场区光伏组件通信系统电缆要做好防火、防腐措施，要用防火泥对电缆沟进行封堵，防止小动物咬坏电缆。

（3）系统室内消防器材配备要齐全，不能堆放任何易燃易爆物品，室内严禁携带、使用烟火，系统室内不允许接装电炉、插座、保险等可能产生电火花的器具。

（4）加强站内通信直流系统进出电缆的运行监测，保障电缆无超温或带病运行，防止线路着火引起火灾事故。

（5）在日常运行中要注意室内温度和湿度不能超过蓄电池厂家的规定要求，保持系统室内干净、干燥，通风良好，避免由于设备受潮影响系统正常运行。

（6）巡视过程中要特别注意巡视蓄电池绝缘监测装置，看是否能够正常实时监测和显示直流电源系统母线电压、显示母线对地电压和母线对地绝缘电阻以及接地故障，避免因未及时发现线路绝缘不满足要求而造成人员受伤或设备受损。

（7）当系统室内有异味或者异响时，要及时对蓄电池、充电装置、熔断器等设备进行检查。避免未及时查找出故障而导致事故进一步扩大，导致火灾事故。

（8）巡视时要注意对蓄电池出口回路、充电装置直流侧出口回路、直流馈线回路和蓄电池试验放电回路等应装设的保护电器进行检查，避免未及时发现保护电器损坏而造成的设备漏电或系统停运。

（9）在巡视中应检查蓄电池的单体电压值连接片有无松动和腐蚀现象壳体有无渗漏和变形现象，极柱与安全阀周围是否有酸雾溢出，绝缘电阻是否下降，蓄电池温度是否过高等。

（10）当充电机模块发出模块过温告警时，现场人员要检查环境温度是否过高、散热孔是否堵塞、模块散热风扇是否转动等，并及时清扫散热孔或防尘网等，避免温度过高而造成火灾事故。

2. 通信直流系统检修

（1）配电屏、蓄电池组的维护通道应铺设绝缘胶垫，蓄电池的维护要由专业或者经过培训的人员进行，要注意高压触电危险。

（2）检修人员必须穿绝缘鞋、佩戴绝缘手套、安全帽，做好防护措施，确保人身安全。

（3）要保持检修现场干净，严防液体或其他外来物体进入蓄电池充电电源箱体内。

（4）开展检修时不能将蓄电池盒体打开，电解液会对皮肤和眼睛造成伤害，如果不小心接触到电解液，应立即用大量的清水进行清洗并去医院检查。

（5）当系统蓄电池需要更换时，必项由专业技术人员进行更换，更换出来的电池必须送交特别的循环再造机构处理。

（6）开展蓄电池充放电试验时，试验仪器周围设置警示线禁止人员通过并悬挂相关安全标识牌，蓄电池充放电相关工具要齐全，并通过有关部门检测合格。

（7）蓄电池充放电试验人员要配备齐全，所有参与人员要经安全技术交底，在开始试验前要仔细阅读蓄电池厂家的资料，熟悉安全注意事项。

（8）直流系统异常情况在处理时可能会带电作业，一定要采取安全措施，并且在不影响系统运行的情况下，尽量进行必要的局部隔离，如检查更换充电机模块单元时，要断开相应交流空气开关，检查电池是否为可分开电池回路，断开电池熔断器（空气开关）等，另外对在更换元器件时拆下的线头要进行捆扎处理，不能人为扩大故障范围。

8.3　UPS 系统

8.3.1　概述

不间断电源系统（Uninterruptible Power System，UPS）是将蓄电池与系统主机相连接，通过主机逆变器等模块电路将直流电转换成交流电的系统设备，UPS 一般由充电器、逆变器、电池、静态开关、手动维护开关旁路、馈线柜等部分组成。UPS 与直流操作电源系统一起，组成电站的专用不间断电源，向计算机、通信设备、事故照明及其他不能停电的设备供电。UPS 如图 8 - 2 所示。

UPS 运行方式、特点及技术特性见表 8 - 4。

UPS 模块

电池模块

支座

背板模块

图 8-2 UPS

表 8-4 UPS 运行方式、特点及技术特性

运行方式		特 点	技 术 特 性
单机运行方式	正常运行模式	UPS 负载由主电源经过系统整流器、逆变器之后直接给负载进行供电	（1）运行方式结构简单，在出现故障时便于进行完全隔离开展检修；由于结构简单可以实现无间断操作，可将 UPS 进行完全隔离。 （2）可靠性差，由于只有一台 UPS 向负载供电，一旦出现故障，将立即影响负载的电源供应。 （3）安全性差，当出现故障，成功转由旁路向负载供电时，由于主机内部还有部分带电，检修时不能停电，造成检修过程中有较大风险
	蓄电池供电模式	当系统的整流器故障或者正常工作电源失压时，将由蓄电池直流系统母线经过逆变后输出交流电继续供电	
	旁路供电模式	当逆变器发生故障时，系统供电由备用电源向 UPS 母线进行供电	
双机运行方式	主从设备运行方式	两套 UPS 只有一套在运行，另外一套处于备用状态	（1）主从设备运行方式：将一台电源的输出接入另外一台电源的旁路电源。在主电源失电且一台蓄电池放电结束后，旁路电源输出给负载的依然是另一台 UPS 逆变器的输出。在主机发生故障时，负载接受的依然是稳定的 UPS 输出电源（即从机 UPS 的逆变输出），有效提高了稳定性。 （2）双机并联模式：正常由两台并联输出，正常运行是平均分配负载电流，一台发生故障时，另一台承受全部负载电流，当同时故障时，才会切至旁路电源，大大提高了可靠性。
	双机并联运行方式	两套 UPS 并列运行，同时给负载提供电源	

续表

运行方式	特　点	技　术　特　性
双机运行方式	单双机运行方式	两套 UPS 单独运行，同时给负载提供电源	（3）双单机运行：结构简单可靠性高，多路电源同时供电，可以实现无间断切换。两台之间无需通信，避免了因通信造成的误动作；组合形式灵活多变，降低了对旁路电源的要求。但是需要增加双电源自动切换装置增加成本；对双电源自动切换装置可靠性要求较高

8.3.2　施工安全技术

1. UPS 系统安装

（1）开展系统安装前要严格执行"两票"制度，办理工作票。

（2）进行安装前要正确穿戴好安全防护用品，做好防护措施。

（3）设备应安装在水平硬质地面。如果是防静电活动地板，则需考虑地板的承重能力，应根据设备重量来设计与制造钢质托架；设备安装应满足相关规范的减震要求。

（4）蓄电池放置的基架及间距应符合设计要求；蓄电池放置在基架后，基架不应有变形，基架宜接地。抗压设防烈度大于或等于 7 度的地区，蓄电池组应有抗震加固措施。

（5）系统室内通风要保持通畅、干燥且温度和湿度适宜的室内，室内环境温度宜设置为 5～44℃，工作相对温度不大于 93％的（40±2）℃，且不凝露。

（6）系统设备若是在低温下拆装使用，可能会有水滴凝结现象，一定要等待设备内外完全干燥后才可安装使用，否则有电击危险。

（7）大、中型 UPS 标准机柜的电缆多采用下进下出型。UPS 机柜的通风进气口位于机柜的正面或侧面，出气口在机柜的上部。当采用下进下出安装方式时，安装空间应有电缆夹层或架空地板，架空地板高度不小于 300mm；如为地面安装，需安装在 300mm 高的钢架上，或选用上进上出方式的 USP 机柜。

（8）UPS 安装场地应无灰尘，尤其不应有导电性质的尘埃。否则可能会导致设备内部电路短路而影响 UPS 的可靠运行。

（9）为了便于操作、设备维修和设备散热，设备机柜四周至少留有 500～1000mm 的空间，上部宜留有 1000mm 的空间。机房冷却通风系统要能够完全散发 UPS 设备产生的热量。

（10）UPS 室内的照明，应使用防爆灯，并至少有一个接在事故照明母线上，开关、插座、熔断器应安装在蓄电池室外。室内照明线应采用耐酸绝缘导线。

（11）安装蓄电池时要戴绝缘手套，使用绝缘工具，当使用扳手时，除扳头外其余金属部分要包上绝缘带，杜绝扳手与蓄电池的正、负极同时相碰，形成正、负极短路故障。

（12）连接蓄电池连接条时应使用绝缘工具，并应佩戴绝缘手套。连接条的接线应正确。

（13）蓄电池安装应平稳，间距应均匀，单体蓄电池之间的间距不应小于 5mm；同一排、列的蓄电池槽应高低一致，排列应整齐。螺栓紧固时，应用力矩扳手，力矩值应符合产品技术文件的要求。

（14）蓄电池在搬运过程中不应触动极柱和安全排气阀。

（15）为了防止人体不小心触及带电部分，要求接线端子处应有绝缘防护罩。

（16）系统室窗户，应安装遮光玻璃或者涂有带色油漆的玻璃，以免阳光直射在蓄电池上。

（17）系统屏柜安装时，两带电导体之间、带电导体与裸露的不带电导体之间的电气间隙和爬电距离均应符合表 8-5 的规定。小母线、汇流排或不同极的裸露带电导体之间，以及裸露的带电导体与未经绝缘的不带电导体之间的电气间隙不小于 12mm，爬电距离不小于 20mm。

表 8-5　　　　　　　　　　　电气间隙和爬电距离

额定绝缘电压 U_i/V	电气间隙/mm	爬电距离/mm
$U_i \leqslant 63$	3.0	3.0
$63 < U_i \leqslant 300$	5.0	6.0
$300 < U_i \leqslant 500$	8.0	10.0

注：1. 当主电路与控制电路或辅助电路的额定绝缘电压不一致时，其电气间隙和爬电距离可分别按其额定值选取。

2. 具有不同额定值主电路或控制电路导电部分之间的电气间隙与爬电距离，按最高额定绝缘电压选取。

（18）系统屏（柜、台）结构应考虑安全接地措施并确保保护电路的连续性，接地连接处应有防锈、防污染的措施，接地处应有明显的标记。

（19）系统内会产生直接触电的屏柜防护应从结构上考虑防护措施，例如加隔离挡板、防护门，加绝缘防护等。对会产生间接触电的部位应采用保护电路进行防护，且要保证各裸露的非带电导电部件之间以及它们与保护电路之间的电连续性，屏柜内任意接地的点至总接地点之间的电阻应不大于 0.1Ω。

2. UPS 运输

（1）在装卸蓄电池时应小心装卸电池箱，严禁摔掷翻滚、重压。避免粗暴装卸而导致电池短路或损坏，从而致使电池泄漏、破裂、爆炸或着火。

（2）运输过程中要保持环境通风、干燥和凉爽，避免受到暴晒或受潮。同时要对电池箱进行固定，不得受剧烈机械冲击及倒置。

（3）运输过程中要将电池保存在原包装中，当多箱电池箱堆叠在一起，最下层箱中的电池有可能受损并导致电解质泄漏，电池箱堆叠的高度不可超过制造商规定的高度。

（4）在运输的过程中，要对沿途路况进行勘察，了解路、桥、涵洞等的承重与宽度，必要时请交通部门进行协助通过。

（5）对道路运输驾驶人员要求做到"八不"。即"不超载超限、不超速行车、不强行超车、不开带病车、不开情绪车、不开急躁车、不开冒险车、不酒后开车"。保证精力充沛，谨慎驾驶，严格遵守道路交通规则和交通运输法规。

（6）做好危险路段记录并积极采取应对措施，特别是山区道路行车安全，要做到"一慢、二看、三通过"。

（7）发生事故时，应立即停车、保护现场、及时报警、抢救伤员和货物财产，协助事故调查。

（8）不违章作业，驾驶人员连续驾驶时间不超过 4h。

8.3.3　运行安全技术

1. UPS 运行

（1）系统正常运行过程中，运行人员要加强对 UPS 的定期检查和力度，严密监视系统的运行温度，要保持机房清洁，定期清理系统散热风口、风扇及过滤网等。

（2）当 UPS 内开关刀闸位置有过热发红时，要及时检查隔离开关接头位置是否正常，避免由于隔离开关长时间过热而引起火灾事故。

（3）加强 UPS 系统进出电缆的运行检查，保障电缆无超温、过载，或带隐患运行，防止电缆线路着火引发火灾。

（4）对 UPS 系统巡视过程中要注意眼观、耳听、鼻闻，当有异味或异响时及时检查系统是否出现设备过热、蓄电池电解液溢出等情况。

（5）系统运行时要避免充电模块风扇被物体堵塞，防止充电模块过热而引发设备故障或者是火灾，系统不适宜接吹风机、电热器之类的电器设备，以确保 UPS 电源的安全。

（6）UPS 系统运行中，必须严格按照正确的开机、关机顺序进行操作，避免突然加载或突然减载时造成 UPS 的输出电压波动过大，从而使 UPS 无法正常工作。

（7）开展巡视检查过程中有异味时，要检查系统蓄电池是否有漏液、"冒顶"和膨胀等现象发生，防止未及时发现隐患而造成环境污染和设置腐蚀。

（8）开展设备巡视检查时，要检查系统连接部分是否有过热色变和分层脱落等现象，并确认所有的电力电缆紧固连接端都被牢固连接。

（9）巡视过程中要注意听噪声是否有可疑的变化，特别注意听 UPS 的逆变器输出变压器的响声。当出现异常的"吱吱声"时，可能是逆变器输出变压器存在接触不良或匝间绕组绝缘不良现象，要及时将设备停运进行检修。

2. UPS 维护

（1）UPS 设备及蓄电池的维护要由专业或者经过培训的人员进行，要注意高压触电危险。

（2）UPS 及配电屏、蓄电池组的维护通道应铺设绝缘胶垫。

（3）检修人员必须穿绝缘鞋、佩戴绝缘手套、安全帽，做好防护措施，确保人身安全。

（4）要保持检修现场干净，严防液体或其他外来物体进入 UPS 电源箱体内。

（5）UPS 检修工作必须严格按照相关的检修指导文件机进行，必要时需要厂家配合进行。

（6）系统检修前需严格按照检修、维护操作流程进行，除了将 UPS 电源置于完全停机状态，还应完全切断市电电源、交流旁路电源和蓄电池等输入电源的供电通道。

（7）UPS 一般连接有电池，即使在未接交流市电的情况下，其输出端仍可能会有电压存在，必须保证 UPS 完全停机，市电输入、电池输入的空开断开，才能开展检修。

（8）开展检修时勿将 UPS 蓄电池盒体打开，电解液会对皮肤和眼睛造成伤害，如果不小心接触到电解液，应立即用大量的清水进行清洗并去医院检查。

（9）UPS 蓄电池必项由专业技术人员进行更换，更换出来的电池必须送交特别的循环再造机构处理。

8.4 事故及异常处理

8.4.1 站用直流系统事故及异常处理

（1）220V 直流系统两级对地电压绝对值超过 40V 或绝缘能力降低到 25kΩ 以下，48V 直流系统任一级对地电压有明显变化时，应视为直流系统接地。

（2）直流系统接地后，应立即查明原因，根据接地选线装置指示或当日工作情况、天气和直流系统绝缘异常状况，找出接地故障点，并尽快消除。

（3）使用拉路法查找直流接地时，至少由两人进行，断开直流系统的时间不得超过 3s。

（4）推拉检查应先推拉容易接地的回路，依次推拉事故照明、防误闭锁装置回路、户外合闸回路、户内合闸回路、6～10kV 控制回路、其他控制回路、主控制室信号回路、主控制室控制回路、整流装置和蓄电池回路。

（5）蓄电池熔断器熔断后，应立即检查处理，并采取相应措施，防止直流母线失电。

（6）当直流充电装置内部故障跳闸时，应及时启动备用充电装置代替故障充电装置运行，并及时调整好运行参数。

（7）直流电源系统设备发生短路、交流或直流失压时，应迅速查明原因，消除故障，投入备用设备或采取其他措施尽快恢复直流系统正常运行。

（8）蓄电池发生爆炸、开路时，应迅速将蓄电池总熔断器或空气开关断开，投入备用设备或采取其他措施及时消除故障，恢复正常运行方式。

8.4.2　通信直流系统事故及异常处理

（1）系统充电装置发出异常声响或有异味时，首先及时检查充电机散热风扇是否正常，并停止充电装置运行。

（2）系统设备室出现火灾时应该迅速断开与火灾部位相连的设备，并及时用干粉灭火器进行灭火。

（3）当系统柜内直流母线发生接地时，要穿戴好安全劳保防护品后才能查找接地点。

（4）如果系统蓄电池壳体或盖子被损坏，蓄电池电解液溅入眼睛时，要立即用清水冲洗并就医。

（5）在对直流接地故障进行查找时，要确保两个人一同完成。避免工作人员触电，将安全监护工作做好。

（6）处理系统接地故障时，要注意将拆下的线头进行包裹，避免造成直流短路和另一点接地。

（7）当系统一点接地时，禁止在二次回路上工作，禁止用假接地的方式来检查故障点。

8.4.3　UPS 事故及异常处理

（1）运行中发现 UPS 充电装置发出异常声响或有异味时，首先要及时检查充电机散热风扇是否正常，并停止充电装置运行。

（2）当系统柜内直流母线发生接地时，要穿戴好安全劳保防护品后才能查找接地点。

（3）如果电池壳体或盖子被损坏，蓄电池电解液溅入眼睛时，要立即用清水冲洗并就医。

（4）UPS 系统设备出现短路、电缆绝缘胶皮烧坏、冒烟等情况时应立即将低压配电室 UPS 电源全部停掉，停用通风装置。并用"1211""二氧化碳"等干式灭火器进行灭火。

（5）系统设备室出现火灾时应该迅速断开与火灾部位相连的设备，并及时用干粉灭火器进行灭火。

（6）在进行 UPS 设备故障处理过程中，可能由于安全措施不到位，误碰带电接线端子，造成人员触电。因此，在对故障 UPS 设备进行故障处理时，要将其退出运行，断开所有开关，并用万用表测量所维修备件回路的带电情况，要保持与带电端子距离，用绝缘板或者绝缘罩将带电部分隔离，处理故障人员要戴手套进行作业。

（7）在对故障 UPS 设备进行维修过程中，由于拆除安装备件可能造成 UPS 机柜晃动，导致 UPS 机柜背部接线松动，因此，在整个 UPS 设备故障处理过程中，要随时检查所维修机柜及正常运行机柜端子接线情况，避免端子松动而引发火灾事故。

8.5 标准依据

直流系统设备施工及运行必须遵照的相关标准及规范见表8-6。

表8-6　　　　　　　直流系统设备施工及运行的标准依据

序号	名　　称	编号或计划号
1	光伏发电站施工规范	GB 50794—2012
2	电业安全工作规程　第1部分：热力和机械	GB 26164.1—2010
3	电力安全工作规程　发电厂和变电站电气部分	GB 26860—2011
4	电气装置安装工程　蓄电池施工及验收规范	GB 50172—2012
5	通信电源设备安装工程设计规范	GB 51194—2016
6	不间断电源设备 第1-1部分：操作人员触及区使用的UPS的一般规定和安全要求	GB 7260.1—2008
7	光伏系统并网技术要求	GB/T 19939—2005
8	光伏发电工程验收规范	GB/T 50796—2012
9	光伏发电站安全规程	GB/T 35694—2017
10	电力工程直流电源设备通用技术条件及安全要求	GB/T 19826—2014
11	通用阀控式铅酸蓄电池　第1部分：技术条件	GB/T 19639.1—2014
12	不间断电源设备（UPS）　第3部分：确定性能的方法和试验要求	GB/T 7260.3—2003
13	电气装置安装工程　质量检验及评定规程　第9部分：蓄电池施工质量检验	DL/T 5161.9—2002
14	电力工程直流电源系统设计技术规程	DL/T 5044—2014
15	电力系统用蓄电池直流电源装置运行与维护技术规程	DL/T 724—2000
16	电力系统二次电路用控制及继电保护屏（柜、台）　通用技术条件	JB/T 5777.2—2002
17	电力通信系统防雷技术规程	CECS 341—2013
18	UPS与EPS电源装置的设计与安装	15 D202—3
19	变电站直流电源系统技术规范	Q/CSG 1203003—2013

第9章 调度通信系统设备施工及运行安全技术

调度通信系统可有效地将实时语音、数据进行无缝地整合,在有效提高系统信息安全性的前提下,可充分满足电力集团内部通信和人员调度指挥业务,实现具体到每个服务小组和工作人员的多级调度数据流转、实时采集现场工作数据,实现语音、图像、消息、指令实时发布及传送,实现部门间信息高效流转。本章主要从调度通信系统设备中的网络交换机、路由器、纵向加密认证装置、防火墙、PCM 脉冲编码调制设备、SDH 光传输设备及调度电话设备等方面介绍其施工及运行维护过程中的安全技术知识。

9.1 网络交换机

9.1.1 概述

网络交换机是一个扩大网络的器材,能为子网络提供更多的连接端口,以便连接更多的计算机。随着通信业的发展以及国民经济信息化的推进,网络交换机市场呈稳步上升态势。它具有性能价格比高、高度灵活、相对简单、易于实现等特点。因此,以太网技术已成为当今最重要的一种局域网组网技术,网络交换机也就成为了最普及的交换机。网络交换机外观图如图 9-1 所示。

图 9-1 网络交换机外观图

网络交换机类型、特点及技术特性见表 9-1。

表 9-1 网络交换机类型、特点及技术特性

类 型		特 点	技 术 特 性
网络覆盖范围的不同	局域网交换机		交换机的工作模式决定了其转发数据帧的速率,对大型网络来说,交换机的转发速度越快,其延时就越小,但数据的可靠性就越难保证。因此,应视网络情况选择不同工作模式的交换机。交换机的工作模式主要有以下特点:
	广域网交换机		

类 型		特 点	技 术 特 性
根据传输介质和速度的不同	以太网交换机		（1）直通交换（cut - through）。直通交换方式是指输入端口一旦接收到数据帧，就立即根据目的地址启动内部的动态查找表，在交换机的输入和输出交叉处接通，迅速把数据帧转发到相应端口，实现交换功能。该工作模式由于不对数据帧进行缓存和校验，因此延迟非常小，速度快。但因其没有进行帧校验，因此不能提供错误校验功能，即可能将错误的数据帧转发，导致网络资源浪费，并且由于不同速率的数据帧在输入（输出）端口不易直接接通，因此数据包容易被丢弃。
	FDDI 交换机		
	Token 交换机		
	ATM 交换机		
根据网络分级设计模型的不同	核心层（core layer）交换机	复杂的网络一般划分为核心层、汇聚层和接入层	（2）碎片隔离（fragment - segregate）。在碎片隔离的交换方式下，交换机通过对无效碎片帧的过滤来减少错误帧的转发，通常在转发前先检查数据包的前 64bit。如果有小于 64bit 的数据包则将其丢弃；反之则转发该数据包。此方式由于经过碎片帧的检验，因此数据处理速度比直通交换慢。
	汇聚层（distribution layer）交换机		
	接入层（access layer）交换机		
根据交换机工作协议的不同	二层交换机	目前使用最为普遍的是二层交换机，它可以在不同的端口之间完成目的 MAC 地址的寻址，具有很强的包处理能力，主要用于小型局域网中数据包的快速转发	（3）存储转发（store - and - forward）。存储转发是网络中交换机最为广泛的工作模式，相对于直通交换，交换机中增加了高速缓冲存储器，将输入输出分组进行存储直到形成一个完整的数据帧，再进行 CRC 校验（循环冗余码校验），确认数据帧无误后，转发到相应端口。此方式可靠性较高，能减少帧错误率，但由于数据帧的校验会产生延迟，因此数据处理速度较慢。此方式可以支持异种网络的互联，如 Ethernet - Token、Ethernet - FDDI 等，且很容易在不同速率的输入输出端口之间转换，保持不同速率端口之间的协同工作
	三层交换机		
	四层交换机		

9.1.2 施工安全技术

网络交换机安装的施工安全技术主要内容为：

（1）安装位置应符合设计要求。

（2）确认机柜及工作台足够牢固，能够支撑交换机及其安装附件的重量。交换机的安装应牢固、可靠、不晃动，确保垂直水平，排列整齐。

（3）安装时请不要将交换机放在水边或潮湿的地方，以防止水或潮湿的空气进入交换机机壳。不要放在不稳的箱子或桌子上，避免跌落对交换机造成严重损害。

（4）安装处应保持通风良好，并确保交换机的入风口及通风口处留有空间，以利于交换机机箱散热。

（5）安装地点应满足交换机对环境温度和湿度要求。

（6）网络交换机安装地点应远离强功率无线电发射台、雷达发射台、高频大电流设备。必要时采取电磁屏蔽的方法，如接口电缆采用屏蔽电缆。

（7）网络交换机接口电缆要求在室内走线，禁止户外走线，以防止因雷电产生的过电压、过电流将设备信号口损坏。

（8）交流供电系统为 TN 系统，交流电源插座应采用有保护地线（protective grounding，PE）的单相三线电源插座，使设备上滤波电路能有效地滤除电网干扰。

（9）安装时应确保相关网络配线布置完善。配置电缆、电源输入电缆连接正确；选用电源与交换机的标识电源应保持一致。

（10）线缆要布置整齐，未使用的端口要进行软件密存及物理封堵。

（11）设备上电前，必须确认交换机保护接地线已连接。

9.1.3　运行安全技术

1. 网络交换机运行

（1）网络交换机要在正确的电压下才能正常运行，运行时请确认工作电压与交换机所标示的电压相匹配。

（2）为减少受电击的危险，在网络交换机运行时不要打开外壳，即使在不带电的情况下，也不要随意打开交换机机壳。

（3）应确保网络交换机在符合要求的温度和湿度环境下运行。

（4）网络交换机机身禁止放置任何重物。

2. 网络交换机维护

（1）运行人员每日应按时对网络交换机运行情况进行巡视，检查交换机是否正常运行，运行环境是否满足要求，散热系统是否正常。

（2）在清洁交换机前，应先将网络交换机电源插头拔出。不可用湿润的布料擦拭交换机，不可用液体清洗交换机。

（3）电源接头与其他设备连接要牢固可靠，并经常检查线路的牢固性。

（4）在更换接口板时一定要使用防静电手套，防止静电损坏单板。

（5）网络交换机的可选光口板若处于工作状态，请不要直视这些光接口，因为光纤发出的光束具有很高的能量，可能会伤害视网膜。

9.2　路由器

9.2.1　概述

路由器是重要的网络互联设备，制定路由器安全技术要求对于指导路由器产品安全性的设计和实现，保障网络安全具有重要的意义。路由器外观图如图 9-2 所示。

路由器基本功能及技术特性见表9-2。

图 9-2　路由器外观图

表 9-2 路由器基本功能及技术特性

基 本 功 能	技 术 特 性
路由器的主要功能就是在不同网络之间进行数据包转发，为经过路由器的每个数据包寻找一条最佳传输路径。 路由器作为第三层设备，数据转发决定主要是根据 IP 数据包的目的 IP 地址字段而作出的，作出决定的过程称为路由	网络路由。一个在网络中有特定网络 ID 的路由（路径）
	主机路由。一个有特定网络地址（网络 ID 和主机 ID）的路由。主机路由允许智能化的路由选择。主机路由通常创建控制和优化特定网络通信的定制路由
	默认路由。一个当别的路由在路由表中未被找到时使用的路由。如果一个路由器或终端系统（如装有 Microsoft Windows 和 Linux 的个人电脑），找不到到达目的地的路由时就会使用默认路由

9.2.2 施工安全技术

（1）安装位置应符合设计要求。

（2）根据图纸机架应固定牢固、可靠、不晃动，确保垂直水平，排列整齐。

（3）线缆要布置整齐，未使用的端口要进行软件密存及物理封堵。

（4）检查路由器电路插板、状态是否显示正常，通信网络是否告警或异常。

9.2.3 运行安全技术

（1）路由器应执行自主向制策略，通过管理员属性表，控制不同管理员对路由器的配置数据和其他数据的查看、修改，以及对路由器上程序的执行，阻止非授权人员进行上述活动。

（2）路由器应具有登录超时锁定功能。在设定的时间段内没有任何操作的情况下终止会话，需要再次进行身份鉴别才能够重新操作。最大超时时间仅由授权管理员设定。

（3）路由器应有登录历史记录功能，为管理员提供系统登录活动的有关信息，使管理员识别入侵的非涉密计算机，严禁处理、存储、传输国家涉密信息。

（4）路由器应为管理员提供锁定交互会话的功能，锁定后需要再次进行身份鉴别才能够重新管理路由器。

9.3 纵向加密认证装置

9.3.1 概述

纵向加密认证装置是电力监控系统安全防护体系中用于通信保密的专用密码设备，属于行业专用产品，是电力监控系统安全防护的核心设备。主要部署在各级电力调度数据网络中，为上下级调度控制中心间、调度控制中心与变电站间、调度控制中心与发电厂间的网络提供边界隔离与传输安全保障，是保护国家电力调度通信信息基础的重要数据加密设备。纵向加密认证装置外观图如图 9-3 所示。

1. 基本功能

纵向加密认证装置主要用于控制生产大区的广域网边界防护，为广域网通信提供认证和加密功能，实现数据传输的机密性保护、完整性保护。同时具有类似防火墙的安全过滤功能。

2. 安装位置

纵向加密认证装置安转于电力控

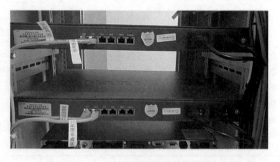

图 9-3　纵向加密认证装置外观图

制系统内部局域网和电力调度数据网的路由器之间，为安全Ⅰ区与安全Ⅱ区提供广域边界保护，同时为上下级控制系统之间的广域网通信提供认证和加密服务。典型的电力监控纵向加密认证装置布置如图 9-4 所示。

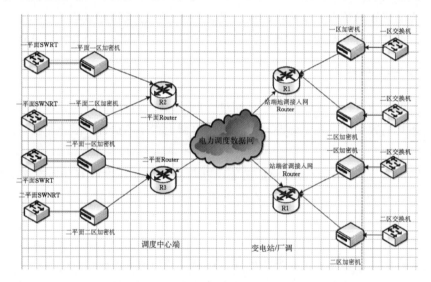

图 9-4　纵向加密认证装置布置

3. 工作机制

加密功能通过密钥实现，现代密码学所有的密码算法必须是公开的，只有密钥是保密的。因此密钥的机密性决定了算法的保密性。根据加密和解密所需的密钥是否相同，加密算法可分为对称密钥算法和非对称密钥算法（即公开密钥算法、双密钥算法）。

对称密钥算法的特点：数据的加密与解密都是用同一个密钥；在算法公开的前提下所有的秘密都隐藏在密钥中。为保证密钥的机密性，密钥本身需要通过秘密通道传输。

非对称密钥算法的特点：数据的加密和解密算法有两个密钥，一个公开密钥（公钥）、一个私密密钥（私钥）；公钥和私钥是一一对应关系，同属于一个用户；这一对密钥可以反向使用，即私钥可以用于加密、公钥用于解密；不需要建立秘密通道传输密钥。

9.3.2　施工安全技术

（1）纵向加密认证装置须具备数据加密模块，对传输的数据进行加密和解密，最好使用硬件加密方式，将算法和密钥都封装在硬件中，使攻击者无法获取密钥，提高数据的安全性。

（2）纵向加密认证装置须具备密钥协商模块，对纵向加密认证装置之间的认证和通信进行会话密钥的协商，具备身份认证和会话密钥传输功能。

（3）纵向加密认证装置须具备 IP 报文过滤模块，主要通过设置数据包过滤规则，分析数据包的报头，根据事先设置的规则确定数据包是允许通过还是被拒绝。

（4）纵向加密认证装置必须具备安全管理模块，实现本地管理和远程管理功能。

（5）纵向加密认证装置必须具备双机热备模块，主要是指配置两台服务器，互为备份，当其中一台故障时，可以切换到另一台运行。

（6）纵向加密认证装置必须具备设备监控模块，主要负责监视装置内部的运行情况和加密卡的工作状态，如发现异常，立刻示警。

（7）纵向加密认证装置须取得国家指定部门的检测认证，不得使用存在漏洞和风险的设备，禁止选用具有无线通信功能的加密认证装置。

（8）纵向加密认证装置投运前应该完成调度部门的技术监督检查，完成投运前的验收工作。

9.3.3　运行安全技术

（1）纵向加密认证装置运行中应设置专人管理，制定电力监控系统安全防护管理规定。

（2）纵向加密认证装置登录密码要分级管理，相应的管理人员应该签订对应的保密协议，不得允许无关人员随意登录纵向加密认证装置，查看和修改内部数据。

（3）纵向加密认证装置空闲的网口、接口应该封闭，维护和运行查看用的计算机应该专用，防止因外联非专用的计算机或其他移动存储介质而感染病毒或受到攻击。

（4）对纵向加密认证装置的维护工作，必须报调度部门同意，经批准后方可开展相关工作，维护作业时应该履行工作票手续。

（5）对包括纵向加密认证装置在内的电力监控防护系统应该建立安全风险评估制度，分阶段对系统进行全面风险评估，始终确保电力监控防护系统的信息安全。

（6）应该加强对纵向加密认证装置的运行巡检，查看设备电源、显示、报警指示等是否正常，查看装置所处的环境防火、防震、防静电、防雷等设施是否满足要求。

（7）纵向加密认证装置安装的房间应该设置门禁系统和视频监控系统，严格执行管理规定，禁止无关人员操作设备。

应该制定包括纵向加密认证装置在内的电力监控防护系统应急预案，且运行中每年不少于两次应急演练。

9.4　防火墙

9.4.1　概述

　　防火墙指的是一个由软件和硬件设备组合而成，在内部网和外部网之间、专用网与公共网之间的界面上构造的保护屏障。

防火墙是一种保护计算机网络安全的技术性措施，它通过在网络边界上建立相应的网络通信监控系统来隔离内部和外部网络，以阻挡来自外部的网络入侵。防火墙装置外观图如图 9-5 所示。

图 9-5　防火墙装置外观图

　　防火墙类型、特点及技术特性见表 9-3。

表 9-3　　　　　　　　　　防火墙类型、特点及技术特性

类型	特　点	技　术　特　性
包过滤防火墙	包过滤是防火墙是最早采用的技术。包过滤防火墙工作在 ISO/OSI 七层网络模型的传输层以下，对经过防火墙的数据包的头部字段进行检查过滤。在 TCP/IP 体系结构下，数据被分割成一定大小的数据包在网络上传输，每一数据包的头部都会包含一些特定的信息，包括数据包的源 IP 地址、目的 IP 地址、封装协议（TCP、IP、ICMP 等）、TCP/UDP 源端口号和目的端口号等	包过滤防火墙主要优点是： （1）使用比较简单，不需要专门培训用户或者使用专用的客户端和服务器程序。 （2）能够快速处理数据包，易匹配大多数网络层和传输层的数据包信息，能在实施安全策略时提供较好的灵活性。 包过滤防火墙主要缺点是： （1）过滤规则可能比较复杂，不易配置。 （2）由于包过滤是无状态的，不能阻止应用层的攻击。因此包过滤防火墙不能阻止所有类型的攻击。 （3）包过滤防火墙的处理能力有限，只对某些类型的 TCP/IP 攻击比较敏感。 （4）不支持用户的连接认证。 （5）日志功能有限，当系统被入侵或者被攻击时，很难得到大量的有用信息
代理防火墙	代理防火墙的工作原理与包过滤防火墙的工作原理截然不同。代理防火墙工作在 ISO/OSI 七层网络模型的应用层，采用代理技术实现网络连接。防火墙为经过它的每种应用建立一个代理，内部网络和外部网络之间没有直接的服务连接，它们之间的数据都是经过防火墙代理传输的。数据经过防火墙代理后，网络间的数据包就好像都是源于防火墙上的网络接口一样，从而实现内部网络和外部网络的相互隐藏	代理防火墙主要优点是： （1）支持可靠的用户认证并提供详细的用户身份信息。 （2）能够监控连接上的所有数据，及时检测到攻击。 （3）能够监控和过滤应用数据，用于应用层的过滤规则相对于包过滤防火墙的过滤规则来说更容易配置和测试。 （4）能够提供详细的日志记录和安全审计功能，帮助管理员发现包过滤功能难以发现的攻击行为。 代理防火墙主要缺点是： （1）代理防火墙用软件处理数据包容易造成性能瓶颈。 （2）只支持有限的应用，不能支持所有的应用

类型	特　　点	技　术　特　性
状态检测防火墙	状态检测防火墙在传统的包过滤技术上进了扩展，采用状态检测包过滤技术，解决了传统包过滤防火墙数据吞吐量低和无法提供全局安全信息的问题	状态检测防火墙主要优点是： （1）具有检查 IP 包每个字段的能力，并遵从基于包中信息的过滤规则。 （2）识别带有欺骗性源 IP 地址包的能力。 （3）具有基于应用程序信息验证一个包状态的能力，允许一个先前认证过的连接继续与被授予的服务通信。 （4）具有记录通过的每个包详细信息的能力。 状态检测防火墙主要缺点是： 所有这些记录、测试和分析工作可能会造成网络连接的某种迟滞

9.4.2　施工安全技术

1. 防火墙安装

（1）安装位置应符合设计要求（工作环境温度建议为 15～25℃、工作环境湿度 9%～90%、灰尘粒子直径不小于 5μm）。

（2）防火墙安装时要确保防火墙入风口及通风口处留有足够空间（建议大于 10cm），以利于防火墙机箱的通风散热。

（3）防火墙安装时要确保防火墙及机柜良好接地，且满足接地电阻要求（不大于 1Ω）。

（4）防火墙安装要达到更好的抗干扰效果，应做到对供电系统采取有效的防电网干扰措施。

（5）防火墙部署位置要满足网络安全防护要求，安全策略配置完整。

（6）线缆要布置整齐，未使用的端口要进行软件密存及物理封堵。

2. 防火墙安装故障处理

（1）电源故障处理：检查电源线是否插牢，检查所用电源线是否损坏，检查外置供电系统是否正常。

（2）终端无显示故障处理：检查实际选择的网口与终端设置的网口是否相符，检查配置终端参数设置是否正确。

（3）接口模块故障处理：检查接口模块选配电缆是否正确，检查接口模块选配电缆是否连接正确，检查配置中命令显示接口模块的接口是否配置并正常工作。

9.4.3　运行安全技术

1. 防火墙运行检查

（1）设备运行环境检查：检查机房温度是否为 15～25℃，检查机房相对湿度是否为 5%～90%，检查机房空气中灰尘含量是否满足要求。

（2）设备运行状态检查：检查电源指示灯是否显示正常，检查系统指示灯是否显示正常，检查防火墙是否告警，检查线缆连接是否安全可靠，检查接地线连接是否安全可靠。

（3）设备运行配置检查：检查系统时间是否设定正常，运行状态信息是否显示正常，检查系统各功能项配置是否正常，是否符合网络安全规划设计要求，检查日志中有无异常告警记录，对日志进行分析。

2. 防火墙常见故障处理

（1）防火墙故障诊断流程：

1）检查物理链路状态。

2）检查防火墙的缺省动作是拦截还是放行。

3）检查接口是否加入正确的域。

4）检查 ARP 表项是否正确。

5）检查 ACL 规则的匹配情况。

6）检查 NAT 现项是否正确。

7）检查 ASPF 是否启用，是否应用到正确的接口、正确的方向。

8）检查域统计功能是否开启。

（2）防火升级版本：

1）在线升级：通过 TFTP/FTP 将主机文件上传替换原来的版本文件，然后重启。

2）菜单升级：通过 XModem 或 TFTP 方式进行版本升级，然后重启。

（3）关键字过滤设置后不生效：检查 ASPF 是否配置为检测 HTTP，检查 ASPF 是否应用到接口或者域间，查看过滤记录。

（4）接口配置 IP 地址后，ping 不通：检查防火墙物理链路状态，确保物理接口加入区域中的一个，检查防火墙的域间策略配置，检查是否存在对端设备的 MAC 地址，通过命令查看报文的收发情况。

（5）攻击防范故障处理：

1）配置端口扫描和地址扫描攻击防范及动态黑名单后在防火墙上看不到攻击日志，同时没有把扫描地址动态加入到黑名单里：检查扫描工具的扫描速度是否超过配置文件文件设置的每秒的 max-rate 值，检查是否启用黑名单功能，检查连接发起方向的域 IP 统计功能是否开启。

2）防火墙双出口通过策略路由进行业务分担，开启攻击防范后网络不通了：防火墙做策略路由的组网与 IP-Spoofing 攻击防范冲突，因此在策略路由的组网中不能开启 IP-Spoofing 攻击防范。

9.5　PCM 脉冲编码调制设备

9.5.1　概述

脉冲编码调制（pulse codo modulation，PCM）是把一个时间连续、取值连续的模拟信号变换成时间离散、取值离散的数字信号使其在信道中传输。PCM 是对模拟信号进行抽样、量化和编码。通俗地解释 PCM 就是：使用 AD 转换器以一定的频率（采样率，如 8kHz 等）和一定的采样位深度（位深，如 8 位、12 位、24 位等）对原始信号进行采集和模数转换，得到的数据即为相应的数字信号，其所用的设备就叫 PCM 设备。PCM 外观图如图 9-6 所示。

图 9-6　PCM 外观图

1. 基本原理

脉冲编码调制就是把一个时间连续、取值连续的模拟信号变换成时间离散、取值离散的数字信号后使其在信道中传输。脉冲编码调制就是对模拟信号先抽样，再对样值幅度量化、编码的过程。

抽样就是对模拟信号进行周期性扫描，把时间上连续的信号变成时间上离散的信号，抽样必须遵循奈奎斯特抽样定理。该模拟信号经过抽样后还应当包含原信号中所有信息，也就是说能无失真地恢复原模拟信号。它的抽样速率下限是由抽样定理确定的。

量化就是把经过抽样得到的瞬时值进行幅度离散，即用一组规定的电平，把瞬时抽样值用最接近的电平值来表示，通常是用二进制表示。

量化误差是量化后的信号和抽样信号的差值。量化误差在接收端表现为噪声，称为量化噪声。量化级数越多误差越小，相应的二进制码位数越多，要求传输速率越高，频带越宽。为使量化噪声尽可能小而所需码位数又不太多，通常采用非均匀量化的方法进行量化。非均匀量化根据幅度的不同区间来确定量化间隔，幅度小的区间量化间隔取得小，幅度大的区间量化间隔取得大。

一个模拟信号经过抽样量化后，得到已量化的脉冲幅度调制信号，它仅为有限个数值。编码则是将量化后的数字信号（多进制）表示为二进制码组输出的过程。从调制的角度来看，PCM 编码过程可以认为是一种特殊的调制方式，即用模拟信号去改变脉冲载波序列的有无。PCM 码组经数字信道传输到接收端后，先对 PCM 码组进行译码，然后通过理想低通滤波器滤波，就得到重构的模拟信号 $f'(t)$。

2. 技术特性

（1）PCM 脉冲编码调制设备主要优点是：

1）抗干扰能力强。

2）差错可控。

3）易加密。

4）易于与现代化技术相结合。

5）线路使用费用相对便宜。

6）能够提供较大的带宽。

7）接口丰富便于用户连接内部网络。

8）可以承载更多的数据传输业务。

（2）PCM 脉冲编码调制设备主要缺点是：

1）频带要求高。

2）设备系统结构复杂。

9.5.2　施工安全技术

（1）安装位置应符合设计要求。

（2）根据图纸机架固定牢固、可靠、不晃动，确保垂直水平，排列整齐。

（3）安装时要确保 PCM 及机柜良好接地，且满足接地电阻要求（不大于 1Ω）。

（4）铺设 2Mb/s 线缆和音频线缆要捆扎牢固，避免线缆相互交叉。

9.5.3　运行安全技术

1. 日常运行维护

PCM 设备日常运行维护分两方面进行：

（1）PCM 设备的中心网站维护，网站维护就是工作人员通过自动监测设备对每个站点的 PCM 设备运行状态中的数据进行监测并形成档案，当数据异常时表示 PCM 设备出现故障，工作人员可以通过异常数据出现点，判断故障发生的位置。

（2）PCM 设备的分路站网维护人员通过 PCM 设备的指示灯、仪表数据及用户的反馈来判断故障的位置和原因，从而找出解决的办法。

2. 例行维护

例行维护就是在每日或每周的固定时间对设备进行全面的检查，主要对电源、单板两个部件进行具体的检查，然后根据日常维护的数据进行复查。电源的检查主要是通过电压和电流的监测来实现，然后对 PCM 的安全性进行确认。单板检查则是对指示灯是否为报警状态进行判定。

9.6　SDH 光传输设备

9.6.1　概述

同步数字体系（synchronous digital hierarchy，SDH）光传输设备，是一种将复

接、线路传输及交换功能融为一体，并由统一网管系统操作的综合信息传送网络。
SDH 光传输设备可实现网络有效管理、实时业务监控、动态网络维护、不同厂商设备
间的互通等多项功能，能大大提高网络资源利用率、降低管理及维护费用、实现灵活可
靠和高效的网络运行与维护，因此是当今世界信息领域在传输技术方面的发展和应用的
热点，受到人们的广泛重视。SDH 光传输设备外观图如图 9－7 所示。

1. SDH 光传输设备基本原理

光纤通信是以光纤作为传输介质，
以光波作为信息载体的通信方式（即在
发射端把信息调制到光波上，通过光纤
把调制后的光波信号传送到接收端；接
收端经过光波/电转换和调解以后，从
光波信号中分离出传输的信息）。

图 9－7　SDH 光传输设备外观图

2. 光纤通信系统特点

（1）传输频带宽，通信容量大。

（2）中继距离远。

（3）抗电磁干扰能力强，无串话。

（4）光纤和光缆的重量轻、体积小。

（5）制造光纤和资源丰富，可节省有色金属和能源。

（6）均衡容易。

（7）经济效益好。

（8）抗腐蚀，防潮性能好。

3. 技术特性

（1）SDH 传输系统在国际上有统一的帧结构、数字传输标准速率和标准的光路
接口，使网管系统互通，因此有很好的横向兼容性，它能与现有的 PDH 完全兼容，
并容纳各种新的业务信号，形成了全球统一的数字传输体制标准，提高了网络的可
靠性。

（2）SDH 接入系统的不同等级码流在帧结构净负荷区内的排列非常有规律，而净
负荷与网络同步，它利用软件能将高速信号一次直接分插出低速支路信号，实现了一次
复用的特性，克服了准同步数字系统（plesiochronous digital hierarchy，PDH）准同步
复用方式对全部高速信号进行逐级分解然后再生复用的过程，由于大大简化了数字交叉
连接（digital cross connect，DXC）设备减少了背靠背的接口复用设备，改善了网络的
业务传送透明性。

（3）由于采用了较先进的分插复用器、DXC，网络的自愈功能和重组功能就显得
非常强大，具有较强的生存率。因 SDH 帧结构中安排了信号的 5％开销比特，它的网
管功能显得特别强大，并能统一形成网络管理系统，为网络的自动化、智能化、信道的

利用率以及降低网络的维管费和提高生存能力起到了积极作用。

（4）由于 SDH 有多种网络拓扑结构，它所组成的网络非常灵活，它能增强网络监控、运行管理和自动配置功能，优化了网络性能，同时也使网络运行灵活、安全、可靠，使网络的功能非常齐全和多样化。

（5）SDH 有传输和交换的性能，它的系列设备构成能通过功能块的自由组合，实现不同层次和各种拓扑结构的网络，十分灵活。

（6）SDH 并不专属于某种传输介质，它可用于双绞线、同轴电缆，但 SDH 用于远距离传输高数据率则需用光纤。这一特点表明，SDH 既适合用作干线通道，也可用作支线通道。例如，我国的国家与省级有线电视干线网就是采用 SDH，而且它也便于与混合光纤同轴电缆网（hybrid fiber-coaxial，HFC）相兼容。

（7）从 OSI 模型的观点来看，SDH 属于其最底层的物理层，并未对其高层有严格的限制，便于在 SDH 上采用各种网络技术，支持 ATM 或 IP 传输。

（8）SDH 是严格同步的，从而保证了整个网络稳定可靠，误码少，且便于复用和调整。

（9）标准的开放型光接口可以在基本光缆段上实现横向兼容，降低了联网成本。

9.6.2　施工安全技术

1. SDH 光传输设备在 110kV、220kV 变电站应满足的配置要求

（1）110kV 变电站的光传输设备基本单元原则按"1+1"配置，光接口板、业务接口按实际需求配置。

（2）220kV 变电站的光传输设备按双套独立设备设置时，基本单元原则按实际需求配置；按单套设备配置时，基本单元原则按"1+0"配置，光接口板、业务接口按实际需求配置。

（3）光传输网管系统设置在所在地区调度中心，要对所在地区光传输设备进行统一管理。

（4）光电路主要用于电网相关调度、行政电话、远动自动化和计算机信息传输。

2. SDH 光传输设备机械部分要求

（1）机柜应满足机械强度的刚度，其安装固定方式具有抗震性和防震能力，应保证设备经过常规的运输、储存盒安装后不产生破损变形。

（2）机柜采用封闭式结构，设前后门，前门应设置玻璃门，可观察机柜内各设备的运行状况。门应开闭灵活，且不影响机柜内设备正常运行；开启角不小于 90°，门锁可靠。机柜底部应有安装固定孔。

（3）线缆的引入端应在机架的底部（或顶部）。线缆在机架内排放的位置应设计合理，不妨碍或影响日常维护、测试工作的进行。

（4）柜体外形尺寸要求与卖方所供机柜尺寸不符时，应征得买方同意。

（5）设备在机柜内采用嵌入式安装。

（6）为便于运行维护，应利用标准化元件和组件。紧固连接应牢固、可靠，所有紧固件均具有防腐镀层或涂层，紧固连接应有放松措施。

（7）机柜高压防护地与机柜绝缘，绝缘电阻大于 $1000M\Omega/500V$；机柜防护地与机柜间耐压大于 $3000V/min$，不击穿，无飞弧。电源和有高压的地方应有合适的保护联锁装置。

3. SDH 光传输设备现场安装要求

（1）柜体应设有保护接地，接地处应有防锈措施和明显标志。每面机柜应装有不小于 $120mm^2$ 截面的铜接地母线，该接地母线应连接到机柜主框架的前面、侧面和后面，接地母线末端应预装可靠的压接式端子，以备接到通信机房的环形接地体上。所有机柜的接地线与接地母线的接线应至少用两个螺栓。

（2）设备总体机械结构充分考虑安装、维护和扩展容量灵活性。设备各种插件或模块应为嵌入式，不装插件、模块的槽位应提供装饰性盖板。

（3）所有设备的工厂预安装深度要求达到机架级，以尽量减少现场安装工作量。

9.6.3 运行安全技术

（1）设备在加电运行期间，插入或拔出机盘时，任何元件不应受到损坏以免缩短使用寿命。设备接插件必须接触可靠，结构坚固，易于插拔。接插件应有定位和锁定装置。

（2）设备内所有元器件应是全部经过老化处理并经过严格筛选的优良元器件，组装过程应有严格的质量控制，确保长期使用的高可靠性。设备和印刷电路板应平整、无飞线并有防霉喷涂层。

（3）设备电路插板应在明显位置标出名称和代号，安装在电路插板上的器件应有明显的标志。同一品种的电路插板应有完全的互换性，不同品牌的电路插板应有错插保护及防错插功能。

（4）设备电路插板、模块状态显示正常，指示灯无告警或异常。

（5）定期检查设备表面涂料应满足防腐要求，所有支架、子架、单元及器件的表面应光滑平整、色泽一致，不允许有划痕、裂纹和斑等破损现象。

（6）设备的电磁兼容性和抗电干扰应满足相关标准、规范的要求，定期按照厂家所给的测试方法对数据进行测试。

（7）每日巡视过程中应检查设备冷却系统运行是否正常，散热是否良好。

（8）每日巡视过程中，查看 SDH 光传输设备环境温度和环境湿度，环境温度应为 $-5\sim55℃$，环境湿度应满足日平均相对湿度不大于 95%，月平均相对湿度不大于 90%。

（9）保证装置电源供电可靠性。

（10）各支路板应全面兼容，不得随意混插。

9.7　调度电话设备

9.7.1　概述

电力调度电话是由电业部门根据调度的重要性和企业管理的繁忙程度自行建设的独立电话通道。它可以实现系统调度并有效地指挥生产。对于电力调度电话，要求有高度的可靠性，不仅在正常情况下，而且在恶劣的气候条件下和电力系统发生事故时，保证电话畅通。电力调度电话外观图如图 9-8 所示。

1. 电力调度电话设备基本作用

电力调度电话是电力调度指挥专用网，是确保电网安全生产运行的重要通信手段，必须具有很高的可靠性和快速接续速度。现运行的模拟中继通信方式无法进行调度电话组网，更不能满足电力调度电话发展的需要。而电力通信网先后建成的通信线路，使电力通信

图 9-8　电力调度电话外观图

网逐步构筑成了数字通信环网，这为调度电话实现全数字化交换提供了必要条件。

2. 电力调度电话设备基本功能

（1）早期的信号传输多数靠电力线载波加调制解调器的方式，调度电话也采用载波方式，不仅传输容量小，而且传输质量差。在目前的电力网改造中一般采用 PDH＋PCM 的方式，在传输容量和传输质量方面有很大的提高。近期的电力网改造多采用带有环网保护的 SDH＋PCM 方式，完成电话、数据、网络、图像的互联互通。

（2）具备普通电话机的通话功能。

（3）调度电话设备本身必须具备广播功能，即来电能够自动接通，并且能够通过高音喇叭将通话广播出来，实现远程调度。

（4）调度电话设备本身必须具备自动挂机功能，即忙音检测；当对方挂机后，必须能够进行忙音检测并实现自动挂机，以防止因无法挂机而导致电话打不进来的情况出现。

（5）特殊情况加外置警灯，来电有灯光提醒。

（6）调度电话设备不工作状态为安全待机状态。

（7）具备基本录音功能，可将录音文件至少保存一年。

9.7.2　调度电话设备管理制度

（1）设置专人 24h 值班接听电力调度电话（无节假日），不得离岗。

（2）电力调度电话安放于中控室监控电脑旁固定位置。

（3）运行人员除生产和工作需要外，不得随意占用调度电话；事故时，除事故处理

联系之外，任何人不得使用调度电话。非运行人员一般不得使用生产调度电话。

（4）运行各值交接班时应检查调度电话及其录音功能是否正常，当现场通信设备发生故障时，应及时联系处理。如影响工作时应及时向生产运行部主管领导汇报，并将故障及处理情况填写值班日志。

（5）运行人员在使用生产调度电话时应做到：

1）用电话进行工作联系时，双方首先互通单位名称、姓名，送话人先通报单位及姓名。

2）在发布操作命令时应加上设备的名称与编号。对阿拉伯数字的发音规定为："1、2、3、4、5、6、7、8、9、0"分别发音成"么、两、三、四、五、陆、拐、八、九、洞"。

3）在用电话发令与受令的过程中，应严格执行复诵制度，并使用录音电话。

（6）生产运行部每月对调度电话进行抽查调听，督促值班人员规范使用调度电话，并保证录音功能正常。

9.8　事故及异常处理

9.8.1　交换机事故及异常处理

（1）交换机出现声音异常、焦味、冒烟等异常情况或可能遭受火灾时应立即断开电源开关。

（2）交换机发生起火时应立即断开电源，确定断电后使用干粉灭火器进行灭火。

（3）交换机运行异常时应立即进行检修维护，避免因此造成整个电力系统数据通信异常，若发生此种情况需受到调度对现场的监管及考核。

9.8.2　路由器事故及异常处理

（1）当路由器设备出现异常或损坏时，首先查明原因并汇报上级调度部门，然后通知专业人员维修处理。

（2）路由器出现声音异常、焦味、冒烟等异常情况或可能遭受火灾时应立即断开电源开关。

（3）定期严格对设备进行检查。

（4）保证路由设备可靠供电。

9.8.3　纵向加密认证装置事故及异常处理

（1）当发现纵向加密认证装置设备损坏时，首先汇报上级调度部门，调度端封存本站所有数据，然后通知专业人员维修处理。

（2）当判定有通过纵向加密认证装置攻击生产信息网络情况时，立刻启动应急预案，隔离纵向加密认证装置，汇报当值调度，通知专业人员处理。

9.8.4　PCM 传输设备事故及异常处理

（1）环路检测法。该法主要是针对 PCM 传输设备。对设备故障进行定位时，常用构造环路检测法。设备自环有很多类型，按自环的信号与方向可分为设备内自环与设备外自环。前者检测本站内设备是否有故障存在，后者检查 PCM 对端站和传输链路是否有故障存在。将自环信号按等级划分分为 TU 自环、单支路的自环、CU 自环、外围设备自环。各自环的作用是对各自单元内是否有故障存在进行检测。通过设备的不同种类的自环，可将故障点逐级分离出来，逐步将故障排除。

（2）替代法。对于 PCM 设备而言，该法也是一种特别常用的故障排除和处理方法。替代法即是将一个正常工作的物件代替一个怀疑不正常工作的物件，这样就可以达到定位将故障排除的目的。此处的物件，可以指一块单板、一个设备、一段线缆、一条支路等。替代法的适用范围：故障定位至单站后，用于将单站内支路或者单板问题进行排除。对单元板进行替代时，要特别注意防静电。

（3）仪表测试法。该法是用各种仪表对传输故障进行检查。该法能准确地分析定位故障，说明力很强，它需要仪表配合工作，维护人员也要有较高的技术水平。PCM 综合测试仪可对音频话路与数据链路进行检测，性能分析仪可对帧的情况进行分析，误码仪可对数据业务的通道、误码性能进行测试，选频表与振荡器可对 4W E&M 话路进行测试，万用表对供电电压进行测试。

9.9　标准依据

调度通信系统设备施工及运行必须遵照的相关标准及规范见表 9 - 4。

表 9 - 4　　　　　　　调度通信系统设备施工及运行的标准依据

序号	名　　　称	编号或计划号
1	2048 kbit/s 30 路脉码调制复用设备技术要求和测试方法	GB 6879—1995
2	通信电源设备安装工程设计规范	GB 51194—2016
3	计算机信息系统安全保护等级划分准则	GB 17859—1999
4	信息安全技术　信息系统安全等级保护实施指南	GB/T 25058—2010
5	网络代理服务器的安全技术要求	GB/T 17900—1999
6	音频记录 PCM 编解码系统	GB/T 15526—1995
7	同步数字体系（SDH）光缆线路系统进网要求	GB/T 15941—2008
8	工业以太网交换机技术规范	GB/T 30094—2013
9	信息安全技术　网络交换机安全技术要求（评估保证级 3）	GB/T 21050—2007

序号	名 称	编号或计划号
10	信息安全技术 路由器安全技术要求	GB/T 18018—2007
11	信息安全技术 防火墙安全技术要求和测试评价方法	GB/T 20281—2015
12	信息安全技术 交换机安全评估准则	GA/T 685—2007
13	同步数字体系（SDH）设备功能要求	YD/T 1022—1999
14	ATM交换机技术规范	YD/T 1109—2001
15	以太网交换机技术要求	YD/T 1099—2013
16	SDH光发送/光接收模块技术要求-2.488320Gb/s光接收模块	YD/T 1111.1—2001
17	SDH光发送/光接收模块技术要求-2.488320Gb/s光发送模块	YD/T 1111.2—2001
18	以太网交换机测试方法	YD/T 1141—2007
19	信息安全技术 web应用防火墙安全技术要求	GA/T 1140—2014
20	在同步数字体系（SDH）上传送以太网帧的技术规范	YD/T 1179—2002
21	防火墙设备技术要求	YD/T 1132—2001
22	基于SDH的多业务传送节点技术要求	YD/T 1238—2002
23	以太网交换机设备安全技术要求	YD/T 1627—2007
24	以太网交换机设备安全测试方法	YD/T 1628—2007
25	防火墙设备测试方法	YD/T 1707—2007
26	中华人民共和国计算机信息系统安全保护条例	国务院147号令
27	电网和电厂计算机监控系统及调度数据网络安全防护规定	国家经贸委30号令
28	电力二次系统安全防护总体方案	国家电监会34号令
29	电力监控系统安全防护规定	国家发改委14号令
30	国家能源局关于印发电力监控系统安全防护总体方案等安全防护方案和评估规范的通知	国能安全〔2015〕36号
31	电力行业网络与信息安全管理办法	国能安全〔2014〕317号
32	电力行业信息安全等级保护管理办法	国能安全〔2014〕318号

第 10 章　防雷接地设备施工及运行安全技术

防雷设备就是通过现代电学以及其他技术来防止被雷击中的设备。防雷设备从类型上大体可以分为电源防雷器、天馈线保护器、信号防雷器、防雷测试工具、测量和控制系统防雷器、地极保护器等。本章主要从接闪器、避雷引下线、接地系统、过电压保护器及水上方阵接地系统等方面讲述其施工及运行维护过程中的安全技术知识。

10.1　接闪器

10.1.1　概述

接闪器是由拦截闪击的接闪杆、接闪带、接闪线、接闪网以及金属屋面、金属构件等组成，包括避雷针、避雷线、避雷带。接闪器外观图如图 10-1 所示。

图 10-1　接闪器外观图

1. 组成

接闪器由下列各形式之一或任意组合而成：独立避雷针；直接装设在建筑物上的避雷针、避雷带或避雷网；屋顶上的永久性金属物及金属屋面；混凝土构件内钢筋。所有接闪器都必须经过接地引下线与接地装置相连。

2. 技术特性

接闪器的材料、结构和最小截面应符合表 10-1 的规定。

表 10-1 接闪器的材料、结构和最小截面

材 料	结 构	最小截面/mm²	备 注⑨
铜，镀锡铜①	单根扁铜	50	厚度 2mm
	单根圆铜⑥	50	直径 8mm
	铜绞线	50	每股线直径 1.7mm
	单根圆铜③	176	直径 15mm
铝	单根扁铝	70	厚度 3mm
	单根圆铝	50	直径 8mm
	铝绞线	50	每股线直径 1.7mm
铝合金	单根扁形导体	50	厚度 2.5mm
	绞线	50	每股线直径 1.7mm
	单根圆形导体	176	直径 15mm
	外表面镀铜的单根圆形导体	50	直径 8mm，径向镀铜厚度至少 70μm，铜纯度 99.9%
热浸镀锌钢	单根扁钢②	50	厚度 2.5mm
	单根圆钢⑧	50	直径 8mm
	绞线	50	每股线直径 1.7mm
	单根圆钢④	176	直径 15mm
不锈钢④	单根扁钢⑤	50⑦	厚度 2mm
	单根圆钢⑤	50⑦	直径 8mm
	绞线	70	每股线直径 1.7mm
	单根圆钢④	176	直径 15mm
外表面镀铜的钢	单根圆钢（直径 8mm）	50	镀铜厚度至少 70μm，铜纯度 99.9%

① 热浸或电镀锡的锡层最小厚度为 $1μm$。

② 镀锌层宜光滑连贯、无焊剂斑点，镀锌层圆钢至少为 $22.7g/m^2$、扁钢至少为 $32.4g/m^2$。

③ 仅应用于入地之处。

④ 不锈钢中，铬的含量不小于 16%，镍的含量不小于 8%，碳的含量不大于 0.08%。

⑤ 对埋于混凝土中以及与可燃材料直接接触的不锈钢，其最小尺寸宜增大至直径 10mm 的 $78mm^2$（单根圆钢）和最小厚度 3mm 的 $75mm^2$（单根扁钢）。

⑥ 在机械强度没有重要要求之处，$50mm^2$（直径 8mm）可减为 $28mm^2$（直径 6mm），并应减小固定支架间的间距。

⑦ 当温升和机械受力是重点考虑之处时，$50mm^2$ 加大至 $75mm^2$。

⑧ 避免在单位能量 10MJ/Ω 下熔化的最小截面是铜为 $16mm^2$、铝为 $25mm^2$、钢为 $50mm^2$、不锈钢为 $50mm^2$。

⑨ 截面积容许误差为 -3%。

10.1.2 施工安全技术

1. 避雷针安装

避雷针的安装流程如图 10-2 所示。

（1）避雷针采用圆钢或钢管制成时其直径不应小于下列数值：

图 10-2　避雷针的安装流程

1）独立避雷针一般采用直径为 19mm 的镀锌圆钢。

2）屋面上的避雷针一般采用直径 25mm 的镀锌钢管。

3）避雷环采用直径为 12mm 的镀锌圆钢或截面为 $100mm^2$ 的镀锌扁钢，其厚度为 4mm。

4）避雷线如用扁钢，截面不得小于 $48mm^2$，如为圆钢，其直径不得小于 8mm。

（2）按设计要求，所需材料分上、中、下三节进行下料。如果针尖采用钢管制作，先将上一节钢管的一端锯成锯齿形，用手锤收尖后进行焊缝磨尖、涮锡，然后将另一端与中、下两节找直焊好。

（3）将支座钢板固定在预埋的地脚螺栓上，焊上一块肋板，再将避雷针立起，找直找正后，进行点焊，然后加以校正，焊上其他三块肋板。最后将引下线焊接在底板上，清除药皮刷防锈漆。

2. 避雷网、避雷带安装

避雷网、避雷带安装流程如图 10-3 所示。

图 10-3　避雷网、避雷带安装流程

（1）应尽可能随结构施工预埋支架或铁件。

（2）根据设计要求进行弹线，并以转弯或交叉等处为起点（终点），在 1.5m 范围内均分档距。

（3）用手锤、錾子等进行剔凿，洞的大小应里外一致。支架安装前将洞内用水浇湿。

（4）首先固定一个直线段上位于两端的支架并浇注，然后拉线进行其他支架的浇注。

（5）如果采用混凝土支座，需要将混凝土支座分档排好，在两端支架间拉直线，然后将其他支座用砂浆找平、找直。

（6）如果女儿墙预留有预埋铁件，可将支架直接焊接在铁件上。

（7）焊接要求：

1）接地装置的焊接采用搭接焊，搭接长度扁钢不小于 2b（b 为扁钢扁铜宽度）；圆钢不小于 6D（D 为圆钢直径）；圆钢与扁钢之间搭接长度不小于 6D。

2）扁钢或扁铜搭接焊接三个棱边，圆钢焊接双面。

3）扁钢与钢管，扁钢与角钢焊接，紧贴 3/4 钢管表面或紧贴角钢外侧两面、上下两侧施焊。

4）除埋在混凝土中的焊接头处，其他应有防腐措施。

5）接地模块应集中引线，用干线把接地模块并联焊接成一个环路，干线的材质与接地模块接点的材质应相同。

3. 施工注意事项

（1）焊接面不够，焊口有夹渣、咬肉、裂纹、气孔及焊渣处理不干净等现象。应按相关规范要求修补更改。

（2）防锈漆刷得不均匀处应刷均匀，漏刷处应补好。

（3）避雷带不平直，调整后应横平竖直。

（4）卡子螺丝松动，应及时将螺丝拧紧。

（5）变形缝处未做补偿处理，应补做。

（6）金属门窗、铁栏杆接地引线遗漏，圈梁的接头未焊，应及时补上。

（7）避雷针针体弯曲，安装的垂直度超出允许偏差范围。应将针体重新调直，符合要求后再安装。

10.1.3 运行安全技术

（1）定期检查检测防雷接地电阻，确保避雷器正常。

（2）定期开展防锈刷漆处理，防止接闪器与引下线连接处生锈导致接触不良，影响雷电流的正常泄流。

（3）做好独立避雷针的防沉降观测，防止避雷针倒塌。

（4）做好避雷带的巡视工作，防止焊接处脱落，影响避雷效果。

10.2 避雷引下线

10.2.1 概述

避雷引下线是连接接闪器与接地装置的金属导体，它是防雷装置设计施工中最关键的组成部分，对建筑物防雷以及电气设备的正常工作和安全使用来说，都是非常重要的。避雷引下线外观图如图 10-4 所示。

图 10-4 避雷引下线外观图

1. 引下线

引下线是用于将雷电流从接闪器传导至接地装置的导体。

2. 技术特性

（1）引下线的材料、结构和最小截面应符合表 10-2 的规定。

表 10 - 2　　　　　　　　　　　　引下线的材料、结构和最小截面

材　料	结　构	最小截面/mm²	备　注⑨
铜，镀锡铜①	单根扁铜	50	厚度 2mm
	单根圆铜⑥	50	直径 8mm
	铜绞线	50	每股线直径 1.7mm
	单根圆铜③	176	直径 15mm
铝	单根扁铝	70	厚度 3mm
	单根圆铝	50	直径 8mm
	铝绞线	50	每股线直径 1.7mm
铝合金	单根扁形导体	50	厚度 2.5mm
	绞线	50	每股线直径 1.7mm
	单根圆形导体	176	直径 15mm
	外表面镀铜的单根圆形导体	50	直径 8mm，径向镀铜厚度至少 70μm，铜纯度 99.9%
热浸镀锌钢	单根扁钢②	50	厚度 2.5mm
	单根圆钢⑧	50	直径 8mm
	绞线	50	每股线直径 1.7mm
	单根圆钢④	176	直径 15mm
不锈钢④	单根扁钢⑤	50⑦	厚度 2mm
	单根圆钢⑤	50⑦	直径 8mm
	绞线	70	每股线直径 1.7mm
	单根圆钢④	176	直径 15mm
外表面镀铜的钢	单根圆钢（直径 8mm）	50	镀铜厚度至少 70μm，铜纯度 99.9%

① 热浸或电镀锡的锡层最小厚度为 $1\mu m$。

② 镀锌层宜光滑连贯、无焊剂斑点，镀锌层圆钢至少 $22.7g/m^2$、扁钢至少 $32.4g/m^2$。

③ 仅应用于入地之处。

④ 在不锈钢中，铬的含量不小于 16%，镍的含量不小于 8%，碳的含量不大于 0.08%。

⑤ 对埋于混凝土中以及与可燃材料直接接触的不锈钢，其最小尺寸宜增大至直径 10mm 的 78mm²（单根圆钢）和最小厚度 3mm 的 75mm²（单根扁钢）。

⑥ 在机械强度没有重要要求之处，50mm²（直径 8mm）可减为 28mm²（直径 6mm），并应减小固定支架间的间距。

⑦ 当温升和机械受力是重点考虑之处时，50mm² 加大至 75mm²。

⑧ 避免在单位能量 10MJ/Ω 下熔化的最小截面是铜为 16mm²、铝为 25mm²、钢为 50mm²、不锈钢为 50mm²。

⑨ 截面积容许误差为 -3%。

（2）明敷引下线时，固定支架的间距不宜大于表 10-3 的规定。

表 10-3　　　　　　　　　明敷引下线时固定支架的间距

布　置　方　式	扁形导体和绞线固定 支架的间距/mm	单根圆形导体固定 支架的间距/mm
安装于水平面上的水平导体	500	1000
安装于垂直面上的水平导体	500	1000
安装于从地面至高 20m 垂直面上的垂直导体	1000	1000
安装在高于 20m 垂直面上的垂直导体	500	1000

（3）在腐蚀性较强的场所，尚应采取加大其截面或其他防腐措施。

10.2.2　施工安全技术

1. 建筑物引下线设备安装

（1）引下线要采用符合设计规定的合格材料，比如采用镀锌钢材，包括扁钢、角钢、圆钢、钢管等，使用时应注意采用镀锌材料。

（2）产品进场时，要经过监理验收方可进场施工，应有材质检验证明及产品出厂合格证。

（3）施工时，应严格按图施工，充分配置辅材，镀锌辅料有铅丝（即镀锌铁丝）、螺栓、垫圈、弹簧垫圈、U 形螺栓、元宝螺栓、支架等。

（4）引下线暗敷设时应符合下列规定：

1）引下线扁钢截面不得小于 25mm×4mm；圆钢直径不得小于 12mm。

2）引下线必须在距地面 1.5～1.8m 处做断接线卡子或测试点（一条引下线者除外）。断接线卡子所用螺栓的直径不得小于 10mm，并需加镀锌垫圈和镀锌弹簧垫圈。

3）利用主筋作暗敷引下线时，直径为 14mm 的引下线不得少于两根主筋。直径为 12mm 引下线不得少于四根主筋。

4）现浇混凝土内敷设引下线不做防腐处理。焊接应符合设计及规范要求。

5）引下线应沿建筑的外墙敷设，从接闪器到接地体，引下线的敷设路径应尽可能短而直。根据建筑物的具体情况不可能直线引下时，也可以弯曲，但应注意弯曲开口处的距离应大于弯曲线段实际长度的 0.1 倍。引下线也可以暗装，但截面应加大一级，暗装时还应注意墙内其他金属构件的距离。

（5）防雷引下线暗敷设焊接面要足够，焊口不能有夹渣、咬肉、裂纹、气孔等现象。

（6）引下线的固定支点间距离不应大于 2m，敷设引下线时应保持一定松紧度。

（7）引下线应躲开建筑物的出入口和行人较易接触到的地点，以免发生危险。

（8）在易受机械损坏的地方、地上约 1.7m 至地下 0.3m 的一段地线应加保护措施，为了减少接触电压的危险，也可用竹筒将引下线套起来或用绝缘材料缠绕。

2. 避雷针/带引下线安装

（1）引下线与避雷针/带之间的连接应焊接或热剂焊（放热焊接）。

（2）避雷针/带的引下线及接地装置使用的紧固件均应使用镀锌制品。当采用没有镀锌的地脚螺栓时应采取防腐措施。

（3）装有避雷针的金属筒体，当其厚度不小于 4mm 时，可作避雷针的引下线。筒体底部应至少有两处与接地体对称连接。

10.2.3　运行安全技术

（1）定期检查引下线，查看焊接是否有松动。

（2）定期开展防锈刷漆处理，防止引下线生锈。

（3）做好引下线的标识标志。

10.3　接地系统

10.3.1　概述

光伏电站接地系统包含电站主要建筑接地系统、设备接地系统，接地系统通过主接网相互连接组成一网状结构的接地体。光伏电站接地系统外观图如图 10－5 所示。

图 10－5　光伏电站接地系统外观图

1. 接地极

埋入地中并直接与大地接触的金属导体称为接地极，分为水平接地极和垂直接地极。

2. 接地线（导体）

接地线（导体）是用于电气设备、接闪器的接地端子与接地极连接的，在正常情况下为不载流的金属导体。

3. 接地装置

接地极和接地线的总和。

4. 接地

将电力系统或建筑物电气装置、设施、过电压保护装置用接地线与接地极连接。

5. 接地电阻

接地阻扰的实部，工频时为工频接地电阻。

6. 接地网

由垂直和水平接地极组成的具有泄流和均压作用的网状接地装置。

10.3.2 施工安全技术

（1）光伏发电站防雷系统的施工应按照设计文件的要求进行。

（2）光伏发电站接地系统的施工工艺及要求除应符合现行国家标准《电气装置安装工程接地装置施工及验收规范》（GB 50169—2016）的相关规定外，还应符合设计文件的要求。

（3）水面光伏电站的金属支架应与主接地网可靠连接，并在岸边设置接地极。

（4）带边框的光伏组件应将边框可靠接地；不带边框的光伏组件，其接地做法应符合设计要求。

（5）水上盘柜、汇流箱及逆变器等电气设备的接地应牢固可靠、导通良好，金属盘门应用裸铜软导线与金属构架或接地排可靠接地。

（6）接地极的连接应保证接触可靠。当接地线与接地网为异种金属时，如铜覆钢与镀锌扁钢，可采用放热焊接，接头处应涂刷沥青防止电化学腐蚀。

（7）焊接不良不仅会带来安全隐患，而且会加速接地网接头部位的腐蚀，因此对接地线、接地极搭接焊的搭接长度做出要求，以保证焊接良好。

（8）接地极之间的连接应采用焊接，接地线与接地极的连接应采用焊接。异种金属接地极之间连接时接头处应采取防止电化学腐蚀的措施。

（9）电气设备上的接地线应采用热镀锌螺栓连接；有色金属接地线不能采用焊接时，可用螺栓连接。螺栓连接处的接触面应按现行国家标准《电气装置安装工程母线装置施工及验收规范》（GB 50149—2010）的规定执行。

（10）采用金属绞线作接地线引下时，宜采用压接端子与接地极连接。

（11）利用各种金属构件、金属管道为接地线时，连接处应保证有可靠的电气连接。

（12）接地电阻阻值应满足设计要求。

10.4 过电压保护器

10.4.1 概述

过电压保护器为一种比较先进的保护电器，主要用于保护发电机、变压器、开关、母线、电动机等电气设备的绝缘免受过电压的损害。过电压保护器可限制大气过电压及各种开关引起的操作过电压，对相间和相对地的过电压均能起到可靠的限制作用。属于部分避雷器的替代品，它的作用相当于避雷器，但与传统的避雷器不同。过电压保护器外观图如图 10-6 所示。

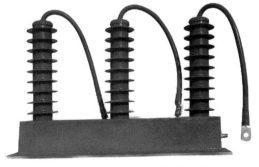

图 10-6 过电压保护器外观图

1. 过电压保护器类型

(1) 按照结构种类可分为：

1) 无间隙组合式过电压保护器：无间隙过电压保护器由于氧化锌线性好，当设备正常运行时它呈现一个很大的电阻，基本没有电流流过（泄露电流小），当有过电压来时，它相当一个导体，短路设备进而对设备进行保护。

2) 带间隙组合式过电压保护器：带间隙过电压保护器主要是当有过电压时，大电流击穿间隙导通，由于击穿间隙电压的分散性大，击穿电压也很不稳定，残压也高，因此对设备的保护性能差。

(2) 按照保护对象可分为：

1) 电站型：适合各种变压器、开关、母线的过电压保护。

2) 电机型：适合各类电机的过电压保护。

3) 电容器型：适合各种电容器的过电压保护。

4) 中性点型：适合各种中性点保护。

(3) 按照外形结构可分为：

1) 全封闭结构：结构紧凑可带数显计数器。

2) 积木组合式：结构间隙较大可组合成"一""T""田""Z""L"等外形。可带在线检测仪。

3) 户外型：避雷器组合型可带机械计数器。

2. 技术特性

(1) 无间隙过电压保护器主要优点：

1) 通流容量大，适用范围广。

2) 采用四星形接法，可将相间过电压大大降低，保护的可靠性大为提高。

3) 用氧化锌非线性电阻和放电间隙的结构，使两者互为保护。放电间隙使氧化锌电阻的荷电率为零，氧化锌电阻的非线性特性又使放电间隙动作后无续流，放电间隙不再承担灭弧任务，提高了产品的使用寿命。

4) 电压冲击系数为1，在各种电压波形下放电电压值相等，不受各种操作过电压波形影响。过电压保护值准确，保护性能优良。

5) 体积小、重量轻、耐碰撞、运输无碰损失，安装灵活，特别适合在开关柜内使用。

6) 与传统的碳化避雷器相比，在保护特性、通断能力和抗污秽等方面均有优异的特性。

7) 结构特殊，整体模压成型，无气隙、密封性能好，防潮防爆，爬电距离大，性能稳定，运行维护减少。

(2) 无间隙过电压保护器主要缺点：

无间隙过电压保护器保护残压较高，无法满足在操作过电压下频繁动作的要求，存在工频老化和承受荷电率和热平衡条件的限制，对于保护绝缘耐压水平较低的电动机类设备来说还是存在不足的。

（3）带间隙过电压保护器主要优点：

1）消除氧化锌阀片的荷电率。

2）能缓和入侵到被保护设备的过电压波陡度，改善设备绕组上的电压梯度。

3）对暂态过电压（工频过电压、谐振过电压）进行有效防护，将全部暂态过电压限定在保护死区内，使氧化锌阀片免受其害。

（4）带间隙过电压保护器主要缺点：

1）间隙密封问题。由于工艺原因，间隙不可能做到真空密封，可能造成漏气，使潮气水分进入，即使用密封胶把间隙周围全部封死，由于间隙之间有空气，长时间放电膨胀会产生"吸潮"现象，间隙受潮容易造成有间隙过电压。

2）体积大，无明显过电压限制值，吸收过电压能量容量小，会产生高次谐波污染等问题。

3）时间一长保护器阀片会容易老化，存在泄漏问题，当发生过电压时会发生爆炸，给电力系统带来很大隐患。

10.4.2 施工安全技术

1. 过电压保护器的安装

（1）过电压保护器应垂直安装，倾斜不得大于 15°。安装位置应尽可能接近保护设备，检查巡视的过电压保护器带电部分距地面若低于 3m，应设遮栏。

（2）过电压保护器的引线与母线、导线的接头，截面积不得小于规定值：3～10kV 铜引线截面积不小于 16mm²，铝引线截面不小于 25mm²，35kV 及以上按设计要求。并要求上下引线连接牢固，不得松动，各金属接触表面应清除氧化膜及油漆。

（3）过电压保护器在和三相电源 A、B、C 及接地端相连时，需要注意 A、B、C 三相的线鼻子在安装到系统相应的三相桩头上时，线鼻子的裸露部分不得超过桩头的外沿，以免缩小相间安全距离。

（4）35kV 及以上的氧化锌避雷器，接地回路应装设放电计数器，而放电计数器应密封良好，安装位置应与氧化锌避雷器一致，以便于观察。

（5）氧化锌避雷器底座对地绝缘应良好，接地引下线与被保护设备的金属外壳应可靠连接，并与总接地装置相连。

（6）安装时严禁手提氧化锌避雷器的电缆，同时要注意避免氧化锌避雷器外部绝缘部分被锐器割破。

（7）过电压保护器安装时三相电缆之间不得交织，若电缆长度过长，应将电缆按 S 形绑扎，绑扎时，应充分考虑沿面爬电距离，以免产生局部放电现象。

2. 过电压保护器的运输

（1）氧化锌避雷器运输由专人对运输线路、运输车辆防护装置及货物的固定情况进行全面检查，发现问题和安全隐患及时处理。

（2）运输时必须低速慢行，不准忽快忽慢，防止氧化锌避雷器在车内碰撞。

（3）开车时如有异常声音和异常情况，要立即停车检查，恢复正常后才可使用。

（4）运输过电压保护器需注意防雨淋、雷击等不利天气，若遇到需及时庇护。

10.4.3　运行安全技术

1. 过电压保护器运行

（1）过电压保护器使用条件

1）适用于户内、外（根据具体产品型号）。

2）环境温度 $-40\sim40℃$。

3）海拔 2000m 及以下（高于 2000m 应选用专用高原型产品）。

4）电源频率不小于 48Hz，不大于 62Hz。

5）地震烈度 8 度及以下。

6）最大风速 35m/s 及以下。

7）对有间隙结构，安装点短时工频电压升高不应超过保护器额定电压。

8）对无间隙结构，安装点持续电压波动不应超过保护器持续运行电压。

（2）运行中过电压保护器巡视项目及要求

1）过电压保护器在运行中应与配电装置同时进行巡视检查，雷电活动后，应增加巡视次数。

2）检查硅橡胶套是否完整、是否存在放电痕迹。

3）检查导线与接地引线有无烧伤痕迹和断股现象。

4）检查硅橡胶套表面有无严重污秽。

5）检查动作记录器指示数有无变化，判断氧化锌避雷器是否动作并做好记录。

6）对带有泄漏电流监测装置的 35kV 过电压保护器，检查泄漏电流有无明显变化。

7）检查 35kV 过电压保护器内部是否存在异常声响。

2. 过电压保护器检修

（1）过电压保护器检修由 2 人以上完成，安全等级符合规定，一人监护一人操作，检修人员必须穿绝缘鞋，佩戴绝缘手套、安全帽，做好防护措施，确保人身安全。

（2）清扫并检查过电压保护器外套是否有裂纹、老化、破损和放电痕迹，引线是否牢固可靠，是否有锈蚀、断股、散股现象。

（3）检查过电压保护器是否垂直，倾斜度是否小于 2%。

（4）检查过电压保护器底座是否牢固，螺栓是否存在松动。

（5）检查过电压保护器接地部分，地线是否连接良好，地线是否锈蚀。

（6）用接地电阻测试仪测量接地电阻是否符合要求。

（7）用 2500V 摇表测试绝缘电阻，不小于 10000MΩ。

10.5　水上方阵接地系统

10.5.1　基本概念

水面光伏电站方阵接地系统是方阵内设备接地与主接网相互连接，水上方阵通过锚固系统或者铜芯电缆与水底接地极连接，各子方阵的接地系统相互独立，岸边预埋在地下一定深度的多个金属接地极和由导体将这些接地极相互连接组成一网状结构的接地体。水面光伏电站方阵接地系统外观图如图 10-7 所示。

1. 接地极

埋入地中并直接与大地接触的金属导体称为接地极，分为水平接地极和垂直接地极。

2. 接地线（导体）

电气设备、接闪器的接地端子与接地极连接使用，在正常情况下不载流的金属导体。

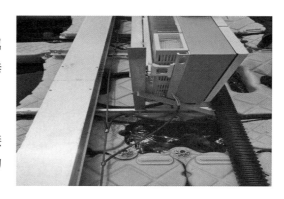

图 10-7　水面光伏电站方阵接地系统外观图

3. 接地

将电力系统或建筑物电气装置、设施、过电压保护装置用接地线与接地极连接。

4. 接地电阻

将电流通过接地装置流入大地再经大地流向另一接地体或向远处扩散所遇到的电阻。

5. 接地网

由垂直和水平接地极组成的具有泄流和均压作用的网状接地装置。

10.5.2　施工安全技术

（1）光伏发电站站区及室外设备设置是以水平接地体为主，以垂直接地体为辅的人工接地网，并满足有关规程的要求。为防止接地装置的腐蚀，接地体材料均需进行防腐处理。

（2）光伏发电站区水平接地体采用铜包钢圆钢，并通过接地电缆或铜包钢绞线接至岸边设置垂直接地体，垂直接地体采用角钢形式。光伏组件通过光伏组件外边金属框的接地孔，通过接地电缆与站内水平接地网可靠相连，站内接地网通过接地电缆接至岸边垂直接地体，完成接地。箱式变压器接地装置与光伏组件区域接地网连接。站区内总的接地电阻符合规范要求。

（3）垂直接地极放置于水中，上端通过接地线与水平接地体相连接。水平接地体明敷。

（4）接地干线跨越水道时不应被截断，应将整个区域主干网电气导通连接。接地线、极与设备或者锚固点相碰时，可根据实际情况适当移位敷设。

（5）水平接地网的外缘应闭合，外缘各角可弯折成圆弧形，每个方阵在设备放置通道上敷设一条均压带，垂直接地极可根据现场情况适当调整间距。

（6）光伏组件间接地通过接地线缆相连。接地电缆接至水平接地体；汇流箱和组串式避雷器接地线缆须用电缆引至水平接地网上通过 C 形线夹可靠连接。

（7）全场主接地网应连成一体，沿建筑物四周的接地网与室内接地干线相连，连接点应不少于两处。所有电气设备不带电外壳均应可靠接地，所有进出户内的铠装电缆外皮均应接地。

（8）所有构架、支架的基础及设备基础均用镀铜钢绞线引至主接地网，且重要设备必须有两根接地引下线，接于不同的接地母线上，满足双接地的要求。

（9）接地网敷设完毕，应测量接地电阻，当实测值超出要求值偏差较大时，应采取措施降阻。

（10）下列设备应与接地网相连接，并应保证有完好的电气通路：

1）站区内所有光伏组件设备的底座及支架。

2）变压器等露天设备的金属外壳需两点接地。

3）埋设在地下的金属管道。

4）穿电线电缆的保护钢管及铠装电缆的金属外皮。

5）汇流箱避雷器接线端子应使用接地电缆与接地干线相连。

6）站区内所有电气设备正常不带电的外壳均应可靠接地。

（11）子系统接地网采用镀铜钢绞线，组串逆变器和交直流汇流箱引线采用接地电缆；垂直接地极采用角钢，连接时搭接长度应不小于绞线直径的 2 倍，连接处应牢固，且需采取防腐措施；方阵内所用垂直接地极引上线电缆采用 800mm 段连接，升压变平台所用垂直接地极引上线采用 1.5m 段相接。

（12）所有 C 形夹的压接均需使用液压钳进行，保证压接牢固、无松动。

（13）沿电缆桥架敷设铜绞线、镀拌扁钢及利用沿桥架构成电气通路的金属构件，如安装托架用的金属构件作为接地网时，电缆桥架接地应符合下列规定：

1）电缆桥架全长不大于 30m 时，与接地网相连不应少于 2 处。

2）全长大于 30m 时，应每隔 20～30m 增加与接地网的连接点。

3）电缆桥架的起始端和终点端应与接地网可靠连接。

4）金属电缆桥架的接地应符合下列规定：

a. 宜在电缆桥架的支吊架上焊接螺栓，和电缆桥架主体采用两端压接铜鼻子的铜绞线跨接，跨接线最小截面积不应小于 $4mm^2$。

b. 电缆桥架的镀锌支吊架和镀锌电缆桥架之间无跨接地线时，其间的连接处应有不少于 2 个带有防松螺帽或防松垫圈的螺栓固定。

10.5.3　运行安全技术

（1）每年雷雨季节前，开展光伏方阵接地系统的接地电阻检测。

（2）定期开展方阵接地环网的巡视检查工作。

（3）定期开展组件、逆变器、汇流箱、箱变等设备与方阵主接地网的连接检查工作。

（4）做好方阵主接地网的防锈工作。

（5）定期做好各接地线夹的紧固检查，以防方阵出现松动现象。

（6）做好方阵主接地网与岸上接地极的连接巡查工作。

（7）定期开展岸上接地极的巡查，防止接地极遭人为破坏。

（8）定期开展方阵主接地网水中垂直接地极的巡查工作。

10.6　事故及异常处理

1. 过电压保护器常见故障及处理方法

（1）泄漏电流表为零。可能引起该现象的原因有表计指示失灵；屏蔽线将电流表短接。处理方法为用手轻拍表计看是否卡死，无法恢复时，应修理或更换。用令克棒将屏蔽线与过电压保护器泄露电流表导电部分相碰之处挑开，既可恢复正常。

（2）泄漏电流表指示偏大：根据历史数据进行分析，如发现表计打足，应判断过电压保护器有问题，立即汇报值长及调度，将过电压保护器退出运行，请检修检查。

（3）过电压保护器硅橡胶套管破裂放电：在工频情况下，过电压保护器的硅橡胶套管用于保证避雷器必要的绝缘水平，如果硅橡胶套管发生破裂放电，则将成为电力系统的事故隐患。此种情况，应及时停用、更换。

2. 过电压保护器内部有放电声处理

在工频情况下，避雷器内部没有电流通过。因此，不应有任何声音。若运行中过电压保护器内有异常声音，则认为过电压保护器损坏失去作用，而且可能会引发单相接地。这种情况应立即汇报值长及调度，将过电压保护器退出运行，予以调换。

10.7　标准依据

防雷接地设备施工及运行必须遵照的相关标准及规范见表 10-4。

表 10 - 4 防雷接地设备施工及运行的标准依据

序号	名 称	编号或计划号
1	建筑物防雷设计规范	GB 50057—2010
2	光伏发电站施工规范	GB 50794—2012
3	电气装置安装工程 接地装置施工及验收规范	GB 50169—2016
4	交流无间隙金属氧化物避雷器	GB 11032—2010
5	交流金属氧化物避雷器选择和使用	GB/T 28547—2012
6	光伏发电工程验收规范	GB/T 50796—2012
7	交流电气装置的接地设计规范	GB/T 50065—2011
8	交流电力系统金属氧化物避雷器使用导则	DL/T 804—2014
9	避雷器密封试验	JB/T 7618—2011
10	避雷器用橡胶密封件及材料规范	JB/T 9669—2013

第11章 安全工器具安全措施

安全工器具通常专指电力安全工器具，是指防止触电、灼伤、坠落、摔跌等事故，保障工作人员人身安全的各种专用工具和器具。在电力系统中，为了顺利完成任务而又不发生人身事故，操作者必须携带和使用各种安全工器具。如对运行中的电气设备进行巡视、改变运行方式、检修试验时，需要采用电气安全用具；在线路施工中，需要使用登高安全用具；在带电的电气设备或邻近带电设备工作时，为了防止触电或被电弧灼伤，需使用绝缘安全工器具等。本章主要从光伏电站的安全工器具，包括基本绝缘安全工器具、安全防护工器具以及水面光伏的运维船只及运维码头安全措施等方面进行介绍。

11.1 基本绝缘安全工器具

基本绝缘安全工器具包括高压验电器、高压绝缘棒、绝缘鞋（靴）、绝缘手套、绝缘夹钳、绝缘挡板、绝缘台、绝缘垫。

11.1.1 高压验电器

高压验电器主要是用来检验设备对地电压在 1000V 以上的高压电气设备。一般采用的有发光型、风车式、声光型三种类型。高压验电器一般都是由检测部分（指示器部分或风车）、绝缘部分、握手部分三大部分组成。绝缘部分是指指示器下部金属衔接螺丝起至罩护环止的部分，握手部分是指罩护环以下的部分。其中绝缘部分、握手部分根据电压等级的不同其长度也不同。高压验电器外观图如图 11-1 所示。

高压验电器类型、特点及技术特性见表 11-1。

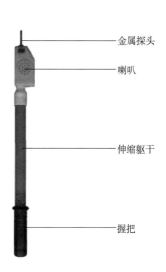

金属探头
喇叭
伸缩躯干
握把

图 11-1 高压验电器外观图

表 11-1　　　　　　　高压验电器类型、特点及技术特性

类型	特　　点	技　术　特　性
发光型验电器	发光型验电器是检测电器设备是否带电的专用工具，现场操作具备发光警示，安全可靠。电源用 4 粒 1.5V 纽扣式碱性电池，寿命长。伸缩拉杆绝缘体使用方便	（1）验电灵敏性高、不受阳光、噪声影响，白天黑夜户内户外均可使用。 （2）抗干扰性强，内设过压保护，温度自动补偿，具备全电路自检功能。 （3）雨雪、雾天气禁止使用

续表

类型	特　　点	技 术 特 性
风车式高压验电器	风车式高压验电器是一种用于检测电气设备上是否存在工作电压的便携式装置。与被测部件产生电气连接的裸露导电部分。如果要使接触电极处长，可以用有外绝缘层导电极加长	（1）风车型高压验电器灵敏度高。 （2）不受阳光、噪声影响。 （3）待机时间长，温度范围广。 （4）具备全电路自检功能，电磁兼容设计和屏蔽保护措施。 （5）雨雪、雾天气禁止使用
声光型高压验电器	声光高型压验电器是检测电器设备是否带电的专用工具，现场操作具备声光警示，安全可靠。电源用 4 粒 1.5V 纽扣式碱性电池，寿命长。伸缩拉杆绝缘体使用方便	（1）验电灵敏性高，具备语音功能，不受阳光、噪声影响，白天黑夜户内户外均可使用。 （2）抗干扰性强，内设过压保护，温度自动补偿，具备全电路自检功能。 （3）雨雪、雾天气禁止使用

1. 发光型高压验电器的使用方法

（1）在使用前必须进行自检，方法是用手指按动自检按钮。指示灯应有间断闪光，说明该仪器正常。

（2）进行 10kV 以上验电作业时，工作人员应戴绝缘手套、穿绝缘鞋，并保证对带电设备的安全距离。

（3）在使用时，要手握绝缘杆最下边部分，以确保绝缘杆的有效长度，先在有电设施上进行检验，验证验电器确实性能完好，方能使用。

2. 风车式高压验电器的使用方法

（1）风车式验电器在使用前应观察回转指示器叶片有无脱轴现象，脱轴者不得使用，轻轻摇晃验电器，其叶片应稍微有晃动。

（2）在使用风车式验电器时，应逐渐靠近被测设备，一旦指示叶片开始正常回转，即说明该设备有电，应随即离开被测设备，不要使叶片长期回转，以保证验电器的使用寿命。

（3）风车式验电器只适用于户内或户外良好天气时使用，雨、雪天禁止使用。风车式高压验电器不得强烈振动或受冲击，不得自行调试拆装。

3. 声光型高压验电器的使用方法

（1）在使用前必须进行自检，方法是用手指按动自检按钮。指示灯应有间断闪光，发出间断报警声。说明该仪器正常。

（2）进行 10kV 以上验电作业时，工作人员应戴绝缘手套、穿绝缘鞋，并保证对带电设备的安全距离。

（3）在使用时，要手握绝缘杆最下边部分，以确保绝缘杆的有效长度，先在有电设施上进行检验，验证验电器确实性能完好，方能使用。

4. 注意事项

（1）在使用高压验电器进行验电时，必须认真执行操作监护制，一人操作，一人监护。

（2）操作者在前，监护人在后。使用验电器时，必须注意其额定电压要和被测电气设备的电压等级相适应，否则可能会危及操作人员的人身安全或造成错误判断。

（3）验电时，操作人员一定要戴绝缘手套，穿绝缘靴，防止跨步电压或接触电压对人体的伤害。

（4）操作者应手握罩护环以下的握手部分，先在有电设备上进行检验。检验时，应渐渐移近带电设备至发光或发声止，以验证验电器的完好性。然后再在需要进行验电的设备上检测。

（5）对同杆架设的多层线路验电时，应先验低压，后验高压，先验下层，后验上层。

（6）验电器应定期做绝缘耐压试验。

（7）雨天、雾天不得使用。

（8）验电器应存放在干燥、通风无腐蚀气体的场所。

11.1.2 高压绝缘棒

高压绝缘棒又称令克棒、绝缘拉杆、操作杆等。绝缘棒由工作头、绝缘杆和握柄三部分构成，是一种专用于电力系统内的绝缘工具，可以被用于带电作业、带电检修以及带电维护作业器具。高压绝缘棒外观图如图11-2所示。

高压绝缘棒特点及技术特性见表11-2。

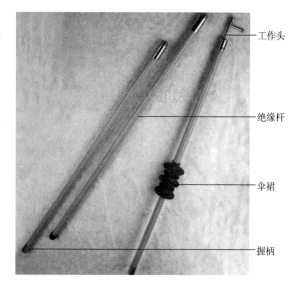

图11-2 高压绝缘棒外观图

表11-2 高压绝缘棒特点及技术特性

特 点	技 术 特 性
高压绝缘棒是普遍选用环氧树脂的绝缘棒；主要在10kV以上电压等级闭合或拉开高压隔离开关，装拆携带式接地线，以及进行测量和试验时使用	高压绝缘棒主要由工作头、绝缘杆和握柄三部分组成。 （1）工作头：采用内嵌式结构，牢固、安全、可靠。 （2）绝缘杆：由环氧树脂制作，具有重量轻、绝缘杆机械强度高、携带方便等特点。 （3）握柄：由橡胶护套和橡胶伞裙组成，绝缘性能佳、安全可靠

1. 使用方法

（1）使用前，应检查是否超过有效期，检验绝缘棒表面是否完好，各部分连接是否可靠。

（2）操作前，绝缘棒表面应用清洁的干布擦拭干净，使棒表面干燥、清洁。

（3）操作前的手握部位不得越过握柄。

（4）必须采用适用于操作设备的电压等级，且核对无误后才能使用。

（5）为保证操作时有足够的绝缘安全距离，绝缘操作杆的绝缘部分长度不得小于 0.7m。

2. 注意事项

（1）为防止因绝缘棒受潮而产生较大的泄露电流，在使用绝缘棒拉合隔离开关和断路器时，必须戴绝缘手套。

（2）操作时在连接绝缘操作杆的节与节的丝扣时要离开地面，不可将杆体置于地面上进行，以防杂草、土进入丝扣中或粘缚在杆体的外表上，丝扣要轻轻拧紧，必须将丝扣拧紧才可使用。

（3）带电操作时，要保持与带电部位的安全距离，设备不停电时操作的安全距离见表 11 - 3。

表 11 - 3　　　　设备不停电时操作的安全距离

电压等级/kV	安全距离/m	电压等级/kV	安全距离/m
10	0.7	1000	8.7
20、35	1.0	±50 及以下	1.5
66、110	1.5	±400	5.9
220	3.0	±500	6.0
330	4.0	±660	8.4
500	5.0	±800	9.3
750	7.2		

（4）使用时要尽量减少对杆体的弯曲力，以防损坏杆体。

（5）雨天户外使用绝缘棒时，应在绝缘棒上安装防雨罩，戴绝缘手套，穿绝缘鞋。

（6）当接地网接地电阻不符合要求时，晴天操作也应穿绝缘靴，以防止接触电压、跨步电压的伤害。

（7）使用后要及时将杆体表面的污迹擦拭干净，并把各节分解后装入一个专用的工具袋内，存放在屋内通风良好、清洁干燥的支架上或悬挂起来，尽量不要靠近墙壁，以防受潮，破坏其绝缘。

（8）绝缘操作杆要有专人保管。

（9）半年要对绝缘操作杆进行一次交流耐压试验，不合格的要立即报废，不可降低其标准使用。

11.1.3　绝缘鞋（靴）

绝缘鞋（靴）又叫高压绝缘鞋（靴）、矿山靴。所谓绝缘，是指用绝缘材料把带电体封闭起来，借以隔离带电体或不同电位的导体，使电流能按一定的通路流通。良好的绝缘是保证设备和线路正常运行的必要条件，也是防止触电事故的重要措施。绝缘材料往往还起着：散热冷却、机械支撑和固定、储能、灭弧、防潮、防霉以及保护导体等其他作用，绝缘鞋（靴）外观图如图 11 - 3 所示。

图 11 - 3 绝缘鞋（靴）外观图

1. 绝缘鞋（靴）类型

绝缘鞋（靴）主要应用在工频 1000V 以下作为辅助安全用具。按照电压等级一般可以分为 6kV 绝缘鞋（靴），20kV 绝缘鞋（靴）、25kV 绝缘鞋（靴）和 35kV 绝缘鞋（靴），在不同电压等级的环境下使用。鞋号可分为 38 号、39 号、40 号、41 号、42 号、43 号、44 号、45 号、46 号，满足脚码不同人员的穿戴。

2. 技术特性

（1）绝缘鞋（靴）外底的厚度不含花纹部分不得小于 4mm，花纹无法测量时，厚度不应小于 6mm。在目前市场中，以生活鞋代替劳保绝缘鞋（靴）的现象常有出现。生活鞋鞋底的最厚部分也达不到 6mm。企业购进的绝缘鞋（靴）的鞋面或鞋底应有标准号、绝缘字样及电压数值。企业还应了解制造厂家的资质情况。

（2）绝缘皮鞋（靴）外底磨痕长度应不大于 10mm；电绝缘布面鞋的磨耗减量不大于 1.4cm³；15kV 及以下电绝缘胶靴的磨耗减量不大于 1.0cm³；20kV 及以上电绝缘胶靴的磨耗减量不大于 1.9cm³。

3. 使用方法

（1）使用前，应检查绝缘鞋（靴）是否完好，是否超过有效试验期。

（2）绝缘鞋（靴）应该统一编号，现场使用的绝缘鞋（靴）最少应保持两双。

（3）绝缘鞋（靴）不得当作雨鞋（靴）或作其他用，其他非绝缘鞋（靴）也不能代替绝缘鞋（靴）使用。

（4）绝缘鞋（靴）如试验不合格，则不能再穿用。

4. 注意事项

（1）应根据作业场所电压高低正确选用绝缘鞋（靴），低压绝缘鞋（靴）禁止在高压电气设备上作为安全辅助用具使用，高压绝缘鞋（靴）可以作为高压和低压电气设备上辅助安全用具使用。但不论是穿低压或高压绝缘鞋（靴），均不得直接用手接触电气设备。

（2）布面绝缘鞋只能在干燥环境下使用，避免布面潮湿。

（3）绝缘鞋（靴）的使用不可有破损。

（4）穿绝缘靴时，应将裤管套入靴筒内。穿用绝缘鞋时，裤管不宜长及鞋底外沿条高度，更不能长及地面，保持布帮干燥。

（5）非耐酸碱油的橡胶底，不可与酸碱油类物质接触，并应防止尖锐物刺伤。低压绝缘鞋（靴）若底花纹磨光，露出内部颜色时，则不能再作为绝缘鞋（靴）使用。

（6）在购买绝缘鞋（靴）时，应查验鞋（靴）上是否有绝缘永久标记、红色闪电符号、鞋底耐电压多少伏等表示；鞋内有否合格证、安全鉴定证、生产许可证编号等。

11.1.4 绝缘手套

绝缘手套又叫高压绝缘手套，是用天然橡胶制成，用绝缘橡胶或乳胶经压片、模压、硫化或浸模成型的五指手套，可用于操作高压隔离开关、高压跌落式熔断器、油断路器等。绝缘手套可使人的两手与带电物体绝缘，是防止工作人员同时触及不同极性带电体而导致触电的安全用具，绝缘手套外观图如图 11-4 所示。

1. 绝缘手套类型

绝缘手套按电压等级分为 12kV 绝缘手套、17kV 绝缘手套、20kV 绝缘手套、30kV 绝缘手套、35kV 绝缘手套、40kV 绝缘手套。

图 11-4 绝缘手套外观图

绝缘手套应保存在干燥、光线阴暗、室温 10～22℃ 的环境中，应保持清洁和干燥。当手套变脏时，要用肥皂和水温不超过 65℃ 的清水冲洗，然后彻底干燥并涂上滑石粉。洗后如发现仍然沾附有焦油或油漆之类的混合物，请立即用清洁剂清洁此部位（但清洁剂不能过多），然后立即冲洗掉，然后再按照上述办法处理。

2. 技术特性

（1）绝缘手套是劳保用品，起到对手或者人体的保护作用，用橡胶、乳胶、塑料等材料做成，具有防电、防水、耐酸碱、防化、防油的功能，适用于电力、汽车、机械维修、化工、精密安装行业。每种材料拥有不同特点，根据与手套接触的化学品种类，不同材料手套各有专门用途。

（2）带电作业用绝缘手套是个体防护装备中绝缘防护的重要组成部分，电力工业的发展和带电作业技术的推广，对带电作业用绝缘手套使用安全性提出了更加严格的要求。但是当前市场上生产、经销、使用的绝缘手套及带电作业用绝缘手套执行标准比较混乱。

3. 使用方法

（1）使用绝缘杆前，戴上绝缘手套，可提高绝缘性能，防止泄漏电流对人体的伤害。

（2）使用绝缘手套前，应检查其是否超过有效试验期。

（3）使用前应进行外部检查，查看橡胶是否完好，查看表面有无损伤、磨损或破漏、划痕等。

（4）使用手套时，应将外衣袖口放入手套的伸长部分里。

4. 注意事项

（1）用户购进手套后，如发现在运输、储存过程中遭雨淋、受潮湿发生霉变，或有其他异常变化，应到法定检测机构进行电性能复核试验。

（2）在使用前必须进行充气检验，发现有任何破损则不能使用。

（3）作业时，应将衣袖口套入筒口内，以防发生意外。

（4）使用后，应将内外污物擦洗干净，待干燥后，撒上滑石粉放置平整，以防受压受损，且勿放于地上。

（5）应储存在干燥通风室温－15～30℃，相对湿度50％～80％的库房中，远离热源，离开地面和墙壁20cm以上。避免受酸、碱、油等腐蚀品物质的影响，不要露天放置，避免阳光直射，勿放于地上。

（6）使用6个月必须进行预防性试验。

11.1.5　绝缘夹钳

绝缘夹钳（Insulated clamp）主要是用来安装和拆卸高压熔断器或执行其他类似工作的辅助工具，主要用于35kV及以下电力系统，绝缘夹钳外观图如图11－5所示。

1. 绝缘夹钳类型

在电力行业中普遍选用的是环氧树脂材料制作而成的绝缘夹钳；主要由工作钳口、绝缘部分和握手三部分组成；各部分都用绝缘材料制成，所用材料与绝缘棒相同，只有工作部分是一个坚固的夹钳，并有一个或两个管型的开口，用以夹紧物品。

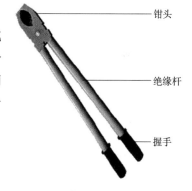

图11－5　绝缘夹钳外观图

2. 技术特性

（1）操作简单，使用方便。

（2）绝缘夹钳不允许在下雨天使用，如果特殊情况需在下雨天使用工作，则可以使用专用的防雨夹钳。

（3）绝缘夹钳主要用做辅助抓取，在装拆卸作业环节中起到了重要的作用。

3. 使用方法

（1）在使用前必须进行自检，查看绝缘夹钳钳身及握把处绝缘材料有无裂纹、破损。

（2）进行35kV以下电压作业时，工作人员应戴绝缘手套、穿绝缘鞋，并保证对带电设备的安全距离。

（3）在使用时，要手握绝缘杆最下边部分，以确保绝缘夹钳的有效长度。

（4）在进行操作时应双手握住绝缘夹钳握手，夹紧物品，进行装拆。

4. 注意事项

（1）在使用绝缘夹钳进行作业时，必须认真执行操作监护制度，一人操作，一人监护。

（2）操作者在前，监护人在后。使用绝缘夹钳时，必须注意其额定电压要和被测电气设备的电压等级相适应，否则可能会危及操作人员的人身安全。

（3）作业时，操作人员一定要戴绝缘手套，穿绝缘靴，防止接触电压对人体的伤害。

（4）使用时绝缘夹钳不允许装接地线。

（5）在潮湿天气只能使用专用的防雨绝缘夹钳。

（6）绝缘夹钳应保存在特制的箱子内，以防受潮。

（7）绝缘夹钳应定期进行试验，试验方法同绝缘棒，试验周期为 1 年，10～35kV 夹钳实验时施加 3 倍线电压，220V 夹钳施加 400V 电压，110V 夹钳施加 260V 电压。

11.1.6　绝缘挡板

绝缘挡板是一种耐高压击穿的安全防护作业隔离设备，现在广泛用于全国各地电力局的高压隔离作业，主要用于电力检修过程中的个人防护。由于绝缘挡板具备耐高压击穿的性能，因此被广泛用在电力行业高压设备的检修过程，绝缘挡板外观图如图 11 - 6 所示。

图 11 - 6　绝缘挡板外观图

1. 绝缘挡板类型

绝缘挡板可分为 3mm、5mm 和 10mm 三种厚度，其耐压等级为 10kV、35kV、110kV。

2. 技术特性

绝缘板又称绝缘胶垫、绝缘垫、绝缘垫片、绝缘毯。绝缘垫广泛应用于变电站、发电厂、配电房、试验室以及野外带电作业等。

绝缘挡板采用胶类绝缘材料制作，上下表面应不存在有害的不规则性。绝缘挡板有害的不规则性是指具有下列特征之一，即破坏均匀性、损坏表面光滑轮廓的缺陷，如小孔、裂缝、局部隆起、切口、夹杂导电异物、折缝、空隙、凹凸波纹及铸造标志等。无害的不规则性是指生产过程中形成的表面不规则性。

特点：物理机械性能良好，具有优良的绝缘性能，可在干燥的、－35～100℃空气中、介电系数要求高的环境中工作。

3. 使用方法

（1）绝缘挡板购买后要查看厂家配备的东西是否齐全，主要包含检测报告、合格证等证件。

（2）观察绝缘挡板产品质量是否合格，主要从色泽、亮度、柔韧度、边缘不齐等方面进行，我们可以对绝缘挡板进行拉伸，看拉伸是否符合标准。

（3）对绝缘挡板进行耐压检测，按照《电绝缘橡胶板》（HG 2949—1999）规定的要求进行，确认符合规格后才能使用。

（4）当绝缘挡板脏污时，可在不超过 65℃ 水温下对其用肥皂进行清洗，再用滑石粉让其干燥。如果绝缘挡板粘上焦油和油漆时，应马上用适当溶剂对受污染的地方进行擦拭，避免溶剂使用过量。汽油、石蜡和纯酒精可用来清洗焦油和油漆。

（5）绝缘挡板不适用于密封场所，使用过程中应避免在阳光下的不必要暴露，避免变压器油和油脂、工业酒精、碱性物体接触，避免尖锐物划刺。

（6）绝缘挡板在室外使用容易老化，因此一般使用于配电室、变电站等室内环境。

（7）绝缘挡板要保持干燥，配电室环境一般较为干燥，但是当不小心把水洒在绝缘挡板上时应及时清理。

（8）一般绝缘挡板的适用温度为 25～70℃，而 C 形绝缘挡板在环境温度 40～55℃ 中使用。

4. 注意事项

（1）绝缘挡板需具有良好的耐电弧和抗漏电痕迹性。

由于绝缘挡板工作在室外，直接受大气条件的影响，在混合牵引铁路线上还要受油烟、水汽与煤粉的污染，表面容易粘附尘埃颗粒，导致绝缘漏电。电弧更会使绝缘挡板表面碳化，碳痕呈不规则的树枝状分布在绝缘挡板表面而损坏绝缘。因此要求绝缘挡板在制造时必须严格按照工艺要求，确保表面的光洁度，使其不易粘附污垢，具有良好的耐电弧性能。使用绝缘挡板前应对样品进行抗漏电痕迹性和耐电弧性试验，在达到国家 IA2.5 级水平和耐电弧标准要求后方可使用。

（2）不使其处于表面放电状态下工作，提高电气使用寿命。

绝缘挡板用来作为接触网与地之间的绝缘介质，由于桥下空间小，接触导线可能和绝缘挡板发生接触而产生表面放电。环氧玻璃钢和 SMC 模塑料具有较好的线性关系，而不饱和聚酯玻璃钢则呈折线关系，但都说明绝缘材料处于强电场下（尤其是表面放电条件下），其使用寿命将大大缩短，因此在工程中应尽量不使绝缘挡板处于表面放电状态下工作。接触网悬挂结构要尽量选用隔离悬挂，使接触线与绝缘挡板之间有空气间隙，形成二次绝缘。此时接触网的对地电压大部分加在空气间隙上，绝缘挡板上承受的电压较低，仅当电力机车经过桥下时，接触导线才可能与绝缘挡板产生短时接触，因此采用隔离悬挂可有效防止表面放电，使绝缘挡板的电气寿命得到延长。

11.1.7 绝缘台

绝缘台广泛应用于变电站、发电厂、配电房、试验室以及室外带电作业等，主要采用绝缘胶类和木质材料制作，具有良好的绝缘性，绝缘台外观图如图 11 - 7 所示。

图 11 - 7 绝缘台外观图

1. 绝缘台类型

绝缘台可按下列要求分类：

（1）按照电压等级分为 5kV 绝缘台、10kV 绝缘台、20kV 绝缘台、25kV 绝缘台、35kV 绝缘台。

（2）按颜色分为黑色胶垫、红色胶垫、绿色胶垫。

（3）绝缘台垫常规使用配置：

5kV 绝缘台垫：厚度 3mm；比重 $5.8kg/m^2$。

10kV 绝缘台垫：厚度 5mm；比重 $9.2kg/m^2$。

15kV 绝缘台垫：厚度 5mm；比重 $9.2kg/m^2$。

20kV 绝缘台垫：厚度 6mm；比重 $11kg/m^2$。

25kV 绝缘台垫：厚度 8mm；比重 $14.8kg/m^2$。

30k～35kV 绝缘台垫：厚度 10mm、12mm；比重 $18.4kg/m^2$、$22kg/m^2$。

2. 技术特性

（1）绝缘台具有良好的绝缘性。

（2）破坏均匀性、损坏表面光滑轮廓的缺陷，如（小孔、裂缝、局部隆起、切口、夹杂导电异物、折缝、空隙、凹凸波纹及铸造标志）等。

（3）对储存环境要求高，易受酸碱和油的污染。

（4）在干燥的、$-35\sim100℃$ 空气中、介电系数要求高的环境中工作。

3. 使用方法

（1）在装卸高压熔断器（保险）时，应戴护目眼镜和绝缘手套，必要时使用绝缘夹钳，并双脚站在绝缘台上。

（2）在转动着的电机上调整、清扫电刷及滑环时，应遵守下列规定：工作时站在绝缘台上，不能两人同时进行工作。工作时要戴手套或使用有绝缘把手的工具，穿绝缘靴或站在绝缘垫上。

（3）在继电保护、仪表第二次回路上的工作时，必须有专人监护，使用绝缘工具，并站在绝缘垫上。

4. 注意事项

（1）作业时，操作人员一定要戴绝缘手套，穿绝缘靴，并双脚站立在台面上。

（2）在使用前必须进行自检，若有小孔、裂缝、切口、夹杂导电异物等缺陷，不可使用。

（3）高压试验工作人员在全部加压过程中，应精力集中，随时警戒异常现象发生。

（4）应储存在干燥通风的环境中，远离热源，离开地面和墙壁 20cm 以上。

（5）避免受酸碱和油的污染，不要露天，避免阳光直射。

（6）绝缘应定期做绝缘试验。

11.1.8　绝缘垫

绝缘胶垫又称为绝缘毯、绝缘垫、绝缘橡胶板、绝缘胶板、绝缘橡胶垫、绝缘地胶、绝缘胶皮、绝缘垫片等。广泛用于配电等工作场合，可作为台面和铺地绝缘材料，绝缘垫外观图如图 11-8 所示。

图 11-8　绝缘垫外观图

1. 绝缘垫类型

绝缘垫可按下列要求分类：

按颜色可分为黑色绝缘胶垫、红色绝缘胶垫、绿色绝缘胶垫、黑绿色绝缘胶垫、电力灰绝缘胶垫。

按防滑类型可分为常规绝缘胶垫、防滑绝缘胶垫（柳叶防滑绝缘胶垫、凸点绝缘胶垫）。

2. 技术特性

绝缘垫厚度一般为 2mm、3mm、4mm、5mm、6mm、8mm、10mm、12mm，宽度为 1m、1.2m、1.5m。其物理机械性能良好，具有优良的绝缘性能，可在干燥的、-35～100℃空气中、介电系数要求高的环境中工作。

3. 使用方法

绝缘胶垫本身有一定重量，有较好的抓地性，可以直接平铺在地面上，一般无需胶水固定；接缝处可用壁纸刀切成斜度 45°的切口，对齐拼接后可保证无明显缝隙，不影响美观及绝缘胶垫正常使用。

4. 注意事项

（1）铺设地点应光滑、平整、无凹凸现象。

（2）绝缘垫的选用应符合国家标准，具有良好的机械性能和绝缘性能。

（3）使用前测试。每次使用前都要对绝缘胶垫的上下表面进行外观检查。如果发现绝缘胶垫存在可能影响安全性能的缺陷，如出现割裂、破损、厚度减薄等不足时，应禁止使用，及时更换。

（4）储存地点应干燥通风，远离热源。

（5）避免受酸碱和油污染，不能露天以防阳光直射。

11.2　安全防护工器具

一般安全防护工器具（一般防护用具）是指保护工作人员避免发生事故的工器具。常用的安全防护工器具主要包括防护眼镜、安全帽、安全带、安全衣、防坠器、双钩、限位绳、腰绳、绝缘布、耐酸工作服、耐酸手套、耐酸靴、防毒面具、防护面罩、临时遮栏、遮栏绳（网）、登高用梯子、脚扣（铁鞋）、站脚板、防静电服（静电感应防护服）、防电弧服、导电鞋（防静电鞋）、安全自锁器、速差自控器、过滤式防毒面具、正压式消防空气呼吸器、SF_6 气体检漏仪、氧量测试仪等，安全防护工器具外观图如图 11 - 9 所示。

11.2.1　安全防护工器具类型

安全防护工具器可分为一般安全防护工器具和特殊安全防护工器具两种。

一般安全防护工器具主要包括防护眼镜、安全帽、安全带、安全衣、防坠器、双钩、限位绳、腰绳、绝缘布、耐酸工作服、耐酸手套、耐酸靴、防毒面具、防护面罩、临时遮栏、遮栏绳（网）、登高用梯子、脚扣（铁鞋）、站脚板等。

图 11 - 9　安全防护工器具外观图

第二种是特殊安全防护工器具，主要包括防静电服（静电感应防护服）、防电弧服、导电鞋（防静电鞋）、安全自锁器、速差自控器、过滤式防毒面具、正压式消防空气呼吸器、SF_6 气体检漏仪、氧量测试仪等。

11.2.2　技术特性

1. 一般安全防护工器具

（1）护目眼镜是在维护电气设备和进行检修工作时，保护工作人员不受电弧灼伤以及防止异物落入眼内的防护用具。

（2）安全帽是一种用来保护工作人员头部，使头部免受外力冲击伤害的帽子。

（3）高压近电报警安全帽是一种带有高压近电报警功能的安全帽，一般由普通安全帽和高压近电报警器组合而成。

（4）安全带是预防高处作业人员坠落伤亡的个人防护用品，由腰带、围杆带、金属配件等组成。安全绳是安全带上保护人体不坠落的系绳。

（5）梯子是由木料、竹料、绝缘材料、铝合金材料等制作的登高作业工具。

（6）脚扣是用钢或合金材料制作的攀登电杆工具。

2. 特殊安全防护工器具

（1）防静电服是用于在有静电的场所降低人体电位、避免服装上带高电位而引起其他危害的特种服装。

（2）防电弧服是一种用绝缘和防护隔层制成的保护穿着者身体的防护服装，用于减轻或避免电弧发生时散发出的大量热能辐射和飞溅融化物的伤害。

（3）导电鞋是由特种性能橡胶制成的，在 220k～500kV 带电杆塔上及 330k～500kV 带电设备区非带电作业时为防止静电感应电压所穿用的鞋子。

（4）速差自控器是一种装有一定长度绳索的器件，作业时可不受限制地拉出绳索。坠落时，因速度的变化可将拉出绳索的长度锁定。

（5）过滤式防毒面具是在有氧环境中使用的呼吸器。

（6）正压式消防空气呼吸器是用于无氧环境中的呼吸器。

（7）SF_6 气体检漏仪是用于绝缘电器的制造以及现场维护、测量 SF_6 气体含量的专用仪器。

11.2.3 使用注意事项

1. 护目眼镜使用注意事项

护目眼镜外观图如图 11-10 所示。护目眼镜的佩戴要符合标准，使用要符合规定。如果佩戴和使用不正确，就起不到充分的防护作用。一般应注意下列事项：

（1）选用的护目镜要经过产品检验机构检验合格。

（2）护目镜的宽窄和大小要适合使用者的脸型。

（3）镜片磨损粗糙、镜架损坏，会影响操作人员的视力，应及时调换。

图 11-10 护目眼镜外观图

（4）护目镜要专人使用，防止传染眼病。

（5）焊接护目镜的滤光片和保护片要按规定作业需要选用和更换。

（6）防止重摔重压，防止坚硬的物体摩擦镜片和面罩。

图 11-11 防坠器外观图

2. 防坠器使用注意事项

防坠器外观图如图 11-11 所示。防坠器的佩戴、使用要符合标准和规定。如果佩戴和使用不正确，就起不到充分的防护作用。一般应注意下列事项：

（1）防坠器必须高挂低用，使用时应悬挂在使用者上方坚固钝边的结构物上。

（2）使用防坠器前应对安全绳外观做检查，并试锁2～3次。试锁方法：将安全绳以正常速度拉出应发出"嗒""嗒"声；用力猛拉安全绳，应能锁止。松手时安全绳应能自动回收到器内，如安全绳未能完全回收，只需稍拉出一些安全绳即可。如有异常应立即停止使用。

（3）使用防坠器进行倾斜作业时，原则上倾斜度不超过 30°，30°以上必须考虑能否撞击到周围物体。

（4）防坠器关键零部件已做耐磨、耐腐蚀等特种处理，并经严密调试，使用时不需加润滑剂。

（5）防坠器安全绳严禁扭结使用。严禁拆卸改装。并应放在干燥少尘的地方。

3. 安全带使用注意事项

安全带所用保护绳是用绵纶、维尼等高强度材料制作，电工围杆带可用优质黄牛皮制作，金属配件是由碳素钢或铝合金制作，安全带的破断强度必须达到国家规定的安全带破断拉力标准，安全带外观图如图 11-12 所示。

安全带的使用和保管注意事项：

（1）安全带使用前做一次外观全面检查，如发现契损、伤痕、金属配件变形、裂纹时，不准再次使用，平时每一个月进行一次外观检查。

（2）安全带应高挂低用或水平栓挂。高挂低用就是将安全带的保护绳挂在高处，人在下面工作。水平挂就是使用单腰带时，将安全带系在腰部，保护绳挂钩和带在同一水

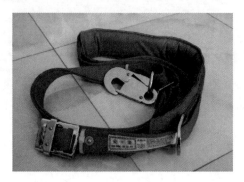

图 11-12　安全带外观图

平位置，人和挂钩保持差不多等于绳长的距离，禁止低挂高用，并应将活梁卡子系好。

（3）安全带上的各种附件不得任意拆除或不用，更换新保护绳时要有加强套，安全带的正常使用期限为 3～5 年，发现损伤应提前报废换新。

（4）安全带使用和保存时，应避免接触高温、明火和酸等腐蚀性物质，避免与坚硬、锐利的物体混放。

（5）安全带可放入温度较低的温水中，用肥皂、洗衣粉水轻轻擦洗，再用清水漂洗干净，然后晾干，不允许浸入高温热水中以及在阳光下曝晒或用火烤。

（6）安全带试验周期为半年，试验标准按国家有关规定执行。

图 11-13　安全绳外观图

4. 安全绳使用注意事项

安全绳是高空作业时必备的人身安全保护用品，通常与护腰式安全带配合使用，常用的安全绳长度有 2m、3m、5m，安全绳外观图如图 11-13 所示。

安全绳使用的注意事项：

（1）每次使用前必须进行外观检查，凡连接铁件有裂纹、变形、销扣失灵、安全绳断股的不得使用。

（2）使用的安全绳必须按规程进行定期静荷试

验，并有合格标志。

（3）安全绳应高挂低用。

（4）绑扎安全绳的有效长度，应根据工作性质和离地面高度而定，一般为 3～4m，绑扎安全绳的有效长度必须小于对地高度，以起到人身保护作用，作业高度过高时，安全绳可以接长使用。

（5）安全绳切忌接触高温、明火和酸类物质，以及有锐利尖角的物质。

（6）安全绳的试验周期为半年，试验静拉力为 2205N 保持 5min。

5. 安全帽使用注意事项

安全帽是用于保护使用者头部或减缓外来物体冲击伤害的个人防护用品，在工作现场佩戴安全帽，可预防或减缓高空坠落物体对人员头部的伤害，因此，无论高空作业人员或配合人员都应戴安全帽，安全帽外观图如图 11-14 所示。

图 11-14　安全帽外观图

使用安全帽的注意事项：

（1）使用完好无损的安全帽，在试验周期内试验，并在使用期内使用。

（2）系紧下颏带，防止在工作过程中或外来物体打击时脱落。

（3）帽衬完好。

（4）所用的安全帽应符合国家有有关技术规定。

（5）有问题的安全帽应及时更换，玻璃钢及塑料安全帽的正常使用周期为 2～4 年，超过使用期的停止使用。

11.3　水面光伏的运维船只及运维码头安全措施

（1）船舶驾驶员要取得交通海事部门的驾驶证书，持证上岗。

（2）码头明显处设立乘船须知及注意事项，不准超员，码头应设置防滑、消防、救生等防护安全设施。

（3）码头应设置安全可靠的码头系泊设备、防冲设备、船岸连接设施和护栏。

（4）船岸连接的引桥或渡板应设防滑设施，且设置固定或活动式护栏，护栏外侧应设置防护网。

（5）严格按照海事部门的要求，做到"三证一牌一线"齐全、有效。"三证"即船舶检验证书、船舶登记证书、船员证书，"一牌"指船名牌，"一线"指船舶载重线。

（6）船只应配置无线手机或无线对讲机，具备遇险呼救报警功能。

（7）按航行规则履行职责，坚守岗位，集中精力谨慎驾驶，严格按照规定航线航行。

（8）离靠码头要观察好周围有无船只及危险物，方可航行。

（9）启动前应检查发动机情况和其他附件是否正常。

（10）按海事要求四级风以上不得出船，所有船只按要求严格进行海事部门核载重，配好救生设备，严禁超重。

（11）如特殊需要航行至航道不明确环境时，做到认真躲让或测水前进，不盲目行驶。

（12）有碰撞危险时做到及时准确采取措施，避免事故，减少事故损失。

（13）乘坐要遵守码头守则，维护乘船秩序，不得抢船；上船后要听从船员指挥，防止发生事故。

（14）必须配备水上安全救生器材、灭火器材和急救箱方可出船。

（15）破漏失修或驾船工具缺损的船只不准开航。

（16）遇有以下情况严禁游船出航。

1）水面达四级风以上。

2）水面视线不清的天气。

3）汛期水流湍急时。

4）超员超载。

5）船只的安全设施存在故障或配备不足。

6）船员酒后上岗。

11.4　标准依据

安全工器具必须遵照的相关标准及规范见表 11-4。

表 11-4　　　　　　　　　　安全工器具的标准依据

序号	名　称	编号或计划号
1	电力安全工作规程　发电厂和变电站电气部分	GB 26860—2011
2	个体防护装备　职业鞋	GB 21146—2007
3	个体防护装备　防护鞋	GB 21147—2007
4	个体防护装备　安全鞋	GB 21148—2007
5	起重机械安全规程	GB 6067.1—2010
6	固定式钢梯及平台安全要求　第 1 部分：钢直梯	GB 4053.1—2009
7	固定式钢梯及平台安全要求　第 2 部分：钢斜梯	GB 4053.2—2009
8	固定式钢梯及平台安全要求　第 3 部分：工业防护栏杆及钢平台	GB 4053.3—2009
9	手部防护　通用技术条件及测试方法	GB/T 12624—2009
10	带电作业用绝缘手套	GB/T 17622—2008
11	手部防护　防护手套的选择、使用和维护指南	GB/T 29512—2013
12	足部防护鞋（靴）材料安全性选择规范	GB/T 31008—2014

序号	名　　称	编号或计划号
13	足部防护鞋（靴）安全性要求及测试方法	GB/T 31009—2014
14	用电安全导则	GB/T 13869—2017
15	电容型验电器	DL/T 740—2014
16	带电作业用绝缘垫	DL/T 853—2015
17	电力安全工器具配置与存放技术要求	DL/T 1475—2015
18	电力安全工器具预防性试验规程	DL/T 1476—2015
19	安全工器具柜技术条件	DL/T 1692—2017
20	电绝缘橡胶板	HG 2949—1999

附　　录

附录 1　DL/T 1476—2015《电力安全工器具预防性试验规程》节选

1　范围

本标准规定了电力安全工器具定期预防性试验的项目、周期、要求及试验方法。

本标准适用于电力安全工器具的预防性试验。

2　规范性引用文件

下列文件对于本标准的应用是必不可少的。凡是注日期的引用文件，仅注日期的版本适用于本文件。凡是不注日期的引用文件，其最新版本（包括所有的修改单）适用于本文件。

GB/T 2812　安全帽测试方法

GB 12011　足部防护　电绝缘鞋

GB/T 16927.1　高电压试验技术　第 1 部分：一般定义及试验要求

GB/T 17889.2　梯子　第 2 部分：要求、试验和标志

GB21146　个体防护装备职业鞋

GB 26861　电力安全工作规程　高压试验室部分

DL/T 740　电容型验电器

DL/T 976　带电作业工具、装置和设备预防性试验规程

DL/T 1209　变电站登高作业及防护器材技术要求

3　术语和定义

下列术语和定义适用于本标准。

3.1

电力安全工器具　electric safety tools and devices

防止电力作业人员发生触电、机械伤害、高处坠落等伤害及职业危害的材料、器械或装置。

3.2

预防性试验　preventive test

为了发现电力安全工器具的隐患，预防发生设备或人身事故，对其进行的检查、试验或检测。

4 分类

电力安全工器具可分为个体防护装备、绝缘安全工器具、登高工器具、警示标识四类，分别如下：

a）个体防护装备：指保护人体避免受到急性伤害而使用的安全用具。

b）绝缘安全工器具：可分为基本绝缘安全工器具（含带电作业绝缘安全工器具）和辅助绝缘安全工器具，分别如下：

1）基本绝缘安全工器具：指能直接操作带电装置、接触或可能接触带电体的工器具，其中部分为带电作业专用绝缘安全工器具，带电作业绝缘安全工器具的预防性试验按 DL/T 976 进行。

2）辅助绝缘安全工器具：指绝缘强度不能承受设备或线路的工作电压，仅用于加强基本绝缘安全工器具的保安作用，以防止接触电压、跨步电压、泄漏电流及电弧对作业人员造成伤害的安全工器具。

c）登高工器具：指用于登高作业、临时性高处作业的工具。

d）警示标识：包括安全围栏（网）和标识牌。安全围栏（网）包括用各种材料做成的安全围栏、安全围网和红布幔；标识牌包括各种安全标示牌、设备标识牌、锥形交通标、警示带等。

5 总则

5.1 试验场所的设施及环境条件

试验场所的设施应使试验正确地实施并能将不相容活动的相邻区域有效隔离。机械试验应配备防止飞物的防护装置，承力支架应能承受试验所需最大应力（或力矩）的 1.1 倍；电气试验应符合 GB 26861 规定的试验场所设施的相关要求。

试验场所的环境条件应检测、控制和记录，确保其不会导致试验结果无效或对所要求的测试质量产生不良影响，其中电气试验应符合 GB 26861 规定的试验环境的相关要求。

5.2 试验设备

检测、测量所用的试验设备应符合所进行的预防性试验的相关技术要求。

所有测量、试验设备，包括对试验结果的准确性或有效性有显著影响的环境测量设备，在使用前应由有资质的机构进行检定或校准。

5.3 试验流程

试验流程含外观检查、检测试验、数据记录、出具报告等。

试验前应对试品进行外观检查，必要时对试品进行清洁、干燥。外观检查合格，方可进行试验，试验应按先机械试验后电气试验的顺序进行。

5.4 试验对象

电力安全工器具预防性试验的对象为按规定周期、新购置投入使用前、检修或关键零部件更换后、使用过程中对性能有疑问或发现缺陷、出现质量问题的同批电力安全工器具。

6　试验项目、周期、要求及试验方法

6.1　个体防护装备

6.1.1　安全帽

6.1.1.1　外观检查

永久标识和产品说明等标识应清晰完整；安全帽的帽壳、帽衬（帽箍、吸汗带、缓冲垫及衬带）、帽箍扣、下颏带等组件应完好无缺失。

帽壳内外表面应平整光滑，无划痕、裂缝和孔洞，无灼伤、冲击痕迹。

6.1.1.2　试验项目、周期和要求

试验项目、周期和要求见表1。

表 1　　　　　　　　　　安全帽的试验项目、周期和要求

序号	项目	周　期	要　　　求
1	冲击性能试验	植物枝条编织帽：1年后 塑料和纸胶帽：2.5年后	传递到头模上的冲击力小于4900N，帽壳不得有碎片脱落
2	耐穿刺性能试验	玻璃钢（维纶钢）橡胶帽：3.5年后	钢锥不接触头模表面，帽壳不得有碎片脱落

注：使用期从产品制造完成之日起计算，以后每年抽检一次。每批从最严酷使用场合中抽取，每项试验试样不少于2顶，有一顶不合格，则该批安全帽报废。

6.1.1.3　试验方法

冲击性能试验方法按 GB/T 2812 进行。

耐穿刺性能试验方法按 GB/T 2812 进行。

6.1.2　安全带

6.1.2.1　外观检查

商标、合格证和检验证等标识应清晰完整；各部件应完整无缺失、无伤残破损。

6.1.2.2　试验项目、周期和要求

试验项目、周期和要求见表2，试验后应无变形或破断。

表 2　　　　　　　　　　安全带的试验项目、周期和要求

项目	周期	要　　求		
		种类	试验静拉力（N）	载荷时间（min）
静负荷试验	1年	坠落悬挂安全带	3300	5
		围杆作业安全带	2205	5
		区域限制安全带	1200	5

注：牛皮带的试验周期为半年。

6.1.2.3　试验方法

静负荷试验连接形式见附录 A 图 A.1，按表2所列种类、对应的静拉力和时间，拉伸速度为 100mm/min。

6.1.3 安全绳

6.1.3.1 外观检查

绳体应光滑、干燥，无霉变、断股、磨损、灼伤、缺口等缺陷；各部件应顺滑，无材料或制造缺陷，无尖角或锋利边缘；护套（如有）应完整、无破损。

6.1.3.2 试验项目、周期和要求

试验项目、周期和要求见表 3。

表 3 安全绳的试验项目、周期和要求

项目	周期	要 求
静负荷试验	1 年	施加 2205N 静拉力，持续时间 5min，卸载后无变形或破断

6.1.3.3 试验方法

静负荷试验方法按 6.1.2.3 进行。

6.1.4 速差自控器

6.1.4.1 外观检查

外观应平滑，无材料和制造缺陷，无毛刺和锋利边缘；各部件应完整无缺失、无伤残破损。

安全识别保险装置（如有）应未动作。

用手将速差自控器的安全绳（带）进行快速拉出，应能有效制动并完全回收。

6.1.4.2 试验项目、周期和要求

试验项目、周期和要求见表 4。

表 4 速差自控器的试验项目、周期和要求

项目	周期	要 求
空载动作试验	1 年	拉出的钢丝绳（或合成纤维带）卸载或锁止卸载后，即能自动回缩，无卡绳（或卡带）现象

6.1.4.3 试验方法

将速差器钢丝绳（或合成纤维带）在其全行程中任选 5 处，进行拉出、制动。

6.1.5 自锁器（含导轨式、绳索式）

6.1.5.1 外观检查

各部件应完整无缺失；本体及配件应无目测可见的凹凸痕迹；本体为金属材料时，无裂纹、变形及锈蚀等缺陷；所有铆接面应平整、无毛刺，金属表面镀层应均匀、光亮，不允许有起皮、变色等缺陷；本体为工程塑料时，表面应无气泡、开裂等缺陷。

自锁器上的导向轮应转动灵活，无卡阻、破损等缺陷。

6.1.5.2 试验项目、周期和要求

试验项目、周期和要求见表3。

6.1.5.3　试验方法

静负荷试验方法按6.1.2.3进行。

6.1.6　缓冲器

6.1.6.1　外观检查

各部件应平滑，无材料和制造缺陷，无尖角或锋利边缘。

织带型缓冲器的保护套应完整，无破损、开裂等现象。

6.1.6.2　试验项目、周期和要求

试验项目、周期和要求见表3，其中施加静拉力为1200N。

6.1.6.3　试验方法

静负荷试验方法按6.1.2.3进行。

6.1.7　导电鞋

6.1.7.1　外观检查

鞋体内外表面应无破损。

6.1.7.2　试验项目、周期和要求

试验项目、周期和要求见表5。

表5　　　　　　　　　　　　导电鞋的试验项目、周期和要求

项　　目	周　　期	要　　求
直流电阻试验	穿用累计≤200h	100V直流，电阻值小于100kΩ

6.1.7.3　试验方法

直流电阻试验按GB 21146进行。

6.1.8　个人保安线

6.1.8.1　外观检查

线夹完整、无损坏，线夹与电力设备及接地体的接触面无毛刺。

导线无裸露部分，导线外覆透明护层应均匀、无龟裂。

6.1.8.2　试验项目、周期和要求

试验项目、周期和要求见表6。

表6　　　　　　　　　　　　个人保安线的试验项目、周期和要求

项　　目	周期	要　　求
成组直流电阻试验	5年	在各接线夹之间测量电阻，对应10mm²、16mm²、25mm²的截面，平均每米的电阻值应小于1.98mΩ、1.24mΩ、0.79mΩ

6.1.8.3　试验方法

采用电流—电压表法的直流电压降法方式来测量，试验电流应不小于30A。

按测量的各接线鼻间长度与直流电阻值，计算每米的电阻值。组合式测量接线示意见附录B图B.1。

6.2 基本绝缘安全工器具

6.2.1 绝缘杆

6.2.1.1 外观检查

杆的接头连接应紧密牢固,无松动、锈蚀和断裂等现象。

杆体应光滑,绝缘部分应无气泡、皱纹、裂纹、绝缘层脱落、严重的机械或电灼伤痕,玻璃纤维布与树脂间黏接应完好不得开胶。

握手的手持部分护套与操作杆连接应紧密、无破损,不产生相对滑动或转动。

6.2.1.2 试验项目、周期和要求

试验项目、周期和要求见表 7,耐压试验中各绝缘杆不应发生闪络或击穿,试验后绝缘杆应无放电、灼伤痕迹,无明显发热现象。

表 7   绝缘杆的试验项目、周期和要求

序号	项目	周期	要求			
			额定电压（kV）	试验长度（m）	耐压（kV）	
					1min	3min
1	工频耐压试验	1 年	10	0.7	45	—
			35（20）	0.9	95	—
			66	1.0	175	—
			110	1.3	220	—
			220	2.1	440	—
			330	3.2	—	380
			500	4.1	—	580
			750	4.7	—	780
			1000	6.3	—	1150
2	直流耐压试验	1 年	±400	4.2	—	740
			±500	3.2	—	680
			±660	4.3	—	745
			±800	6.6	—	895

注：表中数据为 $h<500m$ 的试验长度和电压；仅 ±400kV 为 $2800m<h\leqslant4500m$ 的数据，h 为海拔。

6.2.1.3 试验方法

按以下步骤进行试验：

a）高压试验电极置于绝缘杆工作部分；

b）试验长度为高压试验电极与接地电极间的距离（不含绝缘操作杆间金属连接头元件的长度），并按表 7 中的数值确定；

c）电极宜用 50mm 左右宽的金属箔或其他合适方法包绕,并使相邻绝缘杆间保持一定距离；

d）工频耐压试验按 GB/T 16927.1 的要求进行。

6.2.2　携带型短路接地线

6.2.2.1　外观检查

接地绝缘棒的外观检查要求按6.2.1.1进行。

线夹及导线的外观检查要求按6.1.8.1进行。

6.2.2.2　试验项目、周期和要求

试验项目、周期和要求见表8，耐压试验中各接地绝缘棒不应发生闪络或击穿，试验后接地绝缘杆应无放电、灼伤痕迹，无明显发热现象。

表8　　　　　　　　携带型短路接地线的试验项目、周期和要求

序号	项　目	周期	要　求		
1	接地线的成组直流电阻试验	5年	先在各接线鼻之间测量直流电阻，然后在各线夹之间测量直流电阻，对应25mm²、35mm²、50mm²、70mm²、95mm²、120mm²的各种截面，平均每米的电阻值应分别小于0.79mΩ、0.56mΩ、0.40mΩ、0.28mΩ、0.21mΩ、0.16mΩ		
2	接地绝缘棒的工频耐压试验（整杆）	5年	额定电压（kV）	工频耐压（kV）	
				1min	3min
			10	45	—
			35（20）	95	—
			66	175	—
			110	220	—
			220	440	—
			330	—	380
			500	—	580
			750	—	780
			1000	—	1150
3	接地绝缘棒的直流耐压试验（整杆）	5年	±400		740
			±500		680
			±660		745
			±800		895

注：表中数据为h＜500m的试验长度和电压；仅±400kV为2800m＜h≤4500m的数据，h为海拔。

6.2.2.3　试验方法

成组直流电阻试验方法按6.1.8.3进行。

工频耐压试验电压加在接地绝缘棒的护环与紧固头之间，并按表8确定试验数值，其他按6.2.1.3进行。

6.2.3　电容型验电器

6.2.3.1　外观检查

绝缘杆应无气泡、皱纹、裂纹、划痕、硬伤、绝缘层脱落、严重的机械或电灼伤

痕。伸缩型绝缘杆各节配合应合理，拉伸后不应自动回缩。

指示器应密封完好，表面应光滑、平整。

手柄与绝缘杆、绝缘杆与指示器的连接应紧密牢固。

自检三次，指示器均应有视觉和听觉信号出现。

6.2.3.2 试验项目、周期和要求

试验项目、周期和要求见表9。

表9　　　　　　　　　　　　电容型验电器的试验项目、周期和要求

序号	项　目	周期	要　　求
1	起动电压试验	1年	起动电压值在额定电压的10%～45%
2	工频耐压试验	1年	同表7

6.2.3.3 试验方法

起动电压试验方法如下：

a) 将指示器接触电极与试验电极相接触；

b) 升压按GB/T 16927.1要求进行，"电压存在"指示信号出现，停止升压，若信号继续存在，记录此刻启动电压值；

c) 试验变压器迅速返零、断电并放电；

d) 不带与带接触电极延长段验电器的试验布置按DL/T 740要求布置。

工频耐压试验方法：

操作杆工频耐压试验方法按6.2.1.3进行。

6.2.4 核相器

6.2.4.1 外观检查

各部件应无明显损伤，连接可靠。

指示器表面应光滑、平整，密封完好。

绝缘杆内外表面应清洁、光滑，无划痕及硬伤。

连接线绝缘层应无破损、老化现象，导线无扭结现象。

6.2.4.2 试验项目、周期和要求

试验项目、周期和要求见表10，绝缘部分工频耐压试验、连接导线绝缘强度试验后应无击穿现象。

表10　　　　　　　　　　　　核相器的试验项目、周期和要求

序号	项目	周期	要　　求			
1	动作电压试验	1年	最低起动电压应达0.25倍额定电压			
2	绝缘部分工频耐压试验	1年	额定电压（kV）	试验长度（m）	工频耐压（kV）	持续时间（min）
			10	0.7	45	1
			35	0.9	95	1

续表

序号	项目	周期	要求		
3	连接导线绝缘强度试验	必要时	额定电压（kV）	工频耐压（kV）	持续时间（min）
			10	8	5
			35	28	5
4	电阻管泄漏电流试验	半年	额定电压（kV）	工频耐压（kV）	持续时间（min）	泄漏电流（mA）
			10	10	1	≤2
			35	35	1	≤2

注：对于无线式的核相器仅做动作电压和绝缘部分工频耐压试验。

6.2.4.3 试验方法

a）动作电压试验。

将两极接触电极连接到试验电压，按 GB/T 16927.1 进行升压，测量其起动电压。

b）绝缘部分工频耐压试验。

试验电压加在核相棒的有效绝缘部分，试验方法按 6.2.1.3 进行。

c）连接导线绝缘强度试验。

导线应平直，浸泡于电阻率小于 100Ω·m 的水中，两端 350mm 露出水面，试验电路图见附录 B 图 B.2；

金属器皿与连接导线间按 GB/T 16927.1 进行升压至表 10 规定值。

d）电阻管泄漏电流试验。

试验电极与交流电压一极相接，连接导线端口与交流电压接地极相接；按 GB/T 16927.1 进行升压至表 10 规定值，测量泄漏电流值。

6.2.5 绝缘罩

6.2.5.1 外观检查

罩内外表面不应存在破坏其均匀性、损坏表面光滑轮廓的缺陷，如小孔、裂缝、局部隆起、切口、夹杂导电异物、折缝、空隙及凹凸波纹等。

提环、孔眼、挂钩等用于安装的配件应无破损，闭锁部件应开闭灵活，闭锁可靠。

6.2.5.2 试验项目、周期和要求

试验项目、周期和要求见表 11，试验中不应出现闪络或击穿现象，试验后各部位应无灼伤、发热现象。

6.2.5.3 试验方法

试验步骤如下：

a）工频耐压试验内部电极为置于其内部中心处金属芯棒；

表 11 绝缘罩的试验项目、周期和要求

项目	周期	要 求		
		额定电压（kV）	工频耐压（kV）	持续时间（min）
工频耐压试验	1 年	10	30	1
		20	50	1
		35	80	1

b）外部电极为接地电极，由导电材料制成（如金属箔或导电漆等），试验电极布置如附录 B 图 B.3 所示；按 GB/T 16927.1 进行升压至表 11 规定值。

6.2.6 绝缘隔板

6.2.6.1 外观检查

标识应清晰完整，表面均匀，无小孔、裂缝、局部隆起、切口、异物、折缝、空隙等。

6.2.6.2 试验项目、周期和要求

试验项目、周期和要求见表 12，试验中不应出现闪络或击穿，试验后各部分应无灼伤、无明显发热。

表 12 绝缘隔板的试验项目、周期和要求

序号	项 目	周期	要 求		
1	表面工频耐压试验	1 年	额定电压（kV）	工频耐压（kV）	持续时间（min）
			6～35	60	1
2	工频耐压试验	1 年	额定电压（kV）	工频耐压（kV）	持续时间（min）
			10	30	1
			20	50	1
			35	80	1

6.2.6.3 试验方法

表面工频耐压试验步骤如下：

a）绝缘隔板上下安装长 70mm、宽 30mm 的金属极板，两电极之间的距离为 300mm；

b）两电极间按 GB/T 16927.1 进行升压至表 12 规定值。

工频耐压试验步骤如下：

a）隔板上下铺设去除与遮蔽罩之间空隙的湿布、金属箔或其他材料；

b）铺设物覆盖试品，除上下四周边缘各留出 200mm 左右的距离外，其余区域安装金属极板；

c）在试验电极间按 GB/T 16927.1 进行升压至表 12 规定值。

6.2.7 绝缘绳

6.2.7.1 外观检查

绳应光滑、干燥，无霉变、断股、磨损、灼伤、缺口。

6.2.7.2　试验项目、周期和要求

试验项目、周期和要求见表13，试验中不应发生闪络或击穿，试验后无放电、灼伤痕迹及明显发热。

表 13　　　　　　　　　　　　绝缘绳的试验项目、周期和要求

项目	周期	要　求		
工频耐压试验	半年	工频耐压（kV）	试验长度（mm）	持续时间（min）
		100	500	5

6.2.7.3　试验方法

试验步骤如下：

a）工频耐压高压试验电极置于绳的工作部位，接地与试验电极用50mm左右宽的金属箔或导线包绕，该两极间的距离为试验长度，并按表13中试验长度确定两电极间距离；

b）按 GB/T 16927.1 进行升压至表 13 规定值。

6.2.8　绝缘夹钳

6.2.8.1　外观检查

绝缘部分应无气泡、皱纹、裂纹、绝缘层脱落、严重的机械或电灼伤痕，玻璃纤维布与树脂间应黏接完好，不应开胶。握手部分护套与绝缘部分应连接紧密、无破损，不产生相对滑动或转动。

钳口动作应灵活，无卡阻现象。

6.2.8.2　试验项目、周期和要求

试验项目、周期和要求见表14，试验中不应发生闪络或击穿，试验后无放电、灼伤痕迹及明显发热。

表 14　　　　　　　　　绝缘夹钳的试验项目、周期和要求

项目	周期	要　求			
工频耐压试验	1年	额定电压（kV）	试验长度（mm）	工频耐压（kV）	持续时间（min）
		10	700	45	1
		35	900	95	1

6.2.8.3　试验方法

试验步骤如下：

a）高压试验电极置于绝缘夹钳工作部位，接地与试验电极用50mm左右宽的金属箔或导线包绕，该两极间的距离为试验长度，并按表14中试验长度确定两电极间距离；

b）按 GB/T 16927.1 进行升压至表 14 规定值。

6.3　辅助绝缘安全工器具

6.3.1　辅助型绝缘手套

6.3.1.1　外观检查

手套应质地柔软良好，内外表面均应平滑、完好无损，无划痕、裂缝、折缝和孔洞。

6.3.1.2　试验项目、周期和要求

试验项目、周期和要求见表15。

表 15　　　　　　　　　　　**辅助型绝缘手套的试验项目、周期和要求**

项目	周期	要　求			
工频耐压试验	半年	电压等级	工频耐压（kV）	持续时间（min）	泄漏电流（mA）
		低压	2.5	1	≤2.5
		高压	8	1	≤9

6.3.1.3　试验方法

试验步骤如下：

a）将辅助型绝缘手套置入并浸在盛有相同自来水、内外水平面高度相同的金属器皿中，露出水面90mm并擦干，试验电路见附录B图B.4；

b）按GB/T 16927.1进行升压至表15规定值，不应发生电气击穿，测量泄漏电流。

6.3.2　辅助型绝缘靴（鞋）

6.3.2.1　外观检查

鞋底不应出现防滑齿磨平、外底磨露出绝缘层等现象。

6.3.2.2　试验项目、周期和要求

试验项目、周期和要求见表16。

表 16　　　　　　　　　　　**辅助型绝缘靴（鞋）的试验项目、周期和要求**

项目	周期	要　求		
工频耐压试验	半年	工频耐压（kV）	持续时间（min）	泄漏电流（mA）
		15	1	≤6

6.3.2.3　试验方法

工频耐压试验按GB 12011进行，试验电路见附录B图B.5。

6.3.3　辅助型绝缘胶垫

6.3.3.1　外观检查

上下表面应不存在破坏均匀性、损坏表面光滑轮廓的缺陷，如小孔、裂缝、局部隆起、切口、夹杂导电异物、折缝、空隙、凹凸波纹及铸造标志等。

6.3.3.2　试验项目、周期和要求

试验项目、周期和要求见表17，试验中不应出现闪络或击穿现象，试验后各部位应无灼伤、明显发热现象。

表 17 　　　　　　　　　　　　辅助型绝缘胶垫的试验项目、周期和要求

项目	周期	要　求		
工频耐压试验	1 年	电压等级	工频耐压（kV）	持续时间（min）
		低压	3.5	1
		高压	15	1

注：使用于带电设备区域。

6.3.3.3　试验方法

试验步骤如下：

a）上下铺设较被测绝缘胶垫四周小 200mm 的湿布、金属箔或其他材料，试验电路见附录 B 图 B.6；

b）按 GB/T 16927.1 进行升压至表 17 规定电压值；

c）试样分段试验时两段试验边缘应重合。

6.4　登高工器具

6.4.1　登杆脚扣

6.4.1.1　外观检查

围杆钩在扣体内应滑动灵活、可靠、无卡阻现象；保险装置应能可靠防止围杆钩在扣体内脱落。

小爪应连接牢固，活动灵活。

橡胶防滑块与小爪钢板、围杆钩连接应牢固，覆盖完整，无破损。

脚带应完好，止脱扣应良好，无霉变、裂缝或严重变形。

6.4.1.2　试验项目、周期和要求

试验项目、周期和要求见表 18。

表 18 　　　　　　　　　　　　登杆脚扣的试验项目、周期和要求

序号	项目	周期	要　求
1	整体静负荷试验	1 年	施加 1176N 静压力，持续时间 5min，卸载后活动钩应符合外观检查要求，其他受力部位无影响正常工作的变形和其他可见的缺陷
2	扣带强力试验	1 年	施加 90N 静拉力，持续时间 5min，卸载后不应出现织带撕裂、金属件明显变形、扣合处明显松脱等现象

6.4.1.3　试验方法

整体静负荷试验：

a）脚扣安放在模拟的等径杆上，如附录 A 图 A.2 所示；

b）踏盘采用拉力试验机加静压力，按表 18 的要求进行。

扣带强力试验：

a）按正常使用时的长度和方式扣合后，装夹在拉力试验机上，装夹方法见附录 A 图 A.3；

b) 加载速度为 100mm/min±5mm/min，保载过程观察试样状态。

6.4.2 登高板

6.4.2.1 外观检查

钩子不得有裂纹、变形和严重锈蚀，心型环应完整、下部有插花，绳索无断股、霉变或严重磨损。

绳扣接头每绳股连续插花应不少于 4 道，绳扣与踏板间应套接紧密。

6.4.2.2 试验项目、周期和要求

试验项目、周期和要求见表 19。

表 19　登高板的试验项目、周期和要求

项目	周期	要　　求
静负荷试验	半年	施加 2205N 静压力，持续时间 5min，卸载后围杆绳无破断、撕裂，钩子无变形，踏板无损伤

6.4.2.3 试验方法

静负荷试验时将登高板安放在拉力机上，加载速度应缓慢均匀，如附录 A 图 A.4 所示。

6.4.3 硬梯（含竹梯、木梯、铝合金梯、复合材料梯及梯凳）

6.4.3.1 外观检查

踏棍（板）与梯梁连接应牢固，整梯无松散，各部件无变形，梯脚防滑良好，梯子竖立后应平稳，无目测可见的侧向倾斜。

升降梯应升降灵活，锁紧装置可靠；铝合金折梯铰链应牢固，开闭灵活，无松动。

折梯限制开度装置应完整牢固；延伸式梯子操作用绳应无断股、打结等现象，升降灵活，锁位准确可靠。

竹、木梯应无虫蛀、腐蚀等现象。

6.4.3.2 试验项目、周期和要求

试验项目、周期和要求见表 20。

表 20　硬梯的试验项目、周期和要求

项目	周　　期		要　　求
静负荷试验	竹梯、木梯	半年	施加 1765N 静压力，持续时间 5min，卸载后各部件不应发生永久变形和损伤
	其他梯	1 年	

6.4.3.3 试验方法

静负荷试验按 GB/T 17889.2 进行。

6.4.4 软梯

6.4.4.1 外观检查

标志应清晰，每股绳索及每股线均应紧密绞合，不得有松散、分股的现象。

6.4.4.2 试验项目、周期和要求

试验项目、周期和要求见表 21。

表 21　　　　　　　　　　　　　　　软梯的试验项目、周期和要求

项目	周期	要　求
静负荷试验	半年	施加 4900N 静压力，持续时间 5min，卸载后各部件不应发生永久变形和损伤

6.4.4.3　试验方法

静负荷试验按 GB/T 17889.2 进行。

6.4.5　快装脚手架

6.4.5.1　外观检查

复合材料构件表面应光滑，绝缘部分应无气泡、皱纹、裂纹、绝缘层脱落、明显的机械或电灼伤痕，纤维布（毡、丝）与树脂间黏接应完好，不得开胶。

6.4.5.2　试验项目、周期和要求

试验项目、周期和要求见表 22。

表 22　　　　　　　　　　　　　快装脚手架的试验项目、周期和要求

序号	项目	周期	要　求
1	平台强度试验	1 年	施加 1960N 静压力，持续时间 5min，卸载后各部件不应发生永久变形和损伤
2	踏档强度试验	1 年	

6.4.5.3　试验方法

平台强度试验、踏档强度试验按 DL/T 1209.4 进行。

6.4.6　检修平台（含高空组合平台）

6.4.6.1　外观检查

复合材料构件表面应光滑，绝缘部分应无气泡、皱纹、裂纹、绝缘层脱落、明显的机械或电灼伤痕，玻璃纤维布（毡、丝）与树脂间黏接应完好，不得开胶。

金属材料零部件表面应光滑、平整，棱边应倒圆弧、不应有尖锐棱角，应进行防腐处理（铝合金宜采用表面阳极氧化处理；黑色金属宜采用镀锌处理；可旋转部位的材料宜采用不锈钢）。

升降型检修平台起升降作用的牵引绳索宜采用非导电材料，且应无灼伤、脆裂、断股、霉变和扭结。

6.4.6.2　试验项目、周期和要求

试验项目、周期和要求见表 23，卸载后各部件不应发生永久变形和损伤。

表 23　　　　　　　　　　　　　检修平台的试验项目、周期和要求

序号	项　目	周期	试验静压力（N）	持续时间（min）
1	平台/悬挂装置强度	1 年	1960	5
2	踏档强度	1 年	980	5

6.4.6.3　试验方法

平台/悬挂装置强度试验、踏档强度试验按 DL/T 1209.4 进行。

附 录 A

（资料性附录）

机械试验示意图

安全带整体静负荷试验示意图见图 A.1。

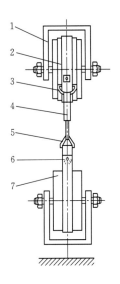

1—夹具；2—安全带；3—半圆环；4—钩；5—三角环；6—带、绳；7—木轮

图 A.1 安全带整体静负荷试验示意图

登杆脚扣整体静负荷试验示意图见图 A.2。

登杆脚扣扣带强力试验试样装夹方法示意图见图 A.3。

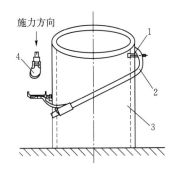

1—限位装置；2—登杆脚扣；3—模拟电杆；4—鞋模

图 A.2 登杆脚扣整体静负荷试验示意图

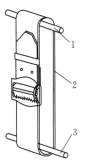

1—上夹具销轴；2—扣带；3—下夹具销轴

图 A.3 登杆脚扣扣带强力试验试样装夹方法示意图

登高板静负荷试验示意图见图 A.4。

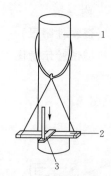

1—模拟电杆；2—登高板；3—压力板

图 A.4　登高板静负荷试验示意图

附　录　B
（资料性附录）
电气试验接线图

个人保安线、携带型短路接地线线鼻子间成组直流电阻试验接线图见图 B.1。

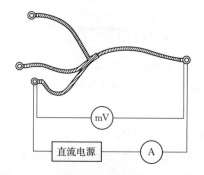

图 B.1　个人保安线、携带型短路接地线线鼻子间成组直流电阻试验接线图

核相器连接导线绝缘强度试验接线图见图 B.2。

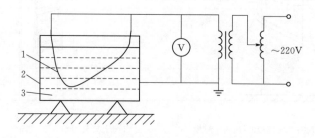

1—连接导线；2—金属盆；3—水

图 B.2　核相器连接导线绝缘强度试验接线图

绝缘罩试验电极布置示意见图 B.3。

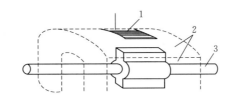

1—接地电极；2—金属箔或导电漆；3—高压电极

图 B.3 绝缘罩试验电极布置示意图

辅助型绝缘手套试验接线图见图 B.4。

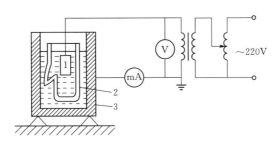

1—电极；2—试样；3—盛水金属器皿

图 B.4 辅助型绝缘手套试验接线图

辅助型绝缘靴试验接线图见图 B.5。

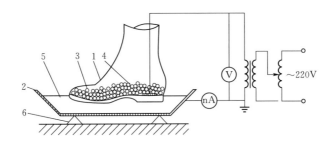

1—被试靴；2—金属盘；3—金属球；4—金属片；5—海绵和水；6—绝缘支架

图 B.5 辅助型绝缘靴试验接线图

辅助型绝缘胶垫试验接线图见图 B.6。

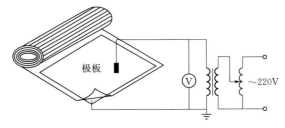

图 B.6 辅助型绝缘胶垫试验接线图

附录 2　DL/T 1253—2013《电力电缆线路
运行规程》节选

1　范围

本标准规定了电力电缆线路（以下称电缆线路）的一般工作要求、运行技术性能和使用条件、验收、运行管理、维护检修及故障处理等要求。

本标准适用于额定电压为 500kV 及以下的交流电缆线路。其它电缆线路可以参照使用。

2　规范性引用文件

下列文件对于本文件的应用是必不可少的。凡是注日期的引用文件，仅注日期的版本适用于本文件。凡是不注日期的引用文件，其最新版本（包括所有的修改单）适用于本文件。

GB/T 507　绝缘油　击穿电压测定法

GB/T 2900.10　电工术语　电缆

GB/T 5013（所有部分）　额定电压 450/750V 及以下橡皮绝缘电缆

GB/T 5023（所有部分）　额定电压 450/750V 及以下聚氯乙烯绝缘电缆

GB/T 9330（所有部分）　塑料绝缘控制电缆

GB/T 11017.1～GB/T 11017.3　额定电压 110kV 交联聚乙烯绝缘电力电缆及其附件

GB/T 12706.1～GB/T 12706.4　额定电压 1kV（$U_m=1.2kV$）到 35kV（$U_m=40.5kV$）挤包绝缘电力电缆及附件

GB/Z 18890.1～GB/Z 18890.3　额定电压 220kV（$U_m=252kV$）交联聚乙烯绝缘电力电缆及其附件

GB/T 22078.1～GB/T 22078.3　额定电压 500kV（$U_m=550kV$）交联聚乙烯绝缘电力电缆及其附件

GB 50168　电气装置安装工程　电缆线路施工及验收规范

GB 50169　电气装置安装工程　接地装置施工及验收规范

GB 50217　电力工程电缆设计规范

DL/T 342　额定电压 66kV～220kV 交联聚乙烯绝缘电力电缆接头安装规程

DL/T 343　额定电压 66kV～220kV 交联聚乙烯绝缘电力电缆 GIS 终端安装规程

DL/T 344　额定电压 66kV～220kV 交联聚乙烯绝缘电力电缆户外终端安装规程

DL/T 401 高压电缆选用导则

DL/T 596 电力设备预防性试验规程

DL/T 1263 12kV～40.5kV电缆分接箱技术条件

DL/T 5161.1 电气装置安装工程 质量检验及评定规程 第1部分：通则

DL/T 5161.5 电气装置安装工程 质量检验及评定规程 第5部分：电缆线路施工质量检验

DL/T 5221 城市电力电缆线路设计技术规定

3 术语和定义

GB/T 2900.10 界定的以及下列术语和定义适用于本标准。

3.1

电缆线路 power cable line

指由电缆、附件、附属设备及附属设施所组成的整个系统。

3.2

电缆系统 cable system

指由电缆和安装在电缆上的附件构成的系统。

3.3

附属设备 auxiliary equipments

与电缆系统一起形成完整电缆线路的附属装置与部件，包括油路系统、交叉互联系统、接地系统、监控系统等。

3.4

附属设施 auxiliary facilities

与电缆系统一起形成完整电缆线路的土建设施，主要包括电缆隧道、电缆竖井、排管、工井、电缆沟、电缆桥、电缆终端站等。

3.5

交叉互联箱 continuous cross-bonding

用于在长电缆线路中为降低电缆护层感应电压，依次将一相绝缘接头一侧的金属套和另一相绝缘接头另一侧的金属套相互连接后再集中分段接地的一种密封装置，包括护层过电压限制器、接地排、换位排、公共接地端子等。

3.6

电缆护层过电压限制器 shield overvoltage limiter

串接在电缆金属屏蔽（金属套）和大地之间或串接在绝缘接头两侧金属套之间的，用来限制在系统暂态过程中金属屏蔽层电压的装置。

3.7

回流线 parallel earth continuous conductor

单芯电缆金属屏蔽（金属套）单点互联接地时，为抑制单相接地故障电流形成的磁场对外界的影响和降低金属屏蔽（金属套）上的感应电压，沿电缆线路平行敷设的阻抗较低的接地导线。

注：回流线一般带有绝缘层。

3.8

电缆分接箱 cable branching box

主要由电缆和电缆附件构成的电缆连接设备，用于配电系统中电缆线路的汇集和分接，完成电能的分配和馈送。

注1：电缆分接箱主要用于城市电网供电末端。

注2：电缆分接箱不具备控制、测量和保护等二次功能。

3.9

电缆线路缺陷 cable line defect

电缆线路的完好性受到破坏，但电缆线路还可继续运行的线路状况，简称为缺陷。

3.10

电缆线路隐患 cable line potential danger

由于外部原因对电缆线路安全运行形成威胁，但电缆线路还可继续运行的线路状况，简称为隐患。

3.11

电缆线路故障（事件）cable line fault

由于电缆线路的电气性能被破坏，导致线路不能运行的情况，简称为故障或事件。

3.12

电缆线路外力破坏防护 external damage protection for cable line

防止电缆线路在外力作用下造成损坏的方法和措施。

3.13

电缆线路巡视检查 route inspection for cable line

为提高电缆线路的安全可靠性，及时发现电缆线路可能存在的缺陷或隐患，为电缆线路维护、检修及状态评价等提供依据，运行人员根据运行状态对管辖范围内的电缆线路进行的经常性观测、检查、记录等工作。

3.14

电缆线路状态检修 condition－based maintenance for cable line

以电缆线路一系列的安全、可靠性、环境、成本等指标为状态量，通过电缆线路状态检测与试验、状态评价、风险评估和检修决策活动，获得一种运行安全可靠、检修成本合理的检修策略的工作。

3.15

电缆线路状态检测 inspection and test for cable line condition

为开展状态评价和状态检修工作，对电缆线路状态量进行的各种检查、测量与试验工作，是开展状态评价和状态检修的前期基础性技术工作。

注：电缆线路的状态检测与试验将逐步代替传统的预防性试验。

3.16

电缆线路状态评价 estimate for cable line condition

依据电缆线路巡视检查、状态检测与试验结果、缺陷消除和隐患排查治理记录及运行历史资料等对电缆线路的当期状态开展的综合分析评价工作。

3.17

预防事故措施（反事故措施） preventive action for cable line accident

为了准确预防和有效控制电缆线路事故的发生所制定的防范性措施，也称为反事故措施。

3.18

电缆线路技术资料 technical records for cable line

有关电缆线路建设、验收和运行的技术文件和资料，通常包括原始资料、施工资料、验收资料、运行资料和维护检修资料等。

4 运行工作一般要求

4.1 电缆线路运行工作必须贯彻安全第一、预防为主、综合治理的方针，严格执行国家电力安全工作的有关规定。

4.2 运行人员应熟悉《中华人民共和国电力法》、《电力设施保护条例》、《电力设施保护条例实施细则》及相关电力公司的电力设施保护工作管理办法等国家法律、法规和相关电力公司有关规定。

4.3 运行单位应全面做好电缆线路的验收、运行、状态巡视和监测、设备状态评价和状态维护检修工作；并根据设备运行情况，制定工作计划，消除设备存在的缺陷和隐患。

4.4 运行单位应参与电缆线路的规划、路径选择、设计审查、设备选型、招标及电缆线路施工验收等工作，提出改进建议，力求设计、选型、施工与运行协调一致。

4.5 运行单位应建立岗位责任制，明确分工，专人负责。

4.6 运行单位应定期召开运行分析会，提出解决办法，提高运行管理水平。对发生故障的电缆线路，应及时进行故障分析，制定相应的预防事故措施（反事故措施）。

4.7 运行单位应建立电缆线路资产台账，定期清查核对，保证账物相符。对与公用电网直接连接的且签订代维护协议的用户电缆应建立台账。

4.8 运行单位应积极采用先进技术，实行科学管理。

4.9 运行人员应参加技术培训并取得相应的技术资质，认真做好所管辖电缆线路的巡视、维护和缺陷填报工作，建立健全技术资料档案，并做到齐全、准确，与现场实际相符。

4.10 运行单位可根据本标准编制实施细则。

5　电力电缆线路技术要求

5.1　一般要求

5.1.1　电缆线路的运行性能应由电缆线路设计确定。所采用的电缆线路设计应符合 GB 50168、GB 50169、GB 50217、DL/T 342、DL/T 343、DL/T 344、DL/T 401 和 DL/T 5221 等标准的要求，并充分考虑电缆线路的预期使用功能。鼓励相关电力公司结合实际采用比上述技术文件规定的综合技术经济指标更优的电缆线路设计要求。

5.1.2　所选用的电缆、附件及附属设备的性能应符合或高于 GB/T 5013，GB/T 5023，GB/T 9330，GB/T 11017.1～GB/T 11017.3，GB/T 12706.1～GB/T 12706.4，GB/Z 18890.1～GB/Z 18890.3 与 GB/T 22078、DL/T 1236 等的技术要求。

5.1.3　电缆线路各种不同敷设和安装方式应符合 GB 50168、GB 50169、GB 50217、DL/T 342、DL/T 343、DL/T 344 和 DL/T 5221 的要求。

5.2　额定电压和绝缘水平

5.2.1　电缆和附件的额定电压用 U_0、U 和 U_m 表示并不得低于表 1 的规定。U_0、U 和 U_m 的含义分别如下：

　　U_0——电缆设计时采用的导体对地或金属屏蔽之间的额定工频电压有效值；

　　U——电缆设计时采用的导体之间的额定工频电压有效值；

　　U_m——电缆所在系统的最高系统电压有效值。

表 1	电缆和附件的额定电压和冲击耐受电压		单位：kV	
$U_0/U/U_m$	0.6/1/1.2	8.7/10/12	12/20/24	26/35/40.5
U_{p1}	—	95	125	200
$U_0/U/U_m$	48/66/72.5	64/110/126	127/220/252	190/330/363	290/500/550
U_{p1}	450	550	1050	1175	1550
U_{p2}	—	—	—	950	1175

5.2.2　电缆线路主绝缘的雷电冲击绝缘水平 U_{p1} 应根据避雷器的保护特性、架空线路和电缆线路的波阻抗、电缆的长度及雷击点距电缆终端的距离等因素计算确定，操作冲击绝缘水平 U_{p2} 应与同电压等级设备的操作冲击电压相适应，但不得低于表 1 的规定。

5.2.3　外护套的雷电冲击耐受电压应符合表 2 的规定。

表 2	外护套雷电冲击耐受水平		单位：kV
主绝缘雷电冲击耐受电压	外护套雷电冲击耐受电压	主绝缘雷电冲击耐受电压	外护套雷电冲击耐受电压
380 以下	20	1175～1425	62.5
380～750	37.5	1550	72.5
1050	47.5	—	—

5.3 载流量和工作温度

5.3.1 电缆线路正常运行时导体允许的长期最高运行温度和短路时电缆导体允许的最高工作温度应符合附录 A 的规定。

5.3.2 电缆线路的载流量应根据电缆导体的允许工作温度、电缆各部分的损耗和热阻、敷设方式、并列回路数、环境温度及散热条件等计算确定。对于单芯电缆，使用钢丝铠装（包括有隔磁结构）电缆，应考虑对载流量的影响。不同敷设条件下电缆允许持续载流量及校正系数参见附录 B。

5.3.3 电缆线路在正常运行时不允许过负荷。

5.4 安全和防护能力

5.4.1 有机械保护要求的电缆线路应按照《电力设施保护条例》的有关规定，采取防护措施和设置电缆线路保护区标志，并符合 7.3 的要求。

5.4.2 有防水要求的电缆线路，电缆应有径向阻水结构和宜有纵向阻水结构。接头的防水应采用金属套（如铜套），必要时可增加玻璃钢或性能相当的防水外壳。

5.4.3 有防火要求的电缆线路，除选用阻燃外护套外，还应按照相关电力公司电缆通道管理规范的有关要求，在电缆通道内采取适宜的防火措施。

5.4.4 在特殊环境下，可选用相应的对人体和环境无害的防白蚁、鼠啮和微生物侵蚀的特种外护套。同时应视腐蚀的严重程度，选择合适的金属套。

5.5 金属屏蔽（金属套）和铠装的接地方式

5.5.1 三芯电缆线路的金属屏蔽层和铠装层应在电缆线路两端直接接地。当三芯电缆具有塑料内衬层或隔离套时，金属屏蔽层和铠装层宜分别引出接地线，且两者之间宜采取绝缘措施。

5.5.2 单芯电缆金属屏蔽（金属套）在线路上至少有一点直接接地，任一点非直接接地处的正常感应电压应符合下列规定：

    a）采取能防止人员任意接触金属屏蔽（金属套）的安全措施时，不得大于 300V；

    b）未采取能防止人员任意接触金属屏蔽（金属套）的安全措施时，不得大于 50V。

5.5.3 单芯电缆线路的金属屏蔽（金属套）接地方式的选择应符合下列规定：

    a）电缆线路较短且符合感应电压规定要求时，可采取在线路一端直接接地而在另一端经过电压限制器接地，或中间部位单点直接接地而在两端经过电压限制器接地；

    b）上述情况以外的电缆线路，应采用交叉互联接地；

    c）水底电缆线路可在采取线路两端直接接地或两端直接接地的同时，沿线多点直接接地。

5.5.4 单芯电缆金属屏蔽（金属套）单点直接接地时，在下列情况下宜考虑沿电缆邻近平行敷设一根两端接地的绝缘回流线：

    a）系统短路时电缆金属屏蔽（金属套）上的工频感应电压超过电缆外护层绝缘耐受强度或过电压限制器的工频耐压；

b）需抑制电缆对邻近弱电线路的电气干扰强度。

5.6　敷设安装要求

5.6.1　直埋敷设

5.6.1.1　直埋电缆的埋设深度，一般由地面至电缆外护套顶部的距离不小于0.7m，穿越农田或在车行道下时不小于1m。在引入建筑物、与地下建筑物交叉及绕过建筑物时可浅埋，但应采取保护措施。

5.6.1.2　敷设于冻土地区时，宜埋入冻土层以下。当无法深埋时可埋设在土壤排水性好的干燥冻土层或回填土中，也可采取其它防止电缆线路受损的措施。

5.6.1.3　电缆相互之间，电缆与其它管线、构筑物基础等最小允许间距应符合附录C的规定。严禁将电缆平行敷设于地下管道的正上方或正下方。

5.6.1.4　电缆周围不应有石块或其它硬质杂物以及酸、碱强腐蚀物等，沿电缆全线上下各铺设100mm厚的细土或沙层，并在上面加盖保护板，保护板覆盖宽度应超过电缆两侧各50mm。

5.6.1.5　直埋电缆在直线段每隔30m～50m处、电缆接头处、转弯处、进入建筑物等处，应设置明显的路径标志或标桩。

5.6.2　电缆沟及隧道敷设

5.6.2.1　电缆隧道净高不宜小于1900mm，与其它沟道交叉段局部隧道净高不得小于1400mm。

5.6.2.2　电缆沟、隧道或工作井内通道的净宽不宜小于表3的规定。

表3　　　　　　　　　　电缆沟、隧道中通道净宽允许最小值　　　　　　　　　　单位：mm

电缆支架配置及通道特征	电缆沟深			电缆隧道
	≤600	600～1000	≥1000	
两侧支架间净通道	300	500	700	1000
单列支架与壁间通道	300	450	600	900

5.6.2.3　电缆支架的层间垂直距离，应满足能方便地敷设电缆及其固定、安置接头的要求，在多根电缆同置一层支架上时，有更换或增设任一电缆的可能，电缆支架之间最小净距不宜小于表4的规定。

表4　　　　　　　　　　电缆支架层间垂直最小净距

电压等级 kV	电缆隧道 mm	电缆沟 mm	电压等级 kV	电缆隧道 mm	电缆沟 mm
10及以下	200	150	66～500	2D+50	2D+50
20～35	250	200			

注：D为电缆外径。

5.6.2.4 电缆沟和隧道应有不小于 0.5% 的纵向排水坡度。电缆沟沿排水方向在适当距离处设置集水井，电缆隧道底部应有流水沟，必要时设置排水泵，排水泵应有自动启闭装置。

5.6.2.5 电缆隧道应有良好通风、照明、通信和防火设施，必要时应设置安全出口。

5.6.2.6 电缆沟与煤气（或天然气）管道临近平行时，应做好防止煤气（或天然气）泄漏进入沟道的措施。

5.6.3 排管敷设

5.6.3.1 选择排管路径时，尽可能取直线，在转弯和折角处应增设工井。在直线部分，两工井之间的距离不宜大于 150m，排管在工井处的管口应封堵。

5.6.3.2 工井尺寸应考虑电缆弯曲半径和满足接头安装的需要，工井高度应使工作人员能站立操作，工井底应有集水坑，向集水坑泄水坡度不应小于 0.3%。

5.6.3.3 在敷设电缆前，应疏通检查排管内壁有无尖刺或其它障碍物，防止敷设时损伤电缆。

5.6.3.4 管的内径不宜小于电缆外径或多根电缆包络外径的 1.5 倍，一般不宜小于 100mm。

5.6.3.5 在坡度大于 10% 的斜坡排管中，应在标高较高一端的工井内设置防止电缆因热伸缩而滑落的构件。

5.6.4 桥梁敷设

5.6.4.1 敷设在桥梁上的电缆如经常受到震动，应加垫弹性材料制成的衬垫（如沙枕、弹性橡胶等）。在桥梁伸缩缝处应安装电缆伸缩装置，以防电缆由于桥梁结构胀缩而受到损伤。

5.6.4.2 敷设于木桥上的电缆应置于耐火材料制成的保护管或槽盒中，管的拱度不应过大，以免安装或检修管内电缆时拉伤电缆。

5.6.4.3 露天敷设时应尽量避免太阳直接照射，必要时加装遮阳罩。

5.6.5 水底敷设

5.6.5.1 水底电缆应是整根电缆。当整根电缆超过制造厂制造能力时，可采用软接头连接，但应尽量减少软接头的使用数量。如水底电缆经受较大拉力时，应尽可能采用绞向相反的双层金属丝铠装电缆。

5.6.5.2 通过河流的电缆线路，应敷设于河床稳定及河岸很少受到冲损的地方，应尽量避开码头、锚地、港湾、渡口及有船停泊处。

5.6.5.3 水底电缆线路敷设必须平放水底，不得悬空。条件允许时，应尽可能埋设在河床下，浅水区的埋深不宜小于 0.5m，深水航道的埋深不宜小于 2m。不能深埋时，应有防止外力破坏的措施。

5.6.5.4 水底电缆平行敷设时的间距不宜小于最高水位水深的 2 倍；埋入河床（海底）以下时，其间距按埋设方式或埋设机的工作活动能力确定。

5.6.5.5 水底电缆引到岸上的部分应采取穿管或加保护盖板等保护措施。其保护范围，下端应为最低水位时船只搁浅及撑篙达不到之处；上端应为直接进入护岸或河堤 1m 以上之处。

5.6.6　防火与阻燃

5.6.6.1　变电站电缆夹层、电缆竖井、电缆隧道、电缆沟等在空气中敷设的电缆，应选用阻燃电缆。

5.6.6.2　在上述场所中已经运行的非阻燃电缆，应包绕防火包带或涂防火涂料。电缆穿越建筑物孔洞处，必须用防火封堵材料堵塞。

5.6.6.3　隧道中应设置防火墙或防火隔断；电缆竖井中应分层设置防火隔板；电缆沟每隔一定的距离应采取防火隔离措施，还可采用回填土回填，其深度为距电缆顶部不小于 100mm。电缆通道与变电站和重要用户的接合处应设置防火隔断。

5.6.6.4　电缆夹层、电缆隧道宜设置火情监测报警系统和排烟通风设施，并按消防规定，设置沙桶、灭火器等常规消防设施。

5.6.6.5　对防火防爆有特殊要求的，电缆接头宜采用填沙、加装防火防爆盒等措施。

5.6.7　电缆附件的安装与固定

电缆附件的安装与固定，应按照附件产品使用要求的条件和相关规程规范的规定进行。应保证安装后的最终位置固定可靠，便于维护。重点满足下列要求：

a）预制式终端和接头等应保持直线状态，必要时采取刚性固定措施，特别避免附件应力锥部位受力弯曲变形。

b）在整个线路上，应保持电缆交叉互联绝缘接头的安装接线方向一致。

5.7　其它敷设安装要求

5.7.1　自容式充油电缆线路供油系统运行时的油压变化应符合下列规定：

a）冬季最低温度空载时，电缆线路最高部位油压不小于允许最低工作油压。

b）夏季最高温度满载时，电缆线路最低部位油压不大于允许最高工作油压。

c）夏季最高温度时负荷突然增至满载时，电缆线路最低部位或供油装置区间长度一半部位的油压不宜大于允许最高暂态油压。

d）冬季最低温度时负荷从满载突然切除时，电缆线路最高部位或供油装置区间长度一半部位的油压不得小于允许最低工作油压。

e）水底充油电缆的油压整定，除了考虑因负荷变化产生油压变化外，还应考虑在水最深处电缆内部油压必须大于该处在最高水位时的水压，防止铅包有渗漏时水分侵入电缆内部。

5.7.2　电缆线路的最高点与最低点之间的最大允许高度差除满足设计要求外，还应考虑下列因素：

a）自容式充油电缆线路最大允许高度差应考虑长期允许油压。

b）电缆线路最高点和最低点的水平差超过表 5 的规定时，应设置塞止式接头，分段供油。

c）挤包绝缘电缆无高度差限制。

表 5   最高点和最低点的允许水平差

电压 kV	有无铠装	高度差 m
1～3	铠装	25
	无铠装	20
6～10	铠装或无铠装	15
20～35	铠装或无铠装	5

5.7.3 电缆线路的交叉互联箱和接地箱箱体不得选用铁磁材料，固定牢固可靠，密封满足长期浸水的要求。

5.7.4 电缆护层过电压限制器的配置选择应符合 GB 50217 的要求。

5.7.5 电缆的允许最小弯曲半径应符合附录 D 的规定。

5.7.6 对于电缆密集敷设和重要的通道应加强温度、有毒有害气体和防盗等项目的在线监测，使电缆线路处于实时监控状态。

5.7.7 光纤复合电缆线路的敷设安装应按照产品使用要求和设计规范进行，保证输电性能和光信号传输性能满足线路设计要求。

5.7.8 电缆分接箱的选择、安装与使用应符合相关产品的技术条件、使用要求和相关设计规范规定。

6 验收

6.1 一般规定

6.1.1 电缆线路应按照 GB 50168、DL/T 5161.1 和 DL/T 5161.5 等标准进行验收。验收分为中间验收和竣工验收。

6.1.2 电缆线路验收内容包括电缆及附件的敷设安装、电缆路径、附属设施、附属设备、交接试验等资料和试验的验收。

6.2 资料验收

电缆线路验收时应做好下列资料的验收和归档：

a）电缆线路走廊以及城市规划部门的批准文件，包括建设规划许可证、规划部门对于电缆线路路径的批复文件、施工许可证等。

b）完整的设计资料，包括初步设计、施工图及设计变更文件、设计审查文件等。

c）电缆线路（通道）沿线施工与有关单位签署的各种协议文件。

d）工程施工监理文件、质量文件及各种施工原始记录。

e）隐蔽工程中间验收记录和签证。

f）施工缺陷处理记录及附图。

g）电缆线路竣工图纸和路径图，比例尺一般为 1：500，地下管线密集地段为 1：100，管线稀少地段为 1：1000。在房屋内及变电站附近的路径用 1：50 的比例尺绘制。平行敷设的电缆线路必须标明各条线路相对位置，并标明地下管线剖面图。电缆线路如采用特殊设计，应有相应的图纸和说明。

h）电缆敷设施工记录，应包括电缆敷设日期、天气状况、电缆检查记录、电缆生产厂家、电缆盘号、电缆敷设总长度及分段长度、施工单位、施工负责人等。

i）电缆附件安装工艺说明书、装配总图和安装记录。

j）电缆线路原始记录：电缆的长度、截面积、电压、型号、安装日期、电缆及附件生产厂家、设备参数，中间接头及终端头的型号、编号、各种合格证书、出厂试验报告等。

k）电缆线路交接试验记录。

l）单芯电缆线路接地系统安装记录、安装位置图及接线图。

m）有油压的电缆线路应有供油系统压力分布图和油压整定值等资料，并有警示信号接线图。

n）电缆设备开箱进库验收单及附件装箱单。

o）一次系统接线图和电缆线路地理信息图。

6.3　试验验收

对投入运行前的电缆线路除按附录E的规定进行交接试验外，试验项目还应包括：

a）充油电缆油压报警系统试验。

b）线路参数试验，包括测量电缆线路的正序阻抗、负序阻抗、零序阻抗、电容量和导体直流电阻等。

c）电缆线路接地电阻测量。

7　运行管理

7.1　资料管理

7.1.1　电缆技术资料应有专人管理，建立图纸、资料清册，做到目录齐全、分类清晰、一线一档、检索方便。

7.1.2　根据电缆线路的变动情况，及时动态更新相关技术资料，确保与线路实际情况相符。

7.1.3　资料内容：

7.1.3.1　相关法律法规、规程、制度和标准。

7.1.3.2　投运前的验收资料（见6.2）。

7.1.3.3　设备台账：

a）电缆线路设备台账，应包括电缆线路的起止点、电缆型号规格、长度、附件型式、敷设方式、投运日期等信息；

b）电缆通道台账，应包括电缆通道地理位置、长度、断面图等信息；

c）备品备件清册。

7.1.3.4　实物档案：

a）特殊型号电缆的截面图和实物样本。截面图应注明详细的结构和尺寸，实物样本应标明线路名称、型号规格、生产厂家、出厂日期等；

b）电缆线路及附件典型故障样本，应注明线路名称、故障性质、故障日期等。

7.1.3.5 生产管理资料：

a）年度技改、大修计划及完成情况统计表；

b）状态检修、试验计划及完成情况统计表；

c）预防事故措施（反事故措施）计划；

d）状态评价资料；

e）运行维护设备分界点协议；

f）故障统计报表、分析报告；

g）年度运行工作总结。

7.1.3.6 运行资料：

a）负荷记录；

b）巡视检查记录；

c）外力破坏防护记录；

d）隐患排查治理及缺陷处理记录；

e）温度测量（电缆本体、附件、连接点等）记录；

f）相关带电检测记录；

g）电缆通道可燃、有害气体监测记录；

h）单芯电缆接地系统环流监测记录；

i）土壤温度测量记录。

7.2 巡视检查

7.2.1 一般要求

7.2.1.1 运行单位应结合电缆线路所处环境、巡视检查历史记录及状态评价结果编制巡视检查工作计划。

7.2.1.2 运行人员应根据巡视检查计划开展巡视检查工作，收集记录巡视检查中发现的缺陷和隐患并及时登记。

7.2.1.3 运行单位对巡视检查中发现的缺陷和隐患进行分析，及时安排处理并上报上级生产管理部门。

7.2.1.4 巡视检查分为定期巡视和非定期巡视，其中非定期巡视包括故障巡视、特殊巡视等。

7.2.2 定期巡视周期

a）电缆通道路面及户外终端巡视：66kV 及以上电缆线路每半个月巡视一次，35kV 及以下电缆线路每月巡视一次，发电厂、变电站内电缆线路每 3 个月巡视一次。

b）除 a）以外，对整个电缆线路每 3 个月巡视一次。

c）35kV 及以下开关柜、分接箱、环网柜内的电缆终端每 2～3 年结合停电巡视检查一次。

d）对于城市排水系统泵站电缆线路，在每年汛期前进行巡视。

　　e）水底电缆线路应至少每年巡视一次。

　　f）电缆线路巡视应结合运行状态评价结果，适当调整巡视周期。

7.2.3　非定期巡视

7.2.3.1　电缆线路发生故障后应立即进行故障巡视，具有交叉互联的电缆线路跳闸后，应同时对线路上的交叉互联箱、接地箱进行巡视，还应对给同一用户供电的其它电缆线路开展巡视工作以保证用户供电安全。

7.2.3.2　因恶劣天气、自然灾害、外力破坏等因素影响及电网安全稳定有特殊运行要求时，应组织运行人员开展特殊巡视。对电缆线路周边的施工行为应加强巡视；对已开挖暴露的电缆线路，应缩短巡视周期，必要时安装临时视频监控装置进行实时监控或安排人员看护。

7.2.4　巡视检查要求

　　a）对于敷设于地下的电缆线路，应查看路面是否正常，有无开挖痕迹，沟盖、井盖有无缺损，线路标志是否完整无缺等；查看电缆线路上是否堆置瓦砾、矿渣、建筑材料、笨重物件、酸碱性排泄物或砌石灰坑、建房等。

　　b）敷设于桥梁上的电缆，应检查桥梁电缆保护管、沟槽有无脱开或锈蚀，检查盖板有无缺损。

　　c）检查电缆终端表面有无放电、污秽现象；终端密封是否完好；终端绝缘管材有无开裂；套管及支撑绝缘子有无损伤。

　　d）电气连接点固定件有无松动、锈蚀，引出线连接点有无发热现象；终端应力锥部位是否发热。

　　e）对有补油装置的交联电缆终端，应检查油位是否在规定的范围之间；检查 GIS 筒内有无放电声响，必要时测量局部放电。

　　f）检查接地线是否良好，连接处是否紧固可靠，有无发热或放电现象；必要时测量连接处温度和单芯电缆金属护层接地线电流，有较大突变时应停电进行接地系统检查，查找接地电流突变原因。

　　g）检查电缆铭牌是否完好，相色标志是否齐全、清晰；电缆固定、保护设施是否完好等。

　　h）检查电缆终端杆塔周围有无影响电缆安全运行的树木、爬藤、堆物及违章建筑等。

　　i）对电缆终端处的避雷器，应检查套管是否完好，表面有无放电痕迹，检查泄漏电流监测仪数值是否正常，并按规定记录放电计数器动作次数。

　　j）通过短路电流后应检查护层过电压限制器有无烧熔现象，交叉互联箱、接地箱内连接排接触是否良好。

　　k）检查工井、隧道、电缆沟、竖井、电缆夹层、桥梁内电缆外护套与支架或金属构件处有无磨损或放电迹象，衬垫是否失落，电缆及接头位置是否固定正常，电缆及接头上的防火涂料或防火带是否完好；检查金属构件如支架、接地扁铁是否锈蚀。

　　l）检查电缆隧道、竖井、电缆夹层、电缆沟内孔洞是否封堵完好，通风、排水及照明设施是否完整，防火装置是否完好；监控系统是否运行正常。

m）对水底电缆，应经常检查临近河（海）岸两侧是否有受潮水冲刷的现象，电缆盖板是否露出水面或移位，同时检查河岸两端的警告牌是否完好。

n）充油电缆应检查油压报警系统是否运行正常，油压是否在规定范围之内。

o）多条并联运行的电缆要检测电流分配和电缆表面温度，防止电缆过负荷。

p）对电缆线路靠近热力管或其它热源、电缆排列密集处，应进行土壤温度和电缆表面温度监视测量，防止电缆过热。

7.3　外力破坏防护

7.3.1　基本要求

a）运行单位应根据国家电力设施保护相关法律法规及电力公司有关规定，结合本单位实际情况，制定电缆线路外力破坏防护措施。

b）运行单位应加强与政府规划、市政等有关部门的沟通，及时收集地区的规划建设、施工等信息，及时掌握电缆线路所处周围环境动态情况。

c）运行单位应加大电缆线路防护宣传，提高公民保护电缆线路重要性的认识，定期组织召开防外力工作宣传会，督促施工单位切实执行保护地下管线的规定。

d）运行单位应及时了解和掌握电缆线路通道内施工情况，查看电缆线路路面上是否有人施工，有无挖掘痕迹，全面掌控路面施工状态。

e）对于未经允许在电缆线路保护范围内进行的施工行为，运行单位应立即进行制止，并对施工现场进行拍照记录。

f）允许在电缆线路保护范围内施工的，运行单位必须严格审查施工方案，制定安全防护措施，并与施工单位签订保护协议书，明确双方职责。施工期间，安排运行人员到现场进行监护，确保施工单位不得擅自更改施工范围。

g）对于临近电缆线路的施工，运行人员应对施工方进行交底，包括路径走向、埋设深度、保护设施等，并按不同电压等级要求，提出相应的保护措施。

h）当电缆线路发生外力破坏时，应保护现场，留取原始资料，及时向有关管理部门汇报。

i）运行单位应定期对外力破坏防护工作进行总结分析，制定相应的防范措施。

7.3.2　施工区域的防护

a）对处于施工区域的电缆线路，应设置警告标志牌，标明保护范围。

b）因施工必须挖掘而暴露的电缆，应由运行人员在场监护，并告知施工人员有关施工注意事项和保护措施。对于被挖掘而露出的电缆应加装保护罩，需要悬吊时，悬吊间距应不大于 1.5m。

c）工程结束覆土前，运行人员应检查电缆及相关设施是否完好，安放位置是否正确，待恢复原状后，方可离开现场。

7.3.3　水底电缆的防护

a）水底电缆线路应按水域管理部门的航行规定，划定一定宽度的防护区域，禁止船只抛锚；并按船只往来频繁情况，必要时设置瞭望岗哨或安装监控装置，配置能引起船只注意的设施。

　　b）在水底电缆线路防护区域内，若发生违反航行规定的事件，应通知水域管辖的有关部门，尽可能采取有效措施，避免发生损坏水底电缆的事故。

7.4　电缆线路的状态检测与试验

　　根据电缆线路状态评价和状态检修工作的需求，开展电缆线路的状态检测与试验工作，逐步由状态检测与试验代替预防性试验。具体试验规程由相关电力公司结合实际条件制定。

7.5　缺陷和隐患管理

7.5.1　运行单位应制定缺陷及隐患管理流程，对缺陷及隐患的上报、定性、处理和验收等环节实行闭环管理。

7.5.2　对巡视检查、状态检测和状态检修试验中发现的电缆线路缺陷及隐患应及时进行处理。

7.5.3　根据对运行安全的影响程度和处理方式进行分类并记入生产管理系统。电缆线路缺陷分为一般缺陷、严重缺陷、危急缺陷三类。

　　a）一般缺陷。设备本身及周围环境出现不正常情况，一般不威胁设备的安全运行，可列入小修计划进行处理的缺陷。

　　b）严重缺陷。设备处于异常状态，可能发展为事故，但设备仍可在一定时间内继续运行，须加强监视并进行大修处理的缺陷。

　　c）危急缺陷。严重威胁设备的安全运行，若不及时处理，随时有可能导致事故的发生，必须尽快消除或采取必要的安全技术措施进行处理的缺陷。

7.5.4　危急缺陷消除时间不得超过 24h，严重缺陷应在 7d 内消除，一般缺陷可结合检修计划尽早消除，但必须处于可控状态。

7.5.5　电缆线路带缺陷运行期间，运行单位应加强监视，必要时制定应急措施。

7.5.6　运行单位定期开展缺陷统计分析工作，及时掌握缺陷消除情况和缺陷产生的原因，采取有针对性的措施。

7.5.7　应将事故隐患排查治理纳入日常工作中，按照"（排查）发现—评估—报告—治理（控制）—验收—销号"流程形成闭环管理。根据可能造成的事故后果，事故隐患分为一般事故隐患和重大事故隐患两级。

　　a）一般事故隐患。是指可能造成人身重伤事故、一般电网和设备事故的事故隐患。

　　b）重大事故隐患。是指可能造成人身死亡事故，重大及以上电网、设备事故，由于供电原因可能导致重要用户严重生产事故的事故隐患。

7.5.8　运行单位应建立缺陷及隐患管理台账，及时更新核对，保证台账与实际相符并记入生产管理系统。

7.6　状态评价和管理

7.6.1　应按照电力公司的要求，依据电缆线路巡视检查、状态检测和试验的结果，缺陷消除和隐患排查治理记录及运行历史资料等开展电缆线路状态评价。

7.6.2 电缆线路评价状态分为正常状态、注意状态、异常状态和严重状态。电缆线路状态评价以部件和整体进行评价。当电缆线路的所有部件评价为正常状态时，则该条线路状态评价为正常状态。当电缆任一部件状态评价为注意状态、异常状态或严重状态时，电缆线路状态评价为其中最严重的状态。

7.6.3 依据状态评价结果，针对电缆线路运行状况，实施状态管理工作，分别如下：

a) 对于自身存在缺陷和隐患的电缆线路，应加强跟踪监视，增加带电检测频次，及时掌握隐患和缺陷的发展状况，采取有效的防范措施。有条件时可对重要电缆线路开展接地电流、电缆表面温度和局部放电等项目的状态监测。

b) 对自然灾害频发和外力破坏严重区域，应采取差异化巡视策略，并制定有针对性的应急措施。

c) 恶劣天气和运行环境变化有可能威胁电缆线路安全运行时，应加强巡视，并采取有效的安全防护措施，做好安全风险防控工作。

d) 对电网安全稳定运行和可靠供电有特殊要求时，应制定安全防护方案，开展动态巡视和安全防护值守。

7.7 备品备件

7.7.1 运行单位应根据相关公司有关规定，制定备品管理制度，规范备品验收、入库、保管、领用、补充等工作，绝缘及密封材料须明确规定使用年限。

7.7.2 运行单位应备足电缆线路进行故障或缺陷修理时所需的常用材料，包括电缆本体、电缆附件、消耗性带材以及电缆支架、保护管、分接箱、接地线、交叉互联线、接地箱、交叉互联箱等附属设备。

7.7.3 运行中各电压等级的电缆和附件均应有备品，其数量应在分析故障率的基础上，综合考虑实际情况与资金成本确定并及时补充。

7.7.4 电缆备品应储存在清洁、干燥、宽敞、易取放的专用地方，有特殊存放环境要求的，按产品标准要求储存。备品包装箱外应标明备品材料名称、入库日期和有效期。过期材料要及时清理。电缆盘应放置于坚实地面上，或在盘下铺枕垫，以防盘体陷入土中。电缆盘不许平放。

7.8 技术培训

7.8.1 电缆运行人员应经过专门的技术培训，考试合格后才能进行各项运行操作工作，并且每年应进行不少于一次的岗位考核。

7.8.2 运行人员应具备以下基本知识和技能：

a) 相关法律法规、制度、规程、标准等；

b) 电力电缆线路的基本理论知识；

c) 电缆线路走向图的绘制；

d) 电缆故障查找方法；

e) 电缆试验及带电检测技术；

f) 电缆线路的各种敷设方法；

　　g) 各种电缆附件工艺施工方法要点；

　　h) 塔杆上的高空作业；

　　i) 状态评价和状态管理要求。

8　维护检修

8.1　运行单位应积极开展状态检修工作。依据电缆线路的状态检测和试验结果、状态评价结果，考虑设备风险因素，动态制定设备的维护检修计划，合理安排状态检修的计划和内容。

8.2　电缆线路新投运 1 年后，应对电缆线路进行全面检查，收集各种状态量，并据此进行状态评价，评价结果作为状态检修的依据。

8.3　对于运行达到一定年限，故障或发生故障概率明显增加的设备，宜根据设备运行及评价结果，对检修计划及内容进行调整。

8.4　对电缆线路状态检修应进行适当分类，检修分类和检修项目见附录 F。

9　故障处理

9.1　故障查找与隔离

9.1.1　电缆线路发生故障时，根据线路跳闸、故障测距和故障寻址器动作等信息，对故障点位置进行初步判断；并组织人员进行故障巡视，重点巡视电缆通道、电缆终端、电缆接头及与其它设备的连接处，确定有无明显故障点。

9.1.2　如未发现明显故障点，应对所涉及的各段电缆使用绝缘电阻表或耐压设备进一步查找故障点。

9.1.3　查出故障电缆段后，应将其与其它带电设备隔离，并做好满足故障点测寻及处理的安全措施。

9.2　故障测寻

9.2.1　电缆故障的测寻一般分故障类型判别、故障测距和精确定位三个步骤。

9.2.2　电缆故障的类型一般分接地、短路、断线、闪络及混合故障五种，可使用绝缘电阻表测量相间及每相对地绝缘电阻、导体连续性来确定，必要时对电缆施加不超过 DL/T 596 规定的试验电压以判定其是否为闪络性故障。

9.2.3　电缆故障测距主要有电桥法、低压脉冲反射法和高压闪络法。

9.2.4　电缆故障精确定位主要有音频感应法、声测法、声磁同步法和跨步电压法。

9.2.5　充油电缆可采用流量法和冷冻法测寻漏油点的方法确定故障点。

9.2.6　故障点经初步测定后，在精确定位前应与电缆路径图仔细核对，必要时应用电缆路径仪探测并确定其准确路径。

9.3　故障修复

9.3.1　电缆线路发生故障时，要积极组织抢修，快速恢复供电。

9.3.2 锯断故障电缆前应与电缆走向图进行核对，必要时使用专用仪器进行确认，并用确保安全的方法将电缆导体可靠接地后，方可工作。

9.3.3 故障电缆修复前应检查电缆受潮情况，如有进水或受潮，必须采取去潮措施或切除受潮线段。在确认电缆未受潮、分段电缆绝缘合格后，方可进行故障部位修复。

9.3.4 故障修复应按照电力电缆及附件安装工艺要求进行，确保修复质量。

9.3.5 故障电缆修复后，应按照附录E的规定进行试验，并进行相位核对，经验收合格后，方可恢复运行。

9.4 故障分析

9.4.1 电缆故障处理完毕，应进行故障分析，查明故障原因，制定防范措施，完成故障分析报告。

9.4.2 故障分析报告主要内容应包括：故障情况，包括系统运行方式、故障经过、相关保护动作及测距信息、负荷损失情况等；故障电缆线路基本信息，包括线路名称、投运时间、制造厂家、规格型号、施工单位等；原因分析，包括故障部位、故障性质、故障原因等；暴露出的问题；采取应对措施等。

9.5 资料归档

9.5.1 电缆故障测寻资料应妥善保存归档，以便以后故障测寻时对比。

9.5.2 每次故障修复后，要按照电力公司的要求认真填写故障记录、修复记录和试验报告，及时更改有关图纸和装置资料。

9.5.3 对典型的非外力电缆故障，其故障点样本应按7.1.3.4的要求妥善保管。

附 录 A

（规范性附录）

电缆导体最高允许温度

表 A.1　　　　　　　　　　　　电缆导体最高允许温度

电缆类型	电压 kV	最高运行温度℃	
		额定负荷时	短路时
聚氯乙烯	1	70	160
黏性浸渍纸绝缘	10	70	250[a]
	35	60	175
不滴流纸绝缘	10	70	250[a]
	35	65	175
自容式充油电缆	66～500	85	160
交联聚乙烯	1～500	90	250[a]

[a] 铝芯电缆短路允许最高温度为200℃。

附　录　B
（资料性附录）
敷设条件不同时电缆允许持续载流量及校正系数

表 B.1　　1kV～3kV 油纸、聚氯乙烯绝缘电缆空气中敷设时允许载流量　　　单位：A

绝缘类型			不滴流纸		聚氯乙烯	
钢铠			有铠装		无铠装	
电缆导体最高工作温度℃			70		70	
电缆芯数		二芯	三芯或四芯	二芯	三芯或四芯	
电缆导体 截面 mm²	2.5			18	15	
	4	30	26	24	21	
	6	40	35	31	27	
	10	52	44	44	38	
	16	69	59	60	52	
	25	93	79	79	69	
	35	111	98	95	82	
	50	138	116	121	104	
	70	174	151	147	129	
	95	214	182	181	155	
	120	245	214	211	181	
	150	280	250	242	211	
	185		285		246	
	240		338		294	
	300		383		328	
环境温度℃			40			

注：适用于铝芯电缆，铜芯电缆的允许持续载流量值可乘以 1.29。

表 B.2　　1kV～3kV 油纸、聚氯乙烯绝缘电缆直埋敷设时允许载流量　　　单位：A

绝缘类型		不滴流纸		聚氯乙烯			
钢铠		有铠装		无铠装		有铠装	
电缆导体最高工作温度℃		70		70			
电缆芯数		二芯	三芯或四芯	二芯	三芯或四芯	二芯	三芯或四芯
电缆导体截面 mm²	4	34	29	36	31	34	30
	6	45	38	45	38	43	37
	10	58	50	62	53	59	50
	16	76	66	83	70	79	68

续表

绝缘类型		不滴流纸		聚氯乙烯			
钢铠		有铠装		无铠装		有铠装	
电缆导体最高工作温度℃		70		70			
电缆芯数		二芯	三芯或四芯	二芯	三芯或四芯	二芯	三芯或四芯
电缆导体截面 mm²	25	105	88	105	90	100	87
	35	126	105	136	110	131	105
	50	146	126	157	134	152	129
	70	182	154	184	157	180	152
	95	219	186	226	189	217	180
	120	251	211	254	212	249	207
	150	284	240	287	242	273	237
	185		275		273		264
	240		320		319		310
	300		356		347		347
土壤热阻系数℃·m/W		1.5		1.2			
环境温度℃		25					

注：适用于铝芯电缆，铜芯电缆的允许持续载流量值可乘以 1.29。

表 B.3　　1kV～3kV 交联聚乙烯绝缘电缆空气中敷设时允许载流量　　单位：A

电缆芯数		三芯		单芯			
电缆排列方式				品字形		水平	
电缆导体最高工作温度℃		90					
电缆导体材质		铝	铜	铝	铜	铝	铜
电缆导体截面 mm²	25	91	118	100	132	114	150
	35	114	150	127	164	146	182
	50	146	182	155	196	173	228
	70	178	228	196	255	228	292
	95	214	273	241	310	278	356
	120	246	314	283	360	319	410
	150	278	360	328	419	365	479
	185	319	410	372	479	424	546
	240	378	483	442	565	502	643
	300	419	552	506	643	588	738
	400			611	771	707	908
	500			712	885	830	1026
	630			826	1008	963	1177
环境温度℃		40					

注：水平形排列电缆相互间中心距为电缆外径的 2 倍。

表 B.4　　　1kV~3kV 交联聚乙烯绝缘电缆直埋敷设时允许载流量　　　单位：A

电缆芯数	三芯		单　芯			
电缆排列方式			品字形		水平	
电缆导体最高工作温度℃	90					
电缆导体材质	铝	铜	铝	铜	铝	铜
电缆导体截面 mm² 　25	91	117	104	130	113	143
35	113	143	117	169	134	169
50	134	169	139	187	160	200
70	165	208	174	226	195	247
95	195	247	208	269	230	295
120	221	282	239	300	261	334
150	247	321	269	339	295	374
185	278	356	300	382	330	426
240	321	408	348	435	378	478
300	365	469	391	495	430	543
400			456	574	500	635
500			517	635	565	713
630			582	704	635	796
土壤热阻系数℃·m/W	2.0					
环境温度℃	40					

注：水平形排列电缆相互间中心距为电缆外径的 2 倍。

表 B.5　　　　　　　10kV 三芯电缆允许载流量　　　　　　　单位：A

绝缘类型	不滴流纸		交联聚乙烯			
钢铠	有铠装		无铠装		有铠装	
电缆导体最高工作温度℃	90					
敷设方式	空气中	直埋	空气中	直埋	空气中	直埋
电缆导体截面 mm² 　25	63	79	100	90	100	90
35	77	95	123	110	123	105
50	92	111	146	125	141	120
70	118	138	178	152	173	152
95	143	169	219	182	214	182
120	168	196	251	205	246	205
150	189	220	283	223	278	219
185	218	246	324	252	320	247
240	261	290	378	292	373	292
300	295	325	433	332	428	328
400			506	378	501	374
500			579	428	574	424

绝缘类型	不滴流纸		交联聚乙烯			
钢铠	有铠装		无铠装		有铠装	
电缆导体最高工作温度℃	90					
敷设方式	空气中	直埋	空气中	直埋	空气中	直埋
土壤热阻系数℃·m/W		1.2		2.0		2.0
环境温度℃	40	25	40	25	40	25

注：适用于铝芯电缆，铜芯电缆的允许持续载流量值可乘以 1.29。

表 B.6   35kV 及以下电缆在不同环境温度时的载流量的校正系数 K

敷设环境		空气中				土壤中			
环境温度℃		30	35	40	45	20	25	30	35
缆芯最高工作温度℃	60	1.22	1.11	1.0	0.86	1.07	1.0	0.93	0.85
	65	1.18	1.09	1.0	0.89	1.06	1.0	0.94	0.87
	70	1.15	1.08	1.0	0.91	1.05	1.0	0.94	0.88
	80	1.11	1.06	1.0	0.93	1.04	1.0	0.95	0.90
	90	1.09	1.05	1.0	0.94	1.04	1.0	0.96	0.92

注：其它环境温度下载流量的校正系数 K 可按下式计算：

$$K = \sqrt{\frac{\theta_{\mathrm{m}} - \theta_2}{\theta_{\mathrm{m}} - \theta_1}}$$

式中：θ_{m} ——缆芯最高工作温度，℃；

θ_1 ——对应于额定载流量的基准环境温度，℃，在空气中取 40℃，在土壤中取 25℃；

θ_2 ——实际环境温度，℃。

表 B.7   不同土壤热阻系数时的载流量的校正系数 K

土壤热阻系数℃·m/W	分类特征（土壤特性和雨量）	校正系数
0.8	土壤很潮湿，经常下雨。如湿度大于 9% 的沙土，湿度大于 14% 的沙—泥土等	1.05
1.2	土壤潮湿，规律性下雨。如湿度为 7%～9% 的沙土，湿度为 12%～14% 的沙—泥土等	1.0
1.5	土壤较干燥，雨量不大。如湿度为 8%～12% 的沙—泥土等	0.93
2.0	土壤较干燥，少雨。如湿度为 4%～7% 的沙土，湿度为 4%～8% 的沙—泥土等	0.87
3.0	多石地层，非常干燥。如湿度小于 4% 的沙土等	0.75

注：本表适用于缺乏实测土壤热阻系数时的粗略分类，对 110kV 及以上电压电力电缆线路工程，宜以实测方式确定土壤热阻系数。

表 B.8   直埋多根并行敷设时电缆载流量校正系数

缆间净距 mm	并　列　根　数									
	1	2	3	4	5	6	7	8	9	10
100	1.00	0.90	0.85	0.80	0.78	0.75	0.73	0.72	0.71	0.70
200	1.00	0.92	0.87	0.84	0.82	0.81	0.80	0.79	0.79	0.78
300	1.00	0.93	0.90	0.87	0.86	0.85	0.85	0.84	0.84	0.83

注：本表不适用于三相交流系统中使用的单芯电缆。

表 B. 9　　　　　　　　空气中单层多根并行敷设电缆载流量校正系数

并 列 根 数		1	2	3	4	5	6
电缆中心距	$s=D$	1.00	0.90	0.85	0.82	0.81	0.80
	$s=2D$	1.00	1.00	0.98	0.95	0.93	0.90
	$s=3D$	1.00	1.00	1.00	0.98	0.97	0.96

注 1：s 为电力电缆中心间距离，D 为电力电缆外径。

注 2：本表按全部电力电缆具有相同外径条件制定，当并列敷设的电力电缆外径不同时，D 值可近似地取电力电缆外径的平均值。

注 3：本表不适用于三相交流系统中使用的单芯电力电缆。

附　录　C
（规范性附录）
电缆与电缆或管道、道路、构筑物等相互间容许最小净距

表 C. 1　　　　　电缆与电缆或管道、道路、构筑物等相互间容许最小净距　　　　单位：m

电缆直埋敷设时的配置情况		平　行	交　叉
控制电缆间			0.5[a]
电力电缆之间或与控制电缆之间	10kV 及以下	0.1	0.5[a]
	10kV 以上	0.25[b]	0.5[a]
不同部门使用的电缆间		0.5[b]	0.5[a]
电缆与地下管沟及设备	热力管沟	2.0[b]	0.5[a]
	油管及易燃气管道	1.0	0.5[a]
	其它管道	0.5	0.5[a]
电缆与铁路	非直流电气化铁路路轨	3.0	1.0
	直流电气化铁路路轨	10.0	1.0
电缆建筑物基础		0.6[c]	
电缆与公路边		1.0[c]	
电缆与排水沟		1.0[c]	
电缆与树木的主干		0.7	
电缆与 1kV 以下架空线电杆		1.0[c]	
电缆与 1kV 以上架空线杆塔基础		4.0[c]	

[a]　用隔板分隔或电缆穿管时可为 0.25m；

[b]　用隔板分隔或电缆穿管时可为 0.1m；

[c]　特殊情况可酌减且最多减少一半值。

附 录 D

(规范性附录)

电缆敷设和运行时的最小弯曲半径

表 D.1 电缆敷设和运行时的最小弯曲半径

项 目	35kV 及以下的电缆				66kV 及以上的电缆
	单芯电缆		三芯电缆		
	无铠装	有铠装	无铠装	有铠装	
敷设时	20D	15D	15D	12D	20D
运行时	15D	12D	12D	10D	15D

注1：D 为成品电缆实测外径。
注2：制造厂有规定的，按制造厂提供的技术资料的规定。

附 录 E

(规范性附录)

电缆线路交接试验项目和方法

E.1 电力电缆线路的试验项目，包括下列内容：

　　a）主绝缘及外护层绝缘电阻测量；

　　b）主绝缘直流耐压试验及泄漏电流测量；

　　c）主绝缘交流耐压试验；

　　d）外护套直流耐压试验；

　　e）检查电缆线路两端的相位；

　　f）充油电缆的绝缘油试验；

　　g）交叉互联系统试验；

　　h）电缆系统的局部放电测量。

各种电缆的试验项目应符合下列规定：

　　a）橡塑绝缘电力电缆试验项目应按本条的第 a）、c）、e）和 h）款进行试验，其中交流单芯电缆另外增加 d）、g）款试验。额定电压 U_0/U 为 18/30kV 及以下电缆，当不具备条件时允许用直流耐压试验及泄漏电流测量代替交流耐压试验。

　　b）纸绝缘电缆可按本条第 a）、b）和 e）项。

　　c）自容式充油电缆可按本条第 a）、b）、d）、e）、f）和 g）项。

注：本附录除采用 GB 50150《电气装置安装工程　电气设备交接试验标准》的全部规定 E.1～E.9 之外，还做了补充规定。

E.2 一般规定：

　　a）对电缆的主绝缘作耐压试验或测量绝缘电阻时，应在每一相上进行。对具有统包绝缘的三芯电缆，分别对每一相进行，其它两相导体、金属屏蔽或金属套和铠装层一起接地；对分相屏蔽的三芯电缆和单芯电缆，可以一相或多相同时进行，非被试相导体、金属屏蔽或金属套和铠装层一起接地。

b）对金属屏蔽或金属套一端接地，另一端装有护层过电压保护器的单芯电缆主绝缘作耐压试验时，必须将护层过电压保护器短接，使这一端的电缆金属屏蔽或金属套临时接地。

c）对额定电压为 0.6/1kV 的电缆线路应用 2500V 绝缘电阻表测量导体对地绝缘电阻代替耐压试验，试验时间为 1min。

d）对交流单芯电缆外套应进行直流耐压试验。

E.3　绝缘电阻测量应符合下列规定：

a）耐压试验前后，绝缘电阻测量应无明显变化。

b）橡塑电缆外护套、内衬层的绝缘电阻不低于 $0.5M\Omega/km$。

c）测量绝缘电阻用绝缘电阻表的额定电压，宜采用如下等级：

1）电缆绝缘用 2500V 绝缘电阻表，6/6kV 及以上电缆也可用 5000V 绝缘电阻表；

2）橡塑电缆外护套、内衬层的测量用 500V 绝缘电阻表。

E.4　直流耐压试验及泄漏电流测量应符合下列规定：

a）直流耐压试验电压：

1）纸绝缘电缆直流耐压试验电压 U_t 可采用下式计算：

对于统包绝缘（带绝缘）：

$$U_t = 5 \times \frac{U_0 + U}{2} \tag{E.1}$$

对于分相屏蔽绝缘：

$$U_t = 5 \times U_0 \tag{E.2}$$

试验电压见表 E.1 的规定。

表 E.1　　　　　　　　　纸绝缘电缆直流耐压试验电压　　　　　　　　单位：kV

电缆额定电压 U_0/U	1.8/3	3/3	3.6/6	6/6	6/10	8.7/10	21/35	26/35
直流试验电压	12	15	24	30	40	47	105	130

2）18/30kV 及以下电压等级的橡塑绝缘电缆直流耐压试验电压：

$$U_t = 4 \times U_0 \tag{E.3}$$

3）充油绝缘电缆直流耐压试验电压应符合表 E.2 的规定。

表 E.2　　　　　　　　充油绝缘电缆直流耐压试验电压　　　　　　　单位：kV

电缆额定电压 U_0/U	48/66	64/110	127/220	190/330	290/500
直流试验电压	162	275	510	650	840

当现场条件只允许采用交流耐压方法时，应该采用的交流电压（有效值）为上列直流试验电压值的 42%（额定电压 U_0/U 为 190/330 及以下）和 50%（额定电压 U_0/U 为 290/500）。

4）交流单芯电缆的外护套绝缘直流耐压试验，可依据第 E.8 条规定。

b）试验时，试验电压可分 4～6 阶段均匀升压，每阶段停留 1min，并读取泄漏电流值。试验电压升至规定值后维持 15min，期间读取 1min 和 15min 时泄漏电流。测量时应消除杂散电流的影响。

c）纸绝缘电缆泄漏电流的三相不平衡系数（最大值与最小值之比）不应大于 2；当 6/10kV 及以上电缆的泄漏电流小于 20 μA 和 6kV 及以下电缆泄漏电流小于 10 μA 时，其不平衡系数不作规定。泄漏电流值和不平衡系数只作为判断绝缘状况的参考，不作为是否能投入运行的判据。

其它电缆泄漏电流值不作规定。

d）电缆的泄漏电流具有下列情况之一者，电缆绝缘可能有缺陷，应找出缺陷部位，并予以处理：

1）泄漏电流很不稳定；

2）泄漏电流随试验电压升高急剧上升；

3）泄漏电流随试验时间延长有上升现象。

E.5　交流耐压试验，应符合下列规定：

a）橡塑电缆优先采用 20Hz～300Hz 交流耐压试验，试验电压和时间见表 E.3。

表 E.3　　　　橡塑电缆 20Hz～300Hz 交流耐压试验电压和时间

额定电压 U_0/U kV	试验电压	时间（min）
18/30 及以下	2.5 U_0（2 U_0）	5（或 60）
21/35～64/110	2U_0	60
127/220	1.7U_0（或 1.4U_0）	60
190/330	1.7U_0（或 1.3U_0）	60
290/500	1.7U_0（或 1.1U_0）	60

b）不具备上述试验条件或有特殊规定时，可采用施加正常系统对地电压 24h 方法代替交流耐压。

E.6　检查电缆线路的两端相位，应与电网的相位一致。

E.7　充油电缆的绝缘油试验应符合表 E.4 的规定。

表 E.4　　　　充油电缆及附件内和压力箱中的绝缘油试验项目和要求

项　目		要　　求	试验方法
击穿电压	电缆及附件内	对于 64/110kV～190/330kV，不低于 50kV；对于 290/500kV，不低于 60kV	按 GB/T 507 的规定
	压力箱中	不低于 50kV	
介质损耗因数	电缆及附件内	对于 64/110kV～127/220kV，不大于 0.005；对于 190/330kV～290/500kV，不大于 0.003	按 DL/T 596—1996 中 11.4.5.2 条的规定
	压力箱中	不大于 0.003	

E.8　交叉互联系统试验，方法和要求应符合下列规定：

a）交叉互联系统对地绝缘的直流耐压试验：试验时必须事先将护层电压限制器断开，并在互联箱中将另一侧的三段电缆金属套全部接地，使绝缘接头的绝缘环部分也同时进行试验。在每段电缆金属屏蔽或金属套与地之间施加直流电压 10kV，加压时间 1min，交叉互联系统对地绝缘部分不应击穿。

b）非线性电阻型护层电压限制器。

1）氧化锌电阻片：对电阻片施加直流参考电流后测量其压降，即直流参考电压，其值应在产品标准规定的范围之内；

2）非线性电阻片及其引线的对地绝缘电阻：将非线性电阻片的全部引线并联在一起与接地的外壳绝缘后，施加 1000V 电压，测量引线与外壳之间的绝缘电阻，其值不应小于 10MΩ。

c）交叉互联系统性能检验：本方法为推荐采用，如采用本方法时，应作为特殊试验项目。

使所有互联箱连接片处于正常工作位置，在每相电缆导体中通以大约 100A 的三相平衡试验电流。在保持试验电流不变的情况下，测量最靠近交叉互联箱处的金属套电流和对地电压。测量后将试验电流降至零，切断电源。然后将最靠近的交叉互联箱内的连接片重新连接成模拟错误连接的情况，再次将试验电流升至 100A，并再测量该交叉互联箱处的金属套电流和对地电压。测量完后将试验电压降至零，切断电源，并将该交叉互联箱中的连接片复原至正确的连接位置。最后将试验电流升至 100A，测量电缆线路上所有其它交叉互联箱处的金属套电流和对地电压。

试验结果如能符合下述要求，则认为交叉互联系统的性能是满意的：

1）在连接片做错误连接时，试验能表明存在异乎寻常大的金属套电流；

2）在连接片正确连接时，将测得的任何一个金属套电流乘以一个系数（等于电缆额定负载电流除以上述的试验电流）后所得的电流值不超过电缆额定负载电流的 3%；

3）将测得的金属套对地电压乘以上述 2）项中的系数后所得的电压值不超过电缆在负载额定电流时规定的感应电压最大值。

d）互联箱。

1）接触电阻：本试验在完成护层电压限制器试验后进行。将闸刀（或连接片）恢复到正常工作位置后，用双臂电桥测量闸刀（或连接片）的接触电阻，其值不应大于 20μΩ。

2）闸刀（或连接片）连接位置：本试验在以上交叉互联系统的试验合格后及密封互联箱之前进行，连接位置应正确。如发现连接错误而重新连接后，则必须重测闸刀（连接片）的接触电阻。

E.9　电力电缆线路局部放电测量

a）66kV 及以上橡塑绝缘电力电缆线路安装完成后，结合交流耐压试验，可进行局部放电测量。35kV 及以下橡塑绝缘电力电缆线路，在现场条件具备时也可进行局部放电测量。

b）对于局部放电量测量结果的判断方法，可以在被试电缆线路三相之间进行局部放电量比较。局部放电量异常大者，或达到超过局部放电试验仪器厂家推荐判断标准的，有关各方应研究解决办法；局部放电量明显大者，应在 3 个月或 6 个月内用同样的试验方法复查局部放电量，如有明显增长则应研究解决办法。

E.10　对于 35kV 及以下三芯橡塑电缆，可能时（结合其他连接设备一起），宜测量在相同温度下的回路金属屏蔽层和导体的直流电阻，求取金属屏蔽层和导体的电阻比，作为今后监测的基础数据。

E.11　对于已经运行的电缆线路，其维修后的交接试验可按照 E.1～E.10 的相关规定，考虑电缆线路的运行时间、环境条件、击穿历史和试验目的，确定较低的试验电压和（或）较短的试验时间进行试验。

附　录　F

（规范性附录）

电缆线路的检修分类和检修项目

表 F.1　　　　　　　　　　　**电缆线路的检修分类和检修项目**

检修分类	检修项目
A 类检修	A.1　电缆更换 A.2　电缆附件更换
B 类检修	B.1　主要部件更换及加装 B.1.1　更换少量电缆 B.1.2　更换部分电缆附件 B.2　其它部件批量更换及加装 B.2.1　交叉互联箱更换 B.2.2　更换回流线 B.3　主要部件处理 B.3.1　更换或修复电缆线路附属设备 B.3.2　修复电缆线路附属设施 B.4　诊断性试验 B.5　交直流耐压试验
C 类检修	C.1　绝缘子表面清扫 C.2　电缆主绝缘绝缘电阻测量 C.3　电缆线路过电压保护器检查及试验 C.4　金具紧固检查 C.5　护套及内衬层绝缘电阻测量 C.6　其它
D 类检修	D.1　修复基础、护坡、防洪、防碰撞设施 D.2　带电处理线夹发热 D.3　更换接地装置 D.4　安装或修补附属设施 D.5　回流线修补 D.6　电缆附属设施接地联通性测量 D.7　红外测温 D.8　环流测量 D.9　在线或带电测量 D.10　其它不需要停电试验项目

附录3 DL 5027—2015《电力设备典型消防规程》节选

1 总则

1.0.1 为了规范电力设备及其相关设施的消防安全管理，预防火灾和减少火灾危害，保障人身、电力设备和电网安全，制定本规程。

1.0.2 本规程规定了电力设备及其相关设施的防火和灭火措施，以及消防安全管理要求，适用于发电单位、电网经营单位，以及非电力单位使用电力设备的消防安全管理。电力设计、安装、施工、调试、生产应符合本规程的有关要求。本规程不适用于核能发电单位。

1.0.3 贯彻"预防为主、防消结合"的消防工作方针，按照政府统一领导、部门依法监管、单位全面负责、公民积极参与的原则，做好单位的消防安全工作。

1.0.4 法人单位的法定代表人或者非法人单位的主要负责人是单位的消防安全责任人，对本单位的消防安全工作全面负责。消防安全管理人对单位的消防安全责任人负责。

1.0.5 单位应成立安全生产委员会，履行消防安全职责。

1.0.6 单位的有关人员应按其工作职责，熟悉本规程的有关部分，并结合消防知识每年考试一次。

1.0.7 电力设备及其相关设施的消防安全管理除应符合本规程外，尚应符合国家现行有关标准的规定。

2 术语

2.0.1 消防安全管理人 Fire safety supervisor
  对本单位消防安全责任人负责的分管消防安全工作的单位领导。

2.0.2 动火作业 Hot work
  能直接或间接产生明火的作业，应包括熔化焊接、压力焊、钎焊、切割、喷枪、喷灯、钻孔、打磨、锤击、破碎和切削等作业。

2.0.3 安全生产委员会 Safety production committee
  安全生产领导机构。

3 消防安全责任制

3.1 安全生产委员会消防安全主要职责

3.1.1 组织贯彻落实国家有关消防安全的法律、法规、标准和规定（简称消防法规），建立健全消防安全责任制和规章制度，对落实情况进行监督、考核。

3.1.2 建立消防安全保证和监督体系，督促两个体系各司其职。明确消防工作归口管理职能部门（简称消防管理部门）和消防安全监督部门（简称安监部门），确保消防管理和安监部门的人员配置与其承担的职责相适应。

3.1.3 制定本单位的消防安全目标并组织落实，定期研究、部署本单位的消防安全工作。

3.1.4 深入现场，了解单位的消防安全情况，推广消防先进管理经验和先进技术，对存在的重大或共性问题进行分析，制定针对性的整改措施，并督促措施的落实。

3.1.5 组织或参与火灾事故调查。

3.1.6 对消防安全做出贡献者给予表扬或奖励；对负有事故责任者，给予批评或处罚。

3.2 消防安全责任人主要职责

3.2.1 贯彻执行消防法规，保障单位消防安全符合规定，掌握本单位的消防安全情况。

3.2.2 将消防工作与本单位的生产、科研、经营、管理等活动统筹安排，批准实施年度消防工作计划。

3.2.3 为本单位的消防安全提供必要的经费和组织保障。

3.2.4 确定逐级消防安全责任，批准实施消防安全管理制度和保障消防安全的操作规程。

3.2.5 组织防火检查，督促落实火灾隐患整改，及时处理涉及消防安全的重大问题。

3.2.6 根据消防法规的规定建立专职消防队、志愿消防队。

3.2.7 组织制定符合本单位实际的灭火和应急疏散预案，并实施演练。

3.2.8 确定本单位消防安全管理人。

3.2.9 发生火灾事故做到事故原因不清不放过，责任者和应受教育者没有受到教育不放过，没有采取防范措施不放过，责任人员未受到处理不放过。

3.3 消防安全管理人主要职责

3.3.1 拟订年度消防工作计划，组织实施日常消防安全管理工作。

3.3.2 组织制订消防安全管理制度和保障消防安全的操作规程并检查督促其落实。

3.3.3 拟订消防安全工作的资金投入和组织保障方案。

3.3.4 组织实施防火检查和火灾隐患整改工作。

3.3.5 组织实施对本单位消防设施、灭火器材和消防安全标志维护保养，确保其完好有效，确保疏散通道和安全出口畅通。

3.3.6 组织管理专职消防队和志愿消防队。

3.3.7 组织对员工进行消防知识的宣传教育和技能培训，组织灭火和应急疏散预案的实施和演练。

3.3.8 单位消防安全责任人委托的其他消防安全管理工作。

3.3.9 应定期向消防安全责任人报告消防安全情况，及时报告涉及消防安全的重大问题。

3.4 消防管理部门主要职责

3.4.1 贯彻执行消防法规、本单位消防安全管理制度。

3.4.2 拟定逐级消防安全责任制，及其消防安全管理制度。

3.4.3 指导、督促各相关部门制定和执行各岗位消防安全职责、消防安全操作规程，消防设施运行和检修规程等制度，以及制定发电厂厂房、车间、变电站、换流站、调度楼、控制楼、油罐区等重要场所及重点部位的灭火和应急疏散预案。

3.4.4 定期向消防安全管理人报告消防安全情况，及时报告涉及消防安全的重大问题。

3.4.5 拟订年度消防管理工作计划。

3.4.6 拟订消防知识、技能的宣传教育和培训计划，经批准后组织实施。

3.4.7 负责消防安全标志设置，负责或指导、督促有关部门做好消防设施、器材配置、检验、维修、保养等管理工作，确保完好有效。

3.4.8 管理专职消防队和志愿消防队。根据消防法规、公安消防部门的规定和实际情况配备专职消防员和消防装备器材，组织实施专业技能训练，维护保养装备器材。志愿消防员的人数不应少于职工总数的 10%，重点部位不应少于该部位人数的 50%，且人员分布要均匀；年龄男性一般不超 55 岁、女性一般不超 45 岁，能行使职责工作。根据志愿消防人员变动、身体和年龄等情况，及时进行调整或补充，并公布。

3.4.9 确定消防安全重点部位，建立消防档案。

3.4.10 将消防费用纳入年度预算管理，确保消防安全资金的落实，包括消防安全设施、器材、教育培训资金，以及兑现奖惩等。

3.4.11 督促有关部门凡新建、改建、扩建工程的消防设施必须与主体设备（项目）同时设计、同时施工、同时投入生产或使用。

3.4.12 指导、督促有关部门确保疏散通道、安全出口、消防车通道畅通，保证防火防烟分区、防火间距符合消防标准。

3.4.13 指导、督促有关部门按照要求组织发电厂厂房、车间、变电站、换流站、调度楼、控制楼、油罐区等重要场所及重点部位的灭火和应急疏散演练。

3.4.14 指导、督促有关部门实行每月防火检查、每日防火巡查，建立检查和巡查记录，及时消除消防安全隐患。

3.4.15 发生火灾时，立即组织实施灭火和应急疏散预案。

3.5 安监部门主要职责

3.5.1 熟悉国家有关消防法规，以及公安消防部门的工作要求；熟悉本单位消防安全管理制度，并对贯彻落实情况进行监督。

3.5.2 拟订年度消防安全监督工作计划，制定消防安全监督制度。

3.5.3 组织消防安全监督检查，建立消防安全检查、消防安全隐患和处理情况记录，督促隐患整改。

3.5.4 定期向消防安全管理人报告消防安全情况，及时报告涉及消防安全的重大问题。

3.5.5 对各级、各岗位消防安全责任制等制度的落实情况进行监督考核。

3.5.6 协助公安消防部门对火灾事故的调查。

3.6　志愿消防员主要职责

3.6.1　掌握各类消防设施、消防器材和正压式消防空气呼吸器等的适用范围和使用方法。

3.6.2　熟知相关的灭火和应急疏散预案，发生火灾时能熟练扑救初起火灾、组织引导人员安全疏散及进行应急救援。

3.6.3　根据工作安排负责一、二级动火作业的现场消防监护工作。

3.7　专职消防员主要职责

3.7.1　应按照有关要求接受岗前培训和在岗培训。

3.7.2　熟知单位灭火和应急疏散预案，参加消防活动和进行灭火训练，发生火灾时能熟练扑救火灾、组织引导人员安全疏散。

3.7.3　做好消防装备、器材检查、保养和管理，保证其完好有效。

3.7.4　政府部门规定的其他职责。

4　消防安全管理

4.1　消防安全管理制度

4.1.1　消防安全管理制度应包括下列内容：

　　1　各级和各岗位消防安全职责、消防安全责任制考核、动火管理、消防安全操作规定、消防设施运行规程、消防设施检修规程。

　　2　电缆、电缆间、电缆通道防火管理，消防设施与主体设备或项目同时设计、同时施工、同时投产管理，消防安全重点部位管理。

　　3　消防安全教育培训，防火巡查、检查，消防控制室值班管理，消防设施、器材管理，火灾隐患整改，用火、用电安全管理。

　　4　易燃易爆危险物品和场所防火防爆管理，专职和志愿消防队管理，疏散、安全出口、消防车通道管理，燃气和电气设备的检查和管理（包括防雷、防静电）。

　　5　消防安全工作考评和奖惩，灭火和应急疏散预案以及演练。

　　6　根据有关规定和单位实际需要制定其他消防安全管理制度。

4.1.2　应建立健全消防档案管理制度。消防档案应当包括消防安全基本情况和消防安全管理情况。消防档案应当翔实，全面反映单位消防工作的基本情况，并附有必要的图表，根据情况变化及时更新。单位应对消防档案统一保管。

4.2　消防安全重点单位和重点部位

4.2.1　发电单位和电网经营单位是消防安全重点单位，应严格管理。

4.2.2　消防安全重点部位应包括下列部位：

　　1　油罐区（包括燃油库、绝缘油库、透平油库），制氢站、供氢站、发电机、变压器等注油设备，电缆间以及电缆通道、调度室、控制室、集控室、计算机房、通信机房、风力发电机组机舱及塔筒。

　　2　换流站阀厅、电子设备间、铅酸蓄电池室、天然气调压站、储氨站、液化气站、乙炔站、档案室、油处理室、秸秆仓库或堆场、易燃易爆物品存放场所。

3 发生火灾可能严重危及人身、电力设备和电网安全以及对消防安全有重大影响的部位。

4.2.3 消防安全重点部位应当建立岗位防火职责，设置明显的防火标志，并在出入口位置悬挂防火警示标示牌。标示牌的内容应包括消防安全重点部位的名称、消防管理措施、灭火和应急疏散方案及防火责任人。

4.3 消防安全教育培训

4.3.1 应根据本单位特点，建立健全消防安全教育培训制度，明确机构和人员，保障教育培训工作经费。按照下列规定对员工进行消防安全教育培训：

1 定期开展形式多样的消防安全宣传教育。

2 对新上岗和进入新岗位的员工进行上岗前消防安全培训，经考试合格方能上岗。

3 对在岗的员工每年至少进行一次消防安全培训。

4.3.2 下列人员应接受消防安全专门培训：

1 单位的消防安全责任人、消防安全管理人。

2 专、兼职消防管理人员。

3 消防控制室值班人员、消防设施操作人员，应通过消防行业特有工种职业技能鉴定，持有初级技能以上等级的职业资格证书。

4 其他依照规定应当接受消防安全专门培训的人员。

4.3.3 消防安全教育培训的内容应符合全国统一的消防安全教育培训大纲的要求，主要包括国家消防工作方针、政策，消防法律法规，火灾预防知识，火灾扑救、人员疏散逃生和自救互救知识，其他应当教育培训的内容。

4.3.4 应根据不同对象开展有侧重的培训。通过培训应使员工懂基本消防常识、懂本岗位产生火灾的危险源、懂本岗位预防火灾的措施、懂疏散逃生方法；会报火警、会使用灭火器材灭火、会查改火灾隐患、会扑救初起火灾。

4.4 灭火和应急疏散预案及演练

4.4.1 单位应制定灭火和应急疏散预案，灭火和应急疏散预案应包括发电厂厂房、车间、变电站、换流站、调度楼、控制楼、油罐区等重点部位和场所。

4.4.2 灭火和应急疏散预案应切合本单位实际及符合有关规范要求。

4.4.3 应当按照灭火和应急疏散预案，至少每半年进行一次演练，及时总结经验，不断完善预案。消防演练时，应当设置明显标识并事先告知演练范围内的人员。

4.5 防火检查

4.5.1 单位应进行每日防火巡查，并确定巡查的人员、内容、部位和频次。防火巡查应包括下列内容：

1 用火、用电有无违章；安全出口、疏散通道是否畅通，安全疏散指示标志、应急照明是否完好；消防设施、器材情况。

2 消防安全标志是否在位、完整；常闭式防火门是否处于关闭状态，防火卷帘下是否堆放物品影响使用等消防安全情况。

    3 防火巡查人员应当及时纠正违章行为，妥善处置发现的问题和火灾危险，无法当场处置的，应当立即报告。发现初起火灾应立即报警并及时扑救。

    4 防火巡查应填写巡查记录，巡查人员及其主管人员应在巡查记录上签名。

4.5.2 单位应至少每月进行一次防火检查。防火检查应包括下列内容：

    1 火灾隐患的整改以及防范措施的落实；安全疏散通道、疏散指示标志、应急照明和安全出口；消防车通道、消防水源；用火、用电有无违章情况。

    2 重点工种人员以及其他员工消防知识的掌握；消防安全重点部位的管理情况；易燃易爆危险物品和场所防火防爆措施的落实以及其他重要物资的防火安全情况。

    3 消防控制室值班和消防设施运行、记录情况；防火巡查；消防安全标志的设置和完好、有效情况；电缆封堵、阻火隔断、防火涂层、槽盒是否符合要求。

    4 消防设施日常管理情况，是否放在正常状态，建筑消防设施每年检测；灭火器材配置和管理；动火工作执行动火制度；开展消防安全学习教育和培训情况。

    5 灭火和应急疏散演练情况等需要检查的内容。

    6 发现问题应及时处置。防火检查应当填写检查记录。检查人员和被检查部门负责人应当在检查记录上签名。

4.5.3 应定期进行消防安全监督检查，检查应包括下列内容：

    1 建筑物或者场所依法通过消防验收或者进行消防竣工验收备案。

    2 新建、改建、扩建工程，消防设施与主体设备或项目同时设计、同时施工、同时投入生产或使用，并通过消防验收。

    3 制定消防安全制度、灭火和应急疏散预案，以及制度执行情况。

    4 建筑消防设施定期检测、保养情况，消防设施、器材和消防安全标志。

    5 电器线路、燃气管路定期维护保养、检测。

    6 疏散通道、安全出口、消防车通道、防火分区、防火间距。

    7 组织防火检查，特殊工种人员参加消防安全专门培训，持证上岗情况。

    8 开展每日防火巡查和每月防火检查，记录情况。

    9 定期组织消防安全培训和消防演练。

    10 建立消防档案、确定消防安全重点部位等。

    11 对人员密集场所，还应检查灭火和应急疏散预案中承担灭火和组织疏散任务的人员是否确定。

4.5.4 防火检查应当填写检查记录，记录包括发现的消防安全违法违章行为、责令改正的情况等。

5 动火管理

5.1 动火级别

5.1.1 根据火灾危险性、发生火灾损失、影响等因数将动火级别分为一级动火、二级动火两个级别。

5.1.2　火灾危险性很大，发生火灾造成后果很严重的部位、场所或设备应为一级动火区。

5.1.3　一级动火区以外的防火重点部位、场所或设备及禁火区域应为二级动火区。

5.2　禁止动火条件

5.2.1　油船、油车停靠区域。

5.2.2　压力容器或管道未泄压前。

5.2.3　存放易燃易爆物品的容器未清理干净，或未进行有效置换前。

5.2.4　作业现场附近堆有易燃易爆物品，未作彻底清理或者未采取有效安全措施前。

5.2.5　风力达五级以上的露天动火作业。

5.2.6　附近有与明火作业相抵触的工种在作业。

5.2.7　遇有火险异常情况未查明原因和消除前。

5.2.8　带电设备未停电前。

5.2.9　按国家和政府部门有关规定必须禁止动用明火的。

5.3　动火安全组织措施

5.3.1　动火作业应落实动火安全组织措施，动火安全组织措施应包括动火工作票、工作许可、监护、间断和终结等措施。

5.3.2　在一级动火区进行动火作业必须使用一级动火工作票，在二级动火区进行动火作业必须使用二级动火工作票。

5.3.3　发电单位一级动火工作票可使用附录 A 样张，电网经营单位一级动火工作票可使用附录 B 样张，二级动火工作票可使用附录 C 样张。

5.3.4　动火工作票应由动火工作负责人填写。动火工作票签发人不准兼任该项工作的工作负责人。动火工作票的审批人、消防监护人不准签发动火工作票。一级动火工作票一般应提前 8h 办理。

5.3.5　动火工作票至少一式三份。一级动火工作票一份由工作负责人收执，一份由动火执行人收执，另一份由发电单位保存在单位安监部门、电网经营单位保存在动火部门（车间）。二级动火工作票一份由工作负责人收执，一份由动火执行人收执，一份保存在动火部门（车间）。若动火工作与运行有关时，还应增加一份交运行人员收执。

5.3.6　动火工作票的审批应符合下列要求。

　　1　一级动火工作票：

　　1）发电单位：由申请动火部门（车间）负责人或技术负责人签发，单位消防管理部门和安监部门负责人审核，单位分管生产的领导或总工程师批准，包括填写批准动火时间和签名。

　　2）电网经营单位：由申请动火班组班长或班组技术负责人签发，动火部门（车间）消防管理负责人和安监负责人审核，动火部门（车间）负责人或技术负责人批准，包括填写批准动火时间和签名。

3）必要时应向当地公安消防部门提出申请，在动火作业前到现场进行消防安全检查和指导工作。

　　2　二级动火工作票由申请动火班组班长或班组技术负责人签发，动火部门（车间）安监人员审核，动火部门（车间）负责人或技术负责人批准，包括填写批准动火时间和签名。

5.3.7　动火工作票经批准后，允许实施动火条件。

　　1　与运行设备有关的动火工作必须办理运行许可手续。在满足运行部门可动火条件，运行许可人在动火工作票填写许可动火时间和签名，完成运行许可手续。

　　2　一级动火。

　　1）发电单位：在检查应配备的消防设施和采取的消防措施、安全措施已符合要求，可燃性、易爆气体含量或粉尘浓度合格，动火执行人、消防监护人、动火工作负责人、动火部门负责人、单位安监部门负责人、单位分管生产领导或总工程师分别在动火工作票签名确认，并由单位分管生产领导或总工程师填写允许动火时间。

　　2）电网经营单位：在检查应配备的消防设施和采取的消防措施、安全措施已符合要求，可燃性、易爆气体含量合格，动火执行人、消防监护人、动火工作负责人、动火部门（车间）安监负责人、动火部门（车间）负责人或技术负责人分别在动火工作票签名确认，并由动火部门（车间）负责人或技术负责人填写允许动火时间。

　　3　二级动火：在检查应配备的消防设施和采取的消防措施、安全措施已符合要求，可燃性、易爆气体含量或粉尘浓度合格后，动火执行人、消防监护人、动火工作负责人、动火部门（车间）安监人员分别签名确认，并由动火部门（车间）安监人员填写允许动火时间。

5.3.8　动火作业的监护，应符合下列要求：

　　1　一级动火时，消防监护人、工作负责人、动火部门（车间）安监人员必须始终在现场监护。

　　2　二级动火时，消防监护人、工作负责人必须始终在现场监护。

　　3　一级动火在首次动火前，各级审批人和动火工作票签发人均应到现场检查防火、灭火措施正确、完备，需要检测可燃性、易爆气体含量或粉尘浓度的检测值应合格，并在监护下做明火试验，满足可动火条件后方可动火。

　　4　消防监护人应由本单位专职消防员或志愿消防员担任。

5.3.9　动火作业间断，应符合下列要求：

　　1　动火作业间断，动火执行人、监护人离开前，应清理现场，消除残留火种。

　　2　动火执行人、监护人同时离开作业现场，间断时间超过 30min，继续动火前，动火执行人、监护人应重新确认安全条件。

　　3　一级动火作业，间断时间超过 2.0h，继续动火前，应重新测定可燃性、易爆气体含量或粉尘浓度，合格后方可重新动火。

　　4　一级、二级动火作业，在次日动火前必须重新测定可燃性、易爆气体含量或粉尘浓度，合格后方可重新动火。

5.3.10 动火作业终结，应符合下列要求：

1 动火作业完毕，动火执行人、消防监护人、动火工作负责人应检查现场无残留火种等，确认安全后，在动火工作票上填明动火工作结束时间，经各方签名，盖"已终结"印章，动火工作告终结。若动火工作经运行许可的，则运行许可人也要参与现场检查和结束签字。

2 动火作业终结后工作负责人、动火执行人的动火工作票应交给动火工作票签发人。发电单位一级动火一份留存班组，一份交单位安监部门；二级动火一份留存班组，一份交动火部门（车间）。电网经营单位一份留存班组，一份交动火部门（车间）。动火工作票保存三个月。

5.3.11 动火工作票所列人员的主要安全责任：

1 各级审批人员及工作票签发人主要安全责任应包括下列内容：

1）审查工作的必要性和安全性。

2）审查申请工作时间的合理性。

3）审查工作票上所列安全措施正确、完备。

4）审查工作负责人、动火执行人符合要求。

5）指定专人测定动火部位或现场可燃性、易爆气体含量或粉尘浓度符合安全要求。

2 工作负责人主要安全责任应包括下列内容：

1）正确安全地组织动火工作。

2）确认动火安全措施正确、完备，符合现场实际条件，必要时进行补充。

3）核实动火执行人持允许进行焊接与热切割作业的有效证件，督促其在动火工作票上签名。

4）向有关人员布置动火工作，交待危险因素、防火和灭火措施。

5）始终监督现场动火工作。

6）办理动火工作票开工和终结手续。

7）动火工作间断、终结时检查现场无残留火种。

3 运行许可人主要安全责任应包括下列内容：

1）核实动火工作时间、部位。

2）工作票所列有关安全措施正确、完备，符合现场条件。

3）动火设备与运行设备确已隔绝，完成相应安全措施。

4）向工作负责人交待运行所做的安全措施。

4 消防监护人主要安全责任应包括下列内容：

1）动火现场配备必要、足够、有效的消防设施、器材。

2）检查现场防火和灭火措施正确、完备。

3）动火部位或现场可燃性、易爆气体含量或粉尘浓度符合安全要求。

4）始终监督现场动火作业，发现违章立即制止，发现起火及时扑救。

5）动火工作间断、终结时检查现场无残留火种。

5　动火执行人主要安全责任应包括下列内容：

　　1）在动火前必须收到经审核批准且允许动火的动火工作票。

　　2）核实动火时间、动火部位。

　　3）做好动火现场及本工种要求做好的防火措施。

　　4）全面了解动火工作任务和要求，在规定的时间、范围内进行动火作业。

　　5）发现不能保证动火安全时应停止动火，并报告部门（车间）领导。

　　6）动火工作间断、终结时清理并检查现场无残留火种。

5.3.12　一、二级动火工作票签发人、工作负责人应进行本规程等制度的培训，并经考试合格。动火工作票签发人由单位分管领导或总工程师批准，动火工作负责人由部门（车间）领导批准。动火执行人必须持政府有关部门颁发的允许电焊与热切割作业的有效证件。

5.3.13　动火工作票应用钢笔或圆珠笔填写，内容应正确清晰，不应任意涂改，如有个别错、漏字需要修改，应字迹清楚，并经签发人审核签字确认。

5.3.14　非本单位人员到生产区域内动火工作时，动火工作票由本单位签发和审批。承发包工程中，动火工作票可实行双方签发形式，但应符合第 5.3.12 条要求和由本单位审批。

5.3.15　一级动火工作票的有效期为 24h（1 天），二级动火工作票的有效期为 120h（5 天）。必须在批准的有效期内进行动火工作，需延期时应重新办理动火工作票。

5.4　动火安全技术措施

5.4.1　动火作业应落实动火安全技术措施，动火安全技术措施应包括对管道、设备、容器等的隔离、封堵、拆除、阀门上锁、挂牌、清洗、置换、通风、停电及检测可燃性、易爆气体含量或粉尘浓度等措施。

5.4.2　凡对存有或存放过易燃易爆物品的容器、设备、管道或场所进行动火作业，在动火前应将其与生产系统可靠隔离、封堵或拆除，与生产系统直接相连的阀门应上锁挂牌，并进行清洗、置换，经检测可燃性、易爆气体含量或粉尘浓度合格后，方可动火作业。

5.4.3　动火点与易燃易爆物容器、设备、管道等相连的，应与其可靠隔离、封堵或拆除，与动火点直接相连的阀门应上锁挂牌，检测动火点可燃气体含量应合格。

5.4.4　在易燃易爆物品周围进行动火作业，应保持足够的安全距离，确保通排风良好，使可能泄漏的气体能顺畅排走，如有必要，检测动火场所可燃气体含量应合格。

5.4.5　在可能转动或来电的设备上进行动火作业，应事先做好停电、隔离等确保安全的措施。

5.4.6　处于运行状态的生产区域或危险区域，凡能拆移的动火部件，应拆移到安全地点动火。

5.4.7　动火前可燃性、易爆气体含量或粉尘浓度检测的时间距动火作业开始时间不应超过 2.0h。可将检测可燃性、易爆气体含量或粉尘浓度含量的设备放置在动火作业现场进行实时监测。

5.4.8 一级动火作业过程中，应每间隔 2.0h～4.0h 检测动火现场可燃性、易爆气体含量或粉尘浓度是否合格，当发现不合格或异常升高时应立即停止动火，在未查明原因或排除险情前不得重新动火。

5.4.9 用于检测气体或粉尘浓度的检测仪应在校验有效期内，并在每次使用前与其他同类型检测仪进行比对检查，以确定其处于完好状态。

5.4.10 气体或粉尘浓度检测的部位和所采集的样品应具有代表性，必要时分析的样品应留存到动火结束。

5.5　一般动火安全措施

5.5.1 动火作业前应清除动火现场、周围及上、下方的易燃易爆物品。

5.5.2 高处动火应采取防止火花溅落措施，并应在火花可能溅落的部位安排监护人。

5.5.3 动火作业现场应配备足够、适用、有效的灭火设施、器材。

5.5.4 必要时应辨识危害因素，进行风险评估，编制安全工作方案，及火灾现场处置预案。

5.5.5 各级人员发现动火现场消防安全措施不完善、不正确，或在动火工作过程中发现有危险或有违反规定现象时，应立即阻止动火工作，并报告消防管理或安监部门。

6　发电厂和变电站一般消防

6.1　一般规定

6.1.1 按照国家工程建设消防标准需要进行消防设计的新建、扩建、改建（含室内外装修、建筑保温、用途变更）工程，建设单位应当依法申请建设工程消防设计审核、消防验收，依法办理消防设计和竣工验收消防备案手续并接受抽查。

6.1.2 建设工程或项目的建设、设计、施工、工程监理等单位应当遵守消防法规、建设工程质量管理法规和国家消防技术标准，应对建设工程消防设计、施工质量和安全负责。

6.1.3 建（构）筑物的火灾危险性分类、耐火等级、安全出口、防火分区和建（构）筑物之间的防火间距，应符合现行国家标准的有关规定。

6.1.4 有爆炸和火灾危险场所的电力设计，应符合现行国家标准《爆炸和火灾危险环境电力装置设计规范》GB 50058 的有关规定。

6.1.5 电力设备，包括电缆的设计、选型必须符合有关设计标准要求。建设、设计、施工、工程监理等单位对电力设备的设计、选型及施工质量的有关部分负责。

6.1.6 疏散通道、安全出口应保持畅通，并设置符合规定的消防安全疏散指示标志和应急照明设施。保持防火门、防火卷帘、消防安全疏散指示标志、应急照明、机械排烟送风、火灾事故广播等设施处于正常状态。

6.1.7 消防设施周围不得堆放其他物件。消防用砂应保持足量和干燥。灭火器箱、消防砂箱、消防桶和消防铲、斧把上应涂红色。

6.1.8 建筑构件、材料和室内装修、装饰材料的防火性能必须符合有关标准的要求。

6.1.9 寒冷地区容易冻结和可能出沉降地区的消防水系统等设施应有防冻和防沉降措施。

6.1.10 防火重点部位禁止吸烟，并应有明显标志。

6.1.11 检修等工作间断或结束时应检查和清理现场，消除火灾隐患。

6.1.12 生产现场需使用电炉必须经消防管理部门批准，且只能使用封闭式电炉，并加强管理。

6.1.13 充油、储油设备必须杜绝渗、漏油。油管道连接应牢固严密，禁止使用塑料垫、橡皮垫（包括耐油橡皮垫）和石棉纸垫。油管道的阀门、法兰及其他可能漏油处的热管道外面应包敷严密的保温层，保温层表面应装设金属保护层。当油渗入保温层时应及时更换。油管道应布置在高温蒸汽管道的下方。

6.1.14 排水沟、电缆沟、管沟等沟坑内不应有积油。

6.1.15 生产现场禁止存放易燃易爆物品。生产现场禁止存放超过规定数量的油类。运行中所需的小量润滑油和日常使用的油壶、油枪等，必须存放在指定地点的储藏室内。

6.1.16 不宜用汽油洗刷机件和设备。不宜用汽油、煤油洗手。

6.1.17 各类废油应倒入指定的容器内，并定期回收处理，严禁随意倾倒。

6.1.18 生产现场应备有带盖的铁箱，以便放置擦拭材料，并定期清除。严禁乱扔擦拭材料。

6.1.19 临时建筑应符合国家有关法规。临时建筑不得占用防火间距。

6.1.20 在高温设备及管道附近宜搭建金属脚手架。

6.1.21 生产场所的电话机近旁和灭火器箱、消防栓箱应印有火警电话号码。

6.1.22 电缆隧道内应设置指向最近安全出口处的导向箭头，主隧道、各分支拐弯处醒目位置装设整个电缆隧道平面示意图，并在示意图上标注所处位置及各出入口位置。

6.1.23 发电厂还应符合下列要求：

1 厂区的消防通道应随时保持畅通。

2 生产现场不应漏煤粉。对热管道、电缆等部位的积粉，应制定清扫周期，定期清理积粉。

6.1.24 变电站还应符合下列要求：

1 无人值班变电站火灾自动报警系统信号的接入应符合本规程第 6.3.8 条的规定。

2 无人值班变电站宜设置视频监控系统，火灾自动报警系统宜和视频监控系统联动，视频信号的接入场所按本规程第 6.3.8 条的规定采用。

3 无人值班变电站应在入口处和主要通道处设置移动式灭火器。

4 地下变电站内采暖区域严禁采用明火取暖。

5 电气设备间设置的排烟设施，应符合国家标准的规定。

6 火灾发生时，送排风系统和空调系统应能自动停止运行。当采用气体灭火系统时，穿过防护区的通风或空调风道上的防火阀应能自动关闭。

　　7　室内消火栓应采用单栓消火栓。确有困难时可采用双栓消火栓，但必须为双阀双出口型。

6.1.25　换流站还应符合下列要求：

　　1　500kV及以上换流变压器应设置火灾自动报警系统和固定自动灭火系统。其他电气设备及建筑物消防设施应符合现行国家标准《火力发电厂与变电站设计防火规范》GB 50229的有关规定。

　　2　换流阀厅内宜设置多种形式的火灾探测器组合并与遥视系统联动将信号接入自动化控制系统。

　　3　充分利用阀厅等设备停电检修期，对易发生放电和漏水的设备、元件、接头等进行重点检查及处理，按相关标准要求进行必要的试验，避免运行中出现设备过热、放电、漏水等现象。

　　4　500kV换流阀或阀厅火灾时，应自动切断空调通风设备电源，并关闭通风机，使阀厅的大气压力与外界大气压力相等。

6.1.26　开关站还应符合下列要求：

　　1　开关站消防灭火设施应符合现行国家标准《火力发电厂与变电站设计防火规范》GB 50229的有关规定。

　　2　有人值班或具有信号远传功能的开关站应装设火灾自动报警系统。装设火灾报警系统时，要求同变电站。

　　3　发生火灾时，应能自动切断空调通风系统以及与排烟无关的通风系统电源。

6.2　**灭火规则**

6.2.1　发生火灾，必须立即扑救并报警，同时快速报告单位有关领导。单位应立即实施灭火和应急疏散预案，及时疏散人员，迅速扑救火灾。设有火灾自动报警、固定灭火系统时，应立即启动报警和灭火。

6.2.2　火灾报警应报告下列内容：

　　1　火灾地点。

　　2　火势情况。

　　3　燃烧物和大约数量、范围。

　　4　报警人姓名及电话号码。

　　5　公安消防部门需要了解的其他情况。

6.2.3　消防队未到达火灾现场前，临时灭火指挥人可由下列人员担任：

　　1　运行设备火灾时由当值值（班）长或调度担任。

　　2　其他设备火灾时由现场负责人担任。

6.2.4　消防队到达火场时，临时灭火指挥人应立即与消防队负责人取得联系并交待失火设备现状和运行设备状况，然后协助消防队灭火。

6.2.5　电气设备发生火灾，应立即切断有关设备电源，然后进行灭火。

对可能带电的电气设备以及发电机、电动机等，应使用干粉、二氧化碳、六氟丙烷等灭火器灭火；对油断路器、变压器在切断电源后可使用干粉、六氟丙烷等灭火器灭火，不能扑灭时再用泡沫灭火器灭火，不得已时可用干砂灭火；地面上的绝缘油着火，应用干砂灭火。

6.2.6 参加灭火人员在灭火的过程中应避免发生次生灾害。

灭火人员在空气流通不畅或可能产生有毒气体的场所灭火时，应使用正压式消防空气呼吸器。

6.3 灭火设施

6.3.1 建（构）筑物、电力设备或场所应按照国家、行业有关规定、标准，及根据实际需要配置必要的、符合要求的消防设施、消防器材及正压式消防空气呼吸器，并做好日常管理，确保完好有效。

6.3.2 消防设施应处于正常工作状态。不得损坏、挪用或者擅自拆除、停用消防设施、器材。消防设施出现故障，应及时通知单位有关部门，尽快组织修复。因工作需要临时停用消防设施或移动消防器材的，应采取临时措施和事先报告单位消防管理部门，并得到本单位消防安全责任人的批准，工作完毕后应及时恢复。

6.3.3 消防设施在管理上应等同于主设备，包括维护、保养、检修、更新，落实相关所需资金等。

6.3.4 新建、扩建和改建工程或项目，需要设置消防设施的，消防设施与主体设备或项目应同时设计、同时施工、同时投入生产或使用，并通过消防验收。

6.3.5 消防设施、器材应选用符合国家标准或行业标准并经强制性产品认证合格的产品。使用尚未制定国家标准、行业标准的消防产品，应当选用经技术鉴定合格的消防产品。

6.3.6 建筑消防设施的值班、巡查、检测、维修、保养、建档等工作，应符合现行国家标准《建筑消防设施的维护管理》GB 25201 的有关规定。定期检测、保养和维修，应委托有消防设备专业检测及维护资质的单位进行，其应出具有关记录和报告。

6.3.7 灭火器设置应符合现行国家标准《建筑灭火器配置设计规范》GB 50140 及灭火器制造厂的规定和要求。环境条件不能满足时，应采取相应的防冻、防潮、防腐蚀、防高温等保护措施。

6.3.8 火灾自动报警系统应接入本单位或上级 24h 有人值守的消防监控场所，并有声光警示功能。

6.3.9 火灾自动报警系统还应符合下列要求：

1 应具备防强磁场干扰措施，在户外安装的设备应有防雷、防水、防腐蚀措施。

2 火灾自动报警系统的专用导线或电缆应采用阻燃型屏蔽电缆。

3 火灾自动报警系统的传输线路应采用穿金属管、经阻燃处理的硬质塑料管或封闭式线槽保护方式布线。

4 消防联动控制、通信和报警线路采用暗敷设时宜采用金属管或经阻燃处理的硬质塑料管保护，并应敷设在不燃烧体的结构层内，且保护层厚度不宜小于30mm；当采用明敷设时，应采用金属管或金属线槽保护，并应在金属管或金属线槽上采取防火保护措施。采用经阻燃处理的电缆可不穿金属管保护，但应敷设在有防火保护措施的封闭线槽内。

6.3.10　配电装置室内探测器类型的选择、布置及敷设应符合国家有关标准的要求，探测器的安装部位应便于运行维护。

6.3.11　配电装置室内装有自动灭火系统时，配电装置室应装设2个以上独立的探测器。火灾报警探测器宜多类型组合使用。同一配电装置室内2个以上探测器同时报警时，可以联动该配电装置室内自动灭火设备。

6.3.12　灭火剂的选用应根据灭火的有效性、对设备、人身和对环境的影响等因素确定。

7　发电厂热机和水力消防

7.1　汽轮机、燃气轮机、水轮机和柴油机

7.1.1　汽轮机油系统应避免使用法兰连接，禁止使用铸铁阀门。承压等级应按试验等级高一级选用。

7.1.2　油管道应防止振动，其支架必须牢固可靠，支管根部应能适应热膨胀的要求。

7.1.3　油管道法兰应内外烧焊，机头下部和正对高温蒸汽管道法兰应采用止口法兰。

7.1.4　油管道尽可能远离高温管道，油管道至蒸汽管道保温层外表距离一般应不少于150mm。

7.1.5　对纵横交叉和穿越楼板、花铁板的油管道及油表计管应采取防摩擦破裂措施。

7.1.6　严禁用拆卸油表接头的方法，泄放油系统内的空气。

7.1.7　主油箱应设置事故排油箱（坑），其布置标高和排油管道的设计，应满足事故发生时排油畅通的要求。

7.1.8　事故油箱应设在主厂房外，事故油箱应密封，容积不应小于1台最大机组油系统的油量。

7.1.9　事故排油阀应设两个钢质截止阀，其操作手轮与油箱的距离必须大于5.0m，操作手轮的位置至少应有两个通道能到达，操作手轮不准上锁，应挂有明显的"禁止操作"警示牌。

7.1.10　汽轮机凝汽器冷却管材料用钛合金时，在汽轮机开缸检修时应采取隔离措施。

　　钛合金制成的凝汽器严禁接触明火，如需要进行明火作业，必须办理动火工作票，做好灌水等安全措施。

　　着火的钛合金制成的凝汽器严禁用水及泡沫灭火，应用干粉、干砂、石粉进行灭火。

7.1.11　汽轮机油系统在起火初始阶段时，应设法切断油源，立即进行灭火。磷酸脂抗燃油渗入保温层着火，应消除泄漏点，用二氧化碳或干粉灭火器灭火，不应用水灭火。

磷酸脂抗燃油燃烧时会产生有刺激性的气体，灭火人员应正确使用正压式消防空气呼吸器。

7.1.12 汽轮机油系统火灾处理应符合下列要求：

1 立即启动汽轮机油系统固定灭火系统灭火。

2 按事故处理规定，紧急停机。

3 开启事故排油门。

4 当发生喷油起火时，要迅速堵住喷油处，改变油方向，使油流不向高温热体喷射，立即用泡沫、干粉灭火器灭火。

5 使用消防水枪进行扑救时，应尽量避免消防水直接喷射高温热体。

6 防止大火蔓延扩大到邻近机组，应组织消防力量用水或泡沫灭火器等将火封住，控制火势，使火无法蔓延。

7.1.13 燃机系统及其附近必须严禁烟火并设"严禁烟火"的警示牌。

7.1.14 禁止与工作无关人员进入燃机系统附近。因工作需要进入时实施登记准入制度，严禁携带火种、禁止穿带铁钉的鞋子，关闭移动通信工具。进入燃机系统前应先消除静电。

7.1.15 燃机系统及其附近进行明火作业或做可能产生火花的工作，必须办理动火工作票。应事先经过可燃气体含量测定。

7.1.16 燃气管道动火安全措施应符合下列要求：

1 将动火管道与系统隔离，关闭所有阀门并上锁。

2 将动火侧管道拆开通大气，非动火的管道侧加堵板。

3 用氮气吹扫干净，经检测数值应合格。

7.1.17 燃气轮机在辅机室、轮机室两室应安装通风机，当燃气轮机正常运行时，辅机室、轮机室两室内不易形成爆炸性的混合物。

7.1.18 燃气轮机与联合循环发电机组厂房应设可燃气体泄漏探测装置，其报警信号应传送到集中火灾报警控制器。

7.1.19 燃气轮发电机组整体，包括燃机外壳和燃气调节室、轴承室、附属模块润滑油和液压油室、液体燃料和雾化空气模块应采用全淹没气体灭火系统，并设置火灾自动报警系统。气体灭火系统应定期检查和试验，保持备用状态，一旦发生火灾能自动投入使用。

7.1.20 燃气轮机发生火灾时，应立即用二氧化碳等灭火装置灭火。如果灭火装置发生故障不能使用时，应使用干粉、二氧化碳灭火器等进行扑救。未断电时，不得使用泡沫灭火器和消防水喷射着火现场。

7.1.21 柴油机的油箱，应装设紧急切断油源的速闭阀及回油快关阀。油箱不应装设在柴油机上方。

7.1.22 柴油机的排气管室内部分，应用不燃烧材料保温。

7.1.23 柴油机曲轴箱宜采用负压排气或离心排气，当采用负压排气时，连接通风管的导管应装设铜丝网阻火器。

7.1.24　柴油机房应设置通风系统。

7.1.25　运行中的柴油机发现轴承发热，应认真检查油温、油压，查明原因，禁止匆忙停车或打开倒门。

7.1.26　燃油、润滑油喷溅到排气管或其他高温物体上起火时，首先应断绝油源，启动固定灭火系统灭火。如果没有固定灭火系统或固定灭火系统故障，应用干粉、泡沫、二氧化碳等灭火器灭火，也可用石棉毯覆盖灭火。

7.1.27　低水头转桨水轮机漏油，检修时应防止桨叶上的漏油燃烧，检修前首先要清除部件上的油迹。

7.1.28　在水涡轮内进行电焊、气割或铲磨等工作时，应做好通风和防火措施，并备有必要的消防器材。

7.1.29　循环水冷却塔停用检修时，应采取防火隔离措施，防止火星溅落引起内部结构燃烧。循环水冷却塔安装施工或检修过程中进行明火作业，必须办理动火工作票。

7.2　锅炉

7.2.1　锅炉的油管、煤粉管等应防止泄漏，要经常检查，发现泄漏，及时消除。

7.2.2　人孔门、看火门、防爆门周围不应有其他可燃物品。

7.2.3　燃油锅炉应保证低负荷时燃油在炉内完全燃烧，严格监视排烟温度，并定期吹灰，加强预热器蒸汽吹扫。

7.2.4　停炉后，应严格监视尾部烟道各点的温度，发现异常，迅速分析，判断其原因。如果温度仍急剧上升，则立即采取灭火措施。

7.2.5　燃油锅炉尾部应装设灭火装置。

7.2.6　运行中的锅炉发现尾部燃烧时，应立即停炉，停用送风机、吸风机。严密关闭烟道挡板、人孔门、看火门及热风再循环门等，防止新鲜空气和烟气漏入炉内。打开灭火装置的进汽（水）阀，送入蒸汽（水）进行灭火。

7.2.7　燃油金属软管着火时，应切断油源，用泡沫灭火器或黄砂进行灭火。

7.2.8　燃气锅炉停炉检修必须将总进气阀门关闭严密，阀门出口侧加装金属堵板，阀门应加锁。需要动火前，应分别在炉膛、烟道包括再循环烟道通风，实测炉内可燃气体含量合格，方可动火。

7.2.9　凡经检修后（包括新建管路投用前）的燃气管路必须经严密性试验合格后，才可投入运行。

7.2.10　经严密性试验后的燃气管路，不得再进行切割或松动法兰螺栓等，否则应重新进行严密性试验。

7.2.11　已试验合格而超过三个月未投用的燃气管路，在投用前应重新试验。

7.2.12　燃（煤）气管路在氮气置换后再进行燃（煤）气置换，且经一定时间的燃（煤）气放散，然后做含氧量测试，含氧量应先后连续测试三次，均不大于发电企业有关技术标准的规定值即为合格，方可投入使用。

7.2.13 当燃气锅炉停炉后，应及时关闭燃（煤）气快关阀，且根据停炉时间长短，确定管路的吹扫范围。

7.2.14 联系能源供应中心后，开启燃（煤）气母管充氮气门进行管路吹扫，注意保持燃（煤）气母管压力不大于发电企业有关技术标准的规定值。

7.2.15 应经燃气锅炉四角排空管取样门进行取样分析，当一氧化碳浓度达到 0 时，吹扫结束。

7.2.16 燃气锅炉管道动火检修应符合本规程第 7.1.15 条、7.1.16 条的规定。

7.2.17 燃（煤）气管道爆破损坏，应立即停用燃烧器，关闭燃（煤）气快关阀，开启相应的氮气吹扫门进行灭火和吹灰。

7.2.18 燃（煤）气火灾处理应符合下列要求：

1 如火势不大，可用黄泥、石棉布、湿衣服等进行扑救。

2 如火势太大须关闭燃（煤）气快关阀或母管水封时，应及时先停用燃（煤）气燃烧器，防止发生回火。

3 禁止用消防水喷射着火烧红的燃（煤）气管路。

7.2.19 静电除尘器应符合下列要求：

1 如锅炉燃烧不完全，灰粒带有炭墨粒子，则当静电除尘器短路产生电弧时就会引燃着火。着火时，应用二氧化碳或干粉灭火器进行扑救。

2 进出烟道应装有温度探测器，当温度异常时，应能向控制室报警。

3 变压器—整流器组，应选用高燃点绝缘液或干式的。

7.3 脱硫装置

7.3.1 带可燃衬胶内衬的设备内宜搭建金属脚手架。检修、防腐施工作业时，现场应配备足够的灭火器，消防水带敷设到动火作业区，确保消防水随时可用。

7.3.2 防腐施工和检修用的临时动力和照明电源应符合下列要求：

1 所有电气设备均应选用防爆型，安装漏电保护器，电源线必须使用软橡胶电缆，不能有接头。

2 检修人员使用电压不超过 12V 防爆灯，灯具距离内部防腐涂层及除雾器 1.0m 以上。

3 电焊机接地线应设置在防腐区域外并禁止接在防腐设备及管道上。

4 临时电源在检修结束后，应立即拆除。

7.3.3 除雾器热熔等高温作业应严格控制工作温度，做好冷却和防火措施。除雾器和喷淋系统检修，禁止任何动火作业，严禁携带火种进入作业区域。

7.3.4 脱硫系统停止运行期间，所有带可燃衬胶内衬的设备都应有"严禁烟火"的警告标示牌。脱硫装置工艺水箱应保持充满，除雾器冲洗水应在备用状态。

7.3.5 在所有衬胶、涂磷的防腐设备上进行动火或其他加热等作业，必须严格执行动火工作制度。

7.3.6 脱硫系统动火应符合下列要求：

1 关闭原、净烟气挡板门，避免吸收塔内向上抽风形成较大负压。

2 检查确认除雾器冲洗水系统及水源可靠备用。除雾器冲洗水管道进行动火作业时，应进行局部系统隔离，保留其余除雾器冲洗水系统备用。

3 动火作业只能单点作业，禁止多个动火点同时开工。

4 焊割作业应采取间歇性工作方式，防止持续高温传热损坏或引燃周边防腐材料。

5 大范围动火作业，吸收塔底部须做好全面防护措施或在底部注入一定高度的水。小范围动火作业可在动火影响区域下部、底部做好防护措施。

6 动火作业时，必须采取可靠的隔离措施，防止火种引燃防腐层、除雾器以及落入相通的防腐烟（管）道内，引起火灾。禁止在相通、相连的设备内进行防腐作业。

7 动火作业过程中，应有专人始终在现场监护。

7.3.7 脱硫吸收塔、烟道、箱罐内部防腐施工应符合下列要求：

1 施工区域必须采取严密的全封闭措施，设置1个出入口，在隔离防护墙四周悬挂"衬胶施工，严禁烟火"等明显的警告标示牌。

2 施工区域必须制定出入制度，所有人员凭证出入，交出火种，关闭随身携带的无线通信设施，不准穿钉有铁掌的鞋和容易产生静电火花的化纤服装。

3 作业空间应保持良好的通风。设置容量足够的换气风机，确保通风良好，减少丁基胶水的发挥分子的积聚。

4 施工区域10m范围及其上下空间内严禁出现明火或火花。

5 玻璃钢管件胶合黏结采用加热保温方法促进固化时，严禁使用明火。

6 施工区域控制可燃物。不得敷设竹跳板。禁止物料堆积，作业用的胶板和胶水，即来即用，人离物尽。

7 防腐作业及保养期间，禁止在其相通的吸收塔、烟道、管道，以及开启的人孔、通风孔附近进行动火作业。同时应做好防止火种从这些部位进入防腐施工区域的隔离措施。

8 作业全程应设专职监护人，发现火情，立即灭火并停止工作。

7.3.8 脱硫吸收塔火灾处理应符合下列要求：

脱硫吸收塔内发生火灾，应立即向消防部门报警，迅速将施工人员撤离吸收塔，用消防水枪进行灭火。消防水枪无法控制火势时，应关闭原、净烟气挡板门、关闭各人孔门，启动除雾器冲洗水水泵，开启除雾器冲洗水进行灭火。

7.4 脱硝装置

7.4.1 储氨区应设置不低于2.2m高的不燃烧体实体围墙，并挂有"严禁烟火"等明显的警告标示牌。当利用厂区围墙作为储氨区的围墙时，该段厂区围墙应采用不低于2.5m高的不燃烧体实体围墙。入口处应设置人体静电释放器。高处应设置逃生风向标。

7.4.2 氨区出入口门应处于闭锁状态。氨区的出入制度按本规程第8.3.2条的规定采用。

7.4.3 氨区应设氨气泄漏探测器。氨气泄漏探测器的报警信号应接入厂火灾自动报警系统。

7.4.4　液氨储罐应设置防火堤，防火堤应符合下列要求：

　　1　防火堤必须是闭合的。

　　2　防火堤内有效容积不应小于储罐组内一个最大储罐的容量。

　　3　防火堤应设置不少于两处越堤人行踏步或坡道，并应设置在不同方位上。

7.4.5　氨区内应保持清洁，无杂草、无油污，不得储存其他易燃物品和堆放杂物，不得搭建临时建筑。

7.4.6　禁止任何车辆进入氨区。

7.4.7　氨区作业人员必须持证上岗，掌握氨区系统设备，了解氨气的性质和有关防火、防爆的规定。氨区应配备安全防护装置。

7.4.8　卸氨作业时应有专人在现场监护，发现跑、冒、漏立即处理。卸氨中如遇雷雨天气或附近发生火灾，应立即停止卸氨作业。

7.4.9　氨区电力线路必须是电缆或暗线，不准有架空线。用手电筒照明时，应使用防爆电筒。

7.4.10　氨区应装设独立的避雷针。液氨储罐必须有环形防雷接地。液氨储存、接卸场所的所有金属装置、设备、管道、储罐等都必须进行静电连接并接地。液氨接卸区，应设静电专用接地线。在扶梯进口处，应设置人体静电释放器。

7.4.11　氨区操作和检修应尽量使用有色金属制成的工具。如使用铁制工具时，应采取防止产生火花的措施，例如涂黄油、加铜垫等。

7.4.12　液氨法烟气脱硝系统及其附近进行动火作业，必须办理动火工作票。应事先经过氨气含量的测定，检测合格后方可进行动火作业。检修工作结束后，不得留有残火。

7.4.13　氨区应设置完善的消防水系统，配备足够数量的灭火器材。氨罐应配置事故消防系统，定期进行检查、试验，处于良好备用状态。氨罐温度高于 40℃时，喷淋降温系统应自动投入，对氨罐进行冷却。

7.4.14　液氨泄漏火灾处理应符合下列要求：

　　1　关闭输送物料的管道阀门，切断气源。

　　2　启动事故消防系统，用水稀释、溶解泄漏的氨气。

　　3　若不能切断气源，则不允许扑灭正在稳定燃烧的气体，喷水冷却容器。

7.4.15　尿素法烟气脱硝系统动火应符合下列要求：

　　1　尿素储存仓有尿素时不得在仓内、外壁上动火作业。

　　2　尿素输送管道动火检修时，必须做好防止管道内残余氨气爆炸的措施。

　　3　在热解炉供油系统动火检修时按本规程第 8.3.25 条、8.3.27 条、8.3.29 条的规定采用。

8　发电厂燃料系统消防

8.1　运煤设备系统、贮煤场

8.1.1　对长期停用的原煤仓、输煤皮带系统，包括煤斗、落煤管和除尘用的通风管的积煤、积粉应清理干净，皮带上不得有存煤，以防积煤、积粉自燃；对长期不用或停运的龙门吊煤机、斗轮机等应尽量停放在煤堆较低处。

8.1.2 燃用褐煤或易自燃的高挥发份煤种的燃煤电厂应采用难燃胶带。导料槽的防尘密封条应采用难燃型。卸煤装置、筒仓、混凝土或金属煤斗、落煤管的内衬应采用不燃材料。

8.1.3 露天贮煤场与建筑物、铁路防火间距应符合表8.1.3的规定。

表8.1.3 露天贮煤场与建筑物、铁路防火间距 （m）

建筑物名称	丙、丁、戊类建筑		办公、生活建筑		供氢站、贮氢罐	点火油罐区、贮油罐	露天油库
	耐火等级		耐火等级				
	一、二级	三级	一、二级	三级			
露天卸煤装置或贮煤场	8	10	8	10	15		
					25（褐煤）		

8.1.4 贮煤场的地下，禁止敷设电缆、蒸汽管道，易燃、可燃液体及可燃气体管道。

8.1.5 原煤应成型堆放，不同品种的原煤应分类堆放。若需长期堆放的原煤，则应分层压实，时间视地区气温而定。

8.1.6 易自燃的高挥发份煤种的煤不宜长期堆存，必须堆存时，应有防止自燃的措施，并经常检查煤堆内的温度。当温度升高到60℃以上时，应查明原因并立即采取措施。

8.1.7 输煤皮带上空附近、原煤采样装置和原煤仓格栅动火，应做好隔离措施。

8.1.8 封闭式室内贮煤场应设置通风和灭火设施。附在贮煤场内壁上的煤应定期清除。

8.1.9 贮煤场、皮带、原煤仓火灾处理应符合下列要求：

1 贮煤场煤堆着火用水灭火。

2 皮带着火应立即停止皮带运行，启动固定灭火系统灭火。如果没有固定灭火系统或灭火系统发生故障而不能使用时，用现场灭火器材或用水从着火两端向中间逐渐扑灭，同时可采取阻止火焰蔓延的措施，如在皮带上覆盖砂土等。

3 原煤仓着火应启动固定灭火系统灭火。如果没有固定灭火系统或灭火系统发生故障而不能使用时，用雾状水或泡沫灭火器灭火。

8.2 煤粉制粉系统

8.2.1 严禁在运行中的制粉系统设备上进行动火作业。

8.2.2 在停用的制粉系统动火作业，必须清除其积粉及采取可靠的隔离措施，并执行动火工作制度；在有煤粉尘的场所动火，应测定粉尘浓度合格，并办理动火工作手续方可进行动火作业。

8.2.3 制粉系统防爆装置排放口应避免朝向人行通道、设备、电缆桥架。应对防爆装置进行定期检查和维护。防爆装置动作后应立即检查及清除周围火苗与积粉。

8.2.4 在启动制粉系统和设备检修之前，应仔细检查设备内外有无积粉自燃，若发现积粉自燃，应予消除。

8.2.5 严格控制磨煤机出口温度及煤粉仓温度，其温度不得超过煤种要求的规定。煤粉仓应装有温度测点并宜装报警测点。

8.2.6 磨煤机出口气粉混合物的温度应符合表8.2.6的规定。

表8.2.6　　　　　　　　　　　磨煤机出口气粉混合物的温度

制粉系统	煤　种	气粉混合物的温度	
		用空气干燥时	用空气和烟气混合干燥时
仓储式煤粉制粉系统	无烟煤	不受限制	—
	贫煤	130℃	—
	烟煤	70℃	120℃
	褐煤	70℃	90℃
直吹式煤粉制粉系统	贫煤	150℃	180℃
	烟煤	130℃	180℃
	褐煤和油页岩	100℃	180℃

8.2.7 仓储式锅炉制粉系统，在停炉检修前，煤粉仓内煤粉必须用尽。直吹式锅炉制粉系统，在停炉或给磨煤机切换备用时，应先将该系统煤粉烧尽或清除干净。不得把清仓的煤粉排入未运行（包括热备用）的锅炉内。

8.2.8 每次大修煤粉仓前应清仓，并检查煤粉仓内壁是否光滑，有无积粉死角。粉仓顶盖四角拼缝应符合承受一定的爆炸压力的设计要求。

8.2.9 给粉机应有定期切换制度。避免在停用的给粉机入口处出现积粉自燃。清除给粉机进口积粉时，严禁用氧气或压缩空气吹扫。

8.2.10 手动测量煤粉仓粉位时，浮筒应由非铁质材料制成，仓内浮筒应缓慢升降。

8.2.11 清仓过程中发现仓内残余煤粉有自燃现象时，清扫人员应立即退到仓外，将煤粉仓严密封闭，用蒸汽或氮气、二氧化碳等惰性气体进行灭火。

　　在清扫磨煤机积粉时，严禁在煤粉温度没有下降到可燃点以下时打开人孔门清扫。

8.2.12 清仓时，煤粉仓内必须使用防爆行灯。铲除积粉时，工作人员应穿不产生静电的工作服，使用铜质或铝制工具，不得带入火种，禁止用压缩空气或氧气进行吹扫。

8.2.13 发现煤粉仓煤粉自燃要妥善处理，一般应停止向煤粉仓送粉，关闭粉仓吸潮管，进行彻底降粉。如采取迅速提高粉位（包括同时由邻炉来粉），进行压粉措施时，应事先输入足够数量的惰性气体。

8.2.14 检查煤粉仓、螺旋送粉器吸潮管有无堵塞，吸潮管应加保温措施，吸潮门开度应使粉仓负压保持适当的数值。

8.2.15 煤粉仓外壁受冷风吹袭，使仓内煤粉易于结块而影响流动时，外壁应予保温。

8.2.16 应做好粉仓层的清洁工作，防止煤粉仓爆炸后热气浪喷出所引起的二次爆炸，或粉仓层积粉自燃后火苗进入粉仓引起煤粉仓煤粉爆炸。

8.2.17 煤粉仓应设置固定灭火系统。

8.2.18 煤粉仓发生火灾，不得用压力水管向煤粉仓直接进行喷射。

8.2.19 粉尘浓度较大、积粉较多的场所发生着火，应采用雾状水灭火。

8.3 燃油系统

8.3.1 发电厂内应划定油区，油区四周应设置 1.8m 高的围栅，并挂有"严禁烟火"等明显的警告标示牌。当利用厂区围墙作为油区的围墙时，该段厂区围墙应为 2.5m 高的实体围墙。油区应设置人体静电释放器。

8.3.2 油区必须制订油区出入制度，进入油区人员应交出火种，关闭随身携带的无线通信设施，去除身体静电，不准穿钉有铁掌的鞋和容易产生静电火花的化纤服装进入油区。非值班人员进入油区应进行登记。

8.3.3 电力线路必须是电缆或暗线，不准有架空线。

8.3.4 油区内电气设备的维修，必须停电进行。

8.3.5 油区内应保持清洁，无杂草、无油污，不得储存其他易燃物品和堆放杂物，不得搭建临时建筑。

8.3.6 油车、油船卸油加温时，应严格控制温度，原油不超过 45℃，柴油不超过 50℃，重油不超过 80℃。加热燃油、燃油管道伴热、油管道清扫的蒸汽温度，应低于油品的自燃点，且不应超过 250℃。

8.3.7 火车机车与油罐车之间至少有两节隔车才允许取送油车。在进入油区时，行驶速度应小于 5km/h，不准急刹车，挂钩要缓慢，车体不准跨在铁道绝缘段上停留，避免电流由车体进入卸油线。

8.3.8 从下部接卸铁路油罐车的卸油系统，应采用密闭管道系统。打开油车上盖时，严禁用铁器敲打。开启上盖时应轻开，人应站在侧面。卸油过程中，值班人员应经常巡视，防止跑、冒、漏油。

8.3.9 卸油区及油罐区必须有避雷装置和接地装置。油罐接地线和电气设备接地线应分别装设。输油管应有明显的接地点。油管道法兰应用金属导体跨接牢固。每年雷雨季节前须认真检查，并测量接地电阻。防静电接地每处接地电阻值不宜超过 100Ω；露天敷设的管道每隔 200m～300m 应设防感应接地，每处接地电阻不超过 30Ω。

8.3.10 卸油区内铁道必须用双道绝缘与外部铁道隔绝。油区内铁路轨道必须互相用金属导体跨接牢固，并有良好的接地装置，接地电阻不大于 5Ω。

8.3.11 卸油时，运油设备应可靠接地，输油软管也应接地。

8.3.12 在卸油中如遇雷雨天气或附近发生火灾，应立即停止卸油作业。

8.3.13 油车、油船卸油时，严禁将箍有铁丝的胶皮管或铁管接头伸入仓口或卸油口。

8.3.14 地面和半地下油罐（组）周围应设防火堤，防火堤必须是闭合的。防火堤内的有效容积应不小于固定顶油罐内一个最大油罐的容量或浮顶油罐组内一个最大油罐的容量的 1/2。防火堤应设置不少于两处越堤人行踏步或坡道，并应设置在不同方位上。

8.3.15 防火堤应保持坚实完整，不得挖洞、开孔，如工作需要在防火堤挖洞、开孔，应采取临时安全措施，并经批准。在工作完毕后及时修复。

8.3.16   油罐的顶部应设呼吸阀或通气管。储存甲、乙类油品的固定顶油罐应装设呼吸阀和阻火器，储存丙类液体的固定顶油罐应设置通气管，丙 A 类油品应装设阻火器。运行人员应定期检查，呼吸阀应保持灵活完整，阻火器金属丝网应保持清洁畅通。

8.3.17   油罐测油孔应用有色金属制成。油位计的浮标同绳子接触的部位应用铜材制成。运行人员应使用铜制工具操作。量油孔、采光孔及其他可以开启的孔、门要衬上铅、铜或铝。

8.3.18   油罐区应有排水系统，排水管在防火堤外应设置隔离阀。

8.3.19   污水不得排入下水道，从燃油中沉淀出来的水，应经过净化处理，达到国家规定的排放标准后方可排入下水道。

8.3.20   油罐应有低、高油位信号装置，防止过量注油，使油溢出。

8.3.21   油泵房应设在油罐防火堤外并与防火堤间距不小于 5.0m。油泵房门窗应向外开放，室内应有通风、排气设施。油泵房操作室的门、窗应向外开，其门窗应设在泵房的爆炸危险区域以外，监视窗应设密闭的固定窗。

8.3.22   油泵房及油罐区内禁止安装临时性或不符合要求的设备和敷设临时管道，不得采用皮带传动装置，以免产生静电引起火灾。

8.3.23   燃油管道及阀门应有完整的保温层，当周围空气温度在 25℃时保温层表面一般不超过 35℃。

8.3.24   禁止电瓶车进入油区，机动车进入油区时应加装防火罩。

8.3.25   燃油设备检修时，应尽量使用有色金属制成的工具。如使用铁制工具时，应采取防止产生火花的措施，例如涂黄油、加铜垫等。燃油系统设备需动火时，按动火工作票管理制度办理手续。

8.3.26   油区检修用的临时动力和照明用电应符合下列要求：

1   电源应设置在油区外面。

2   横过通道的电线应有防止被轧断的措施。

3   全部动力线或照明线均应有可靠的绝缘及防爆性能。

4   禁止把临时电线跨越或架设在有油或热体管道设备上。

5   禁止临时电线引入未经可靠地冲洗、隔绝和通风的容器内部。

6   用手电筒照明时应使用防爆电筒。

7   所有临时电线在检修工作结束后，应立即拆除。

8.3.27   在燃油管道上和通向油罐、油池、油沟的其他管道，包括空管道上进行动火作业时，必须采取可靠的隔绝措施，靠油罐、油池、油沟一侧的管路法兰应拆开通大气，并用绝缘物分隔，冲净管内积油，放尽余气。

8.3.28   进入油罐的检修人员应使用电压不超过 12V 的防爆灯，穿不产生静电的工作服及无铁钉工作鞋，使用铜质工具。严禁使用汽油或其他可燃易燃液体清洗油垢。

8.3.29   在油区进行焊接、热切割作业时，焊接、热切割设备均应停放在指定地点。不准使用漏电、漏气的设备。火线和接地线均应完整、牢固，禁止用铁棒等物代替接地线

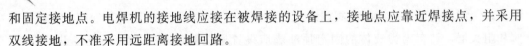

和固定接地点。电焊机的接地线应接在被焊接的设备上，接地点应靠近焊接点，并采用双线接地，不准采用远距离接地回路。

8.3.30 从油库、过滤器、油加热器中清理出来的余渣应及时处理，不得在油区内保留残渣。

8.3.31 油罐动火应符合下列要求：

1 动火油罐应在相邻油罐的上风或侧风。

2 将动火油罐与系统隔离，并上锁。出清罐内全部油品并冲洗干净。

3 拆开动火油罐所有管线法兰，油罐侧通大气，非动火的管道侧加盲（堵）板。

4 打开动火油罐各孔口，用防爆通风机从不同位置进行通风，且时间不少于48h。在整个动火期间通风机不得停止运行。

5 拆开管线法兰和打开油罐各孔口到动火开始这段时间内，周围50m半径范围内应划为警戒区域，不得进行任何明火作业。

6 每次动火前用测爆仪在各孔口处和罐内低凹、焊缝处，以及容易积聚气体的死角等处测量可燃气体浓度，最好用两台以上测爆仪同时测量，确保测量结果的可靠性。

7 当油罐间距不符合要求时，应在动火油罐侧设置隔离屏障。

8 编制油罐着火的应急处置预案，按应急处置预案，做好一切扑救火灾准备工作。

8.3.32 油管道火灾处理应符合下列要求：

1 油管道泄漏，法兰垫破裂喷油，遇到热源起火，应立即关闭阀门，隔绝油源或设法用挡板改变油流喷射方向，不使其继续喷向火焰和热源上。

2 使用泡沫、干粉等灭火器扑救或用石棉布覆盖灭火，大面积火灾可用蒸汽或水喷射灭火，地面上着火可用砂子、土覆盖灭火。附近的电缆沟、管沟有可能受到火势蔓延的危险时，应迅速用砂子或土堆堵。

8.3.33 卸油站火灾处理应符合下列要求：

1 卸油站发生火灾时，如油船、油槽车正在卸油应立即停止卸油，关闭上盖，防止油气蒸发。同时应设法将油船或油槽车拖到安全地区。

2 不论采取何种卸油方式，都应立即切断连接油罐和油船（油槽车）的输油管道，防止火势蔓延到油罐、油船（油槽车）。

3 密闭式卸油站发生火灾时，应停止卸油，隔绝与油罐的联系，查明火源，控制火势。如沟内污油起火，应用砂子或土首先将沟的两端堵住，防止火势蔓延造成大火。如沟内敷设油管，应用直流消防水枪喷洒冷却，并隔绝油管两侧阀门。此时必须注意，由于水枪喷洒，油火可能随水流淌下蔓延。

4 敞开式卸油槽发生火灾时，如卸油槽完整无损，盖板未被爆炸波浪掀开，可将所有孔、洞封闭，采用窒息法灭火；如油槽已遭破坏，应迅速启动固定的蒸汽灭火装置灭火。

8.3.34 油泵房火灾处理应符合下列要求：

1 油管道火灾处理应符合本规程第8.3.32条的规定。

2　油泵电动机火灾处理应符合本规程第 6.2.5 条的规定。

3　油泵盘根过紧摩擦起火，用泡沫、二氧化碳、干粉等灭火器灭火。

4　油泵房应保存良好的通风，及时排除可燃气体，防止油气体积聚。当发生爆炸起火时，应立即启动固定灭火系统灭火。如果没有固定灭火系统或灭火系统发生故障而不能使用时，应用水喷雾灭火，也可用泡沫、二氧化碳、干粉等灭火器灭火。

8.3.35　油罐火灾处理应符合下列要求：

1　关闭罐区通向外侧的下水道、阀门井的阀门。

2　罐顶敞开处着火，必须立即启动泡沫灭火系统向罐内注入覆盖厚度在 200mm 以上泡沫灭火剂。金属油罐还应启动冷却水系统对油罐外壁强迫冷却。

3　用多支直流消防水枪从各个方向集中对准敞口处喷射但要适当避开逆风，以封住罐顶火焰，使油气隔绝，缺氧窒息。

4　油罐爆炸、顶盖掀掉发生大火按上述方法执行。若固定泡沫灭火装置喷管已破坏，应设法安装临时喷管，然后向罐内注入泡沫灭火剂进行扑救。若以上方法无法奏效，则必须集中一定数量的泡沫、干粉消防车，从油罐周围同时喷向火焰中心进行扑救。

5　油罐爆炸，如有油外溢在防火堤内燃烧，应先扑救防火堤内的油火，同时采用冷却水冷却油罐外壁。

6　为防止着火油罐波及周围油罐，在燃烧的油罐与相邻油罐间用多支直流消防水枪喷洒形成一道水幕，隔绝火焰和浓烟。同时将相邻油罐的呼吸阀、通气孔用湿石棉布遮盖，防止火星进入罐内。

7　在有条件的情况下，应将失火油罐的油转移到安全油罐内，但必须注意着火油罐油位不应低于输出管道高度。

8　火扑灭后，继续用喷洒泡沫或消防水防止复燃。

8.3.36　油船、油槽车火灾处理应符合下列要求：

1　油船、油槽车着火起始阶段，如油船、油槽车完整无损，应立即将敞开的口盖盖起来，用窒息法灭火。

2　油船着火时需进行冷却，切断与岸上连接的电源、油源，拆除卸油管道，然后用泡沫和水喷雾扑救。也可按本规程第 8.3.35 条的规定操作。水面上如有漂浮的油，应用围油栏堵截。

3　油槽车着火，应立即将未着火的槽车拖到安全地区，如油品外溢起火可用砂子、土围堵，将火势控制在较小的范围内，然后用足够数量的泡沫、干粉和水喷雾灭火。

9　新能源发电消防

9.1　风力发电场

9.1.1　风力发电机组（简称机组）必须配备全面的防雷设备。在每年雷雨季节来临前对风机的防雷接地系统进行检测。

9.1.2 禁止带火种进入风机，在人口处应悬挂"严禁烟火"的警告标示牌。

9.1.3 应定期检查动力电缆等电气连接点及设备本体可能发热引发火灾的部位。

9.1.4 机组内部应保持整洁，无杂物。机舱内部泄漏的齿轮油、液压油等必须及时清除。

9.1.5 机组机舱内应避免动火作业。确实需要动火作业，必须执行动火工作制度。

9.1.6 机组机舱内应配置高空自救逃生装置。

9.1.7 机组机舱和塔内底部应配备灭火器。

9.1.8 机组机舱、塔筒内应选用阻燃电缆，电缆孔洞必须做好防火封堵。靠近加热器等热源的电缆应有隔热措施，靠近带油设备的电缆槽盒应密封。

9.1.9 机组机舱内的保温材料，应采用阻燃材料。

9.1.10 机组火灾处理应符合下列要求：

1 当机组发生火灾时，运行人员应立即停机并切断电源，迅速采取灭火措施，防止火势蔓延。

2 当火灾危及人员和设备时，运行人员应立即拉开着火机组线路侧的断路器。

9.1.11 与火力发电厂相同部分的防火和灭火，应符合本规程的相关规定。

9.2 光伏发电站

9.2.1 大、中型光伏发电站宜布置环形消防通道。

9.2.2 大型或无人值守光伏发电站应设置火灾自动报警系统。火灾自动报警系统信号的接入应符合本规程第6.3.8条的规定。

9.2.3 逆变器室宜配备灭火装置。

9.2.4 草原光伏发电站严禁吸烟、严禁明火。在出入口、周界围墙或围栏上设立醒目的防火安全标志牌和禁止烟火的警示牌。

9.2.5 集中敷设于沟道、槽盒中的电缆宜选用阻燃电缆。

9.2.6 太阳电池组件表面应清洁，无杂物或遮挡。

9.2.7 与火力发电厂相同部分的防火和灭火，应符合本规程的相关规定。

9.3 生物质发电厂

9.3.1 半露天堆场和露天堆场单堆不宜超过20 000t。超过20 000t时，应采取分堆布置。秸秆仓库宜集中成组布置，半露天堆场和露天堆场宜集中布置。

9.3.2 秸秆仓库、露天堆场、半露天堆场应有完备的消防系统和防止火灾快速蔓延的措施。消火栓位置应考虑防撞击和防秸秆自燃影响使用的措施。

9.3.3 厂外收贮站宜设置在天然水源充足的地方，四周宜设置实体围墙，围墙高度应为2.2m。

9.3.4 秸秆的调配使用应做到先进先出。

9.3.5 秸秆仓库、秸秆破碎及散料输送系统应设置通风、喷雾抑尘或除尘装置。

9.3.6 粉尘飞扬、积粉较多的场所宜选用防尘灯、探照灯等带有护罩的安全灯具，并对镇流器采取隔热、散热等防火措施。

9.3.7　汽机房外应设置事故贮油池。

9.3.8　螺旋给料机头部应装有感温探测器，当温度异常时，应能向控制室报警。

9.3.9　厂外秸秆收贮站应符合下列要求：

1　收贮站应当设置警卫岗楼，其位置要便于观察警卫区域，岗楼内应安装消防专用电话或报警设备。

2　秸秆堆场内严禁吸烟，严禁使用明火，严禁焚烧物品。在出入口和适当地点必须设立醒目的防火安全标志牌和"禁止吸烟"的警示牌。门卫对入场人员和车辆要严格检查、登记并收缴火种。

3　秸秆入场前，应当设专人对秸秆进行严格检查，确认无火种隐患后，方可进入原料区。

4　秸秆堆场内因生产必须使用明火，应当经单位消防管理、安监部门批准，必须采取可靠的安全措施。

5　码垛时要严格控制水分，稻草、麦秸、芦苇含水量不应超过20%，并做好记录。

6　稻草、麦秸等易发生自燃的原料，堆垛时需留有通风口或散热洞、散热沟，并要设有防止通风口、散热洞塌陷的措施。发现堆垛出现凹陷变形或有异味时，应当立即拆垛检查，并清除霉烂变质的原料。

7　秸秆码垛后，要定时测温。当温度上升到摄氏40℃～50℃时，要采取预防措施，并做好测温记录；当温度达到摄氏60℃～70℃时，必须折垛散热，并做好灭火准备。

8　汽车、拖拉机等机动车进入原料场时，易产生火花部位要加装防护装置，排气管必须戴性能良好的防火帽。配备有催化换流器的车辆禁止在场内使用。严禁机动车在场内加油。

9　秸秆运输船上所设生活用火炉必须安装防飞火装置。当船只停靠秸秆堆场码头时，不得生火。

10　常年在秸秆堆场内装卸作业的车辆要经常清理防火帽内的积炭，确保性能安全可靠。

11　秸秆堆场内装卸作业结束后，一切车辆不准在秸秆堆场内停留或保养、维修。发生故障的车辆应当拖出场外修理。

12　秸秆堆场消防用电设备应当采用单独的供电回路，并在发生火灾切断生产、生活用电时仍能保证消防用电。

13　秸秆堆场内应当采用直埋式电缆配电。埋设深度应当不小于0.7m，其周围架空线路与堆垛的水平距离应当不小于杆高的1.5倍，堆垛上空严禁拉设临时线路。

14　秸秆堆场内机电设备的配电导线，应当采用绝缘性能良好、坚韧的电缆线。秸秆堆场内严禁拉设临时线路和使用移动式照明灯具。因生产必须使用时，应当经安全技术、消防管理部门审批，并采取相应的安全措施，用后立即拆除。

15　照明灯杆与堆垛最近水平距离应当不小于灯杆高的 1.5 倍。

16　秸秆堆场内的电源开关、插座等，必须安装在封闭式配电箱内。配电箱应当采用非燃材料制作。配电箱应设置防撞设施。

17　使用移动式用电设备时，其电源应当从固定分路配电箱内引出。

18　电动机应当设置短路、过负荷、失压保护装置。各种电器设备的金属外壳和金属隔离装置，必须接地或接零保护。门式起重机、装卸桥的轨道至少应当有两处接地。

19　秸秆堆场内作业结束后，应拉开除消防用电以外的电源。秸秆堆场使用的电器设备，必须由持有效操作证的电工负责安装、检查和维护。

20　秸秆堆场应当设置避雷装置，使整个堆垛全部置于保护范围内。避雷装置的冲击接地电阻应当不大于 10Ω。

21　避雷装置与堆垛、电器设备、地下电缆等应保持 3.0m 以上距离。避雷装置的支架上不准架设电线。

9.3.10　与火力发电厂相同部分的防火和灭火，应符合本规程的相关规定。

9.4　垃圾焚烧发电厂

9.4.1　严禁将带有火种的垃圾卸入垃圾贮坑。

9.4.2　垃圾渗沥液汇集、处理区域应有通风防爆措施。

9.4.3　垃圾贮坑动火作业应办理动火工作票。

9.4.4　与火力发电厂相同部分的防火和灭火，应符合本规程的相关规定。

10　发电厂和变电站电气消防

10.1　发电机、调相机、电动机

10.1.1　水轮发电机的采暖取风口和补充空气的进口处应设置阻风门（防火阀），当发电机发生火灾时应自动关闭。

10.1.2　发电机发生火灾，为了限制火势发展，应迅速与系统解列，并立即用固定灭火系统灭火。如果没有固定灭火系统或灭火系统发生故障而不能使用时，灭火应符合本规程第 6.2.5 条的规定。

10.1.3　同期调相机火灾处理应符合本规程第 6.2.5 条的规定。

10.1.4　运行中的电动机发生火灾，应立即切断电动机电源，并尽可能把电动机出入通风口关闭，灭火应符合本规程第 6.2.5 条的规定。

10.2　氢冷发电机和制氢设备

10.2.1　应在线检测发电机氢冷系统和制氢设备中的氢气纯度和含氧量，并定期进行校正化验。氢纯度和含氧量必须符合规定的标准。氢冷系统中氢气纯度须不低于 96%，含氧量不应大于 1.2%；制氢设备中，气体含氢量不应低于 99.5%，含氧量不应超过 0.5%。如不能达到标准，应立即进行处理，直到合格为止。

10.2.2　氢冷发电机的轴封必须严密，当机组开始启动时，无论有无充氢气，轴封油都不准中断，油压应大于氢压，以防空气进入发电机外壳或氢气充入汽轮机的油系统中而引起爆炸起火。

10.2.3 氢冷发电机运行时，主油箱排烟机应保持经常运行，并在线检测发电机油系统、主油箱内、封闭母线外套内的氢气体积含量。当超过1‰时，应停机查漏消缺。

10.2.4 密封油系统应运行可靠，并设自动投入双电源或交直流密封油泵联动装置，备用泵（直流泵）必须处于良好备用状态，并应定期试验。两泵电源线应用埋线管或外露部分用耐燃材料外包。

10.2.5 在氢冷发电机及其氢冷系统上不论进行动火作业还是进行检修、试验工作，都必须断开氢气系统，并与运行系统有明确的断开点。充氢侧加装法兰短管，并加装金属盲（堵）板。

10.2.6 动火前或检修试验前，应对检修设备和管道用氮气或其他隋性气体吹洗置换。采用惰性气体置换法应符合下列要求：

    1 惰性气体中氧的体积分数不得超过3%。

    2 置换应彻底，防止死角末端残留余氢。

    3 氢气系统内氧或氢的含量应至少连续2次分析合格，如氢气系统内氧的体积分数小于或等于0.5%，氢的体积分数小于或等于0.4%时置换结束。

10.2.7 气体介质的置换避免在启动、并列过程中进行。氢气置换过程中不得进行预防性试验和拆卸螺丝等检修工作。置换气体过程中严禁空气与氢气直接接触置换。

10.2.8 应安装漏氢检测装置，监视机组漏氢情况。当机组漏氢量增大，应及时分析原因，并查找泄漏点。

10.2.9 设备和阀门等连接点泄漏检查，可采用肥皂水或合格的携带式可燃气体防爆检测仪，禁止使用明火。

10.2.10 管道、阀门和水封等出现冻结时，应使用热水或蒸汽加热进行解冻，禁止使用明火烤烘或使用锤子等工具敲击。

10.2.11 禁止将氢气排放在建筑物内部。

10.2.12 放空管应符合下列要求：

    1 放空管应设阻火器，阻火器应设在管口处。放空管应采取静电接地，并在避雷保护区内。

    2 室内放空管出口，应高出屋顶2.0m以上；在墙外的放空管应超出地面4.0m以上，且避开高压电气设备，周围并设置遮栏及标示牌；室外设备的放空管应高于附近有人操作的最高设备2.0m以上。排放时周围应禁止一切明火作业。

    3 应有防止雨雪侵入、水汽凝集、冰冻和外来异物堵塞的措施。

    4 放空阀应能在控制室远方操作或放在发生火灾时仍有可能接近的地方。

10.2.13 氢气管道应符合下列要求：

    1 氢气管道宜架空敷设，其支架应为不燃烧体，架空管道不应与电缆、导电线路、高温管线敷设在同一支架上。

    2 氢气管道与氧气管道、其他可燃气体、可燃液体的管道共架敷设时，氢气管道与上述管道之间宜用公用工程管道隔开，或净距不少于 250mm。分层敷设时，氢气管道应位于上方。

3　氢气管道与建（构）筑物或其他管线的最小净距应符合现行国家标准《氢气使用安全技术规程》GB 4962 的有关规定。

4　室外地沟敷设的管道，应有防止氢气泄漏、积聚或窜入其他沟道的措施。埋地敷设的管道埋深不宜小于 0.7m。室内管道不应敷设在地沟中或直接埋地。

5　管道穿过墙壁或楼板时应敷设在套管内，套管内的管段不应有焊缝，氢气管道穿越处孔洞应用阻燃材料封堵。

6　管道应避免穿过地沟、下水道、铁路及汽车道路等，必须穿过时应设套管。

7　管道不得穿过生活间、办公室、配电室、控制室、仪表室、楼梯间和其他不使用氢气的房间，不宜穿过吊顶、技术（夹）层。当必须穿过吊顶或技术（夹）层时，应采取安全措施。

8　室内外架空或埋地敷设的氢气管道和汇流排及其连接的法兰间宜互相跨接和接地。

10.2.14　室内现场因生产需要使用氢气瓶时，其放置数量不应超过 5 瓶，并应符合下列要求：

1　氢气瓶与盛有易燃易爆、可燃性物质、氧化性气体的容器和气瓶的间距不应小于 8.0m。

2　氢气瓶与明火或普通电气设备的间距不应小于 10m。

3　氢气瓶与空调装置、空气压缩机和通风设备（非防爆）等吸风口的间距不应小于 20m。

4　氢气瓶与其他可燃性气体储存地点的间距不应小于 20m。

10.2.15　氢冷器的回水管必须与凝汽器出水管分开，并将氢冷器回水管接长直接排入虹吸井内。若氢冷器回水管无法与凝汽器出水管分开，则严禁使用明火对凝汽器管铜找漏。

10.2.16　当氢冷发电机着火时，应迅速切断氢源和电源，发电机解列停机，灭火应符合本规程第 6.2.5 条的规定。

10.2.17　漏氢火灾处理应符合下列要求：

1　应及时切断气源；若不能立即切断气源，不得熄灭正在燃烧的气体，并用水强制冷却着火设备，此外，氢气系统应保持正压状态。

2　采取措施，防止火灾扩大，如采用大量消防水雾喷射其他可燃物质和相邻设备；如有可能，可将燃烧设备从火场移至空旷处。

10.2.18　制氢站、供氢站平面布置的防火间距及厂房防爆设计应符合现行国家标准《建筑设计防火规范》GB 50016 和《氢气使用安全技术规程》GB 4962 的规定。其中泄压面积与房间容积的比例应超过上限 0.22。

10.2.19　制氢站、供氢站宜布置于厂区边缘，车辆出入方便的地段，并尽可能靠近主要用氢地点。

10.2.20　制氢站、供氢站和其他装有氢气的设备附近均严禁烟火，严禁放置易燃易爆物品，并应设"严禁烟火"的警示牌。制氢站、供氢站应设置不燃烧体的实体围墙，其高度不应小于 2.5m。入口处应设置人体静电释放器。

10.2.21　制氢站、供氢站的出入制度按本规程第 8.3.2 条的规定采用。

10.2.22　制氢站、供氢站、贮氢罐、汇流排间和装卸平台地面应做到平整、耐磨、不发火花。

10.2.23　制氢站、供氢站应通风良好，及时排除可燃气体，防止氢气积聚。建筑物顶部或外墙的上部设气窗（楼）或排气孔（通风口），排气孔应面向安全地带。自然通风换气次数每小时不得少于 3 次，事故通风每小时换气次数不得少于 7 次。

10.2.24　建筑物顶内平面应平整，防止氢气在顶部凹处积聚。建筑物顶部或外墙的上部应设气窗或排气孔。采用自然通风时，排气孔应设在最高处，每个排气孔直径不应少于 200mm，并朝向安全地带。屋顶如有梁隔成 2 个以上的间隔，或"井"字结构、"肋"字结构，则每个间隔内应设排气孔。排气孔的下边应与屋顶内表面齐平，以防止氢气积聚。

10.2.25　制氢站、供氢站应设氢气探测器。氢气探测器的报警信号应接入厂火灾自动报警系统。

10.2.26　制氢站、供氢站同一建筑物内，不同火灾危险性类别的房间，应用防火墙隔开。应将人员集中的房间布置在火灾危险性较小的一端，门应直通厂房外。

10.2.27　氢气生产系统的厂房和贮氢罐等应有可靠的防雷设施。避雷针与自然通风口的水平距离不应少于 1.5m，与强迫通风口的距离不应少于 3.0m；与放空管口的距离不应少于 5.0m。避雷针的保护范围应高出放空管口 1.0m 以上。

10.2.28　制氢站、供氢站有爆炸危险房间的门窗应向外开启，并应采用撞击时不产生火花的材料制作。仪表等低压设备应有可靠绝缘，电气控制盘、仪表控制盘、电话电铃应布置在相邻的控制室内。

10.2.29　氢气系统设备检修或检验，必须使用不产生火花的工具。

10.2.30　氢气系统设备要动火检修，或进行能产生火花的作业时，应尽可能将需要修理的部件移到厂房外安全地点进行。如必须在现场动火作业，应执行动火工作制度。

10.3　油浸式变压器

10.3.1　固定自动灭火系统，应符合下列要求：

　　1　变电站（换流站）单台容量为 125MVA 及以上的油浸式变压器应设置固定自动灭火系统及火灾自动报警系统；变压器排油注氮灭火装置和泡沫喷雾灭火装置的火灾报警系统宜单独设置。

　　2　火电厂包括燃机电厂单台容量为 90MVA 及以上的油浸式变压器应设置固定自动灭火系统及火灾自动报警系统。

　　3　水电厂室内油浸式主变压器和单台容量 12.5MVA 以上的厂用变压器应设置固

定自动灭火系统及火灾自动报警系统；室外单台容量 90MVA 及以上的油浸式变压器应设置固定自动灭火系统及火灾自动报警系统。

4　干式变压器可不设置固定自动灭火系统。

10.3.2　采用水喷雾灭火系统时，水喷雾灭火系统管网应有低点放空措施，存有水喷雾灭火水量的消防水池应有定期放空及换水措施。

10.3.3　采用排油注氮灭火装置应符合下列要求：

1　排油注氮灭火系统应有防误动的措施。

2　排油管路上的检修阀处于关闭状态时，检修阀应能向消防控制柜提供检修状态的信号。消防控制柜接受到的消防启动信号后，应能禁止灭火装置启动实施排油注氮动作。

3　消防控制柜面板应具有如下显示功能的指示灯或按钮：指示灯自检，消音，阀门（包括排油阀、氮气释放阀等）位置（或状态）指示，自动启动信号指示，气瓶压力报警信号指示等。

4　消防控制柜同时接收到火灾探测装置和气体继电器传输的信号后，发出声光报警信号并执行排油注氮动作。

5　火灾探测器布线应独立引线至消防端子箱。

10.3.4　采用泡沫喷雾灭火装置时，应符合现行国家标准《泡沫灭火系统设计规范》GB 50151 的有关规定。

10.3.5　户外油浸式变压器、户外配电装置之间及与各建（构）筑物的防火间距，户内外含油设备事故排油要求应符合现行国家标准《火力发电厂与变电站设计防火规范》GB 50229 的有关规定。

10.3.6　户外油浸式变压器之间设置防火墙时应符合下列要求：

1　防火墙的高度应高于变压器储油柜；防火墙的长度不应小于变压器的贮油池两侧各 1.0m。

2　防火墙与变压器散热器外廓距离不应小于 1.0m。

3　防火墙应达到一级耐火等级。

10.3.7　变压器事故排油应符合下列要求：

1　设置有带油水分离措施的总事故油池时，位于地面之上的变压器对应的总事故油池容量应按最大一台变压器油量的 60% 确定；位于地面之下的变压器对应的总事故油池容量应按最大一台主变压器油量的 100% 确定。

2　事故油坑设有卵石层时，应定期检查和清理，以不被淤泥、灰渣及积土所堵塞。

10.3.8　高层建筑内的电力变压器等设备，宜设置在高层建筑外的专用房间内。

当受条件限制需与高层建筑贴邻布置时，应设置在耐火等级不低于二级的建筑内，并应采用防火墙与高层建筑隔开，且不应贴邻人员密集场所。

受条件限制需布置在高层建筑内时，不应布置在人员密集场所的上一层、下一层或贴邻。并应符合现行国家标准《高层民用建筑设计防火规范》GB 50045 的相关规定。

10.3.9　油浸式变压器、充有可燃油的高压电容器和多油断路器等用房宜独立建造。当确有困难时可贴邻民用建筑布置，但应采用防火墙隔开，且不应贴邻人员密集场所。

油浸式变压器、充有可燃油的高压电容器和多油断路器等受条件限制必须布置在民用建筑内时，不应布置在人员密集场所的上一层、下一层或贴邻，且应符合现行国家标准《建筑设计防火规范》GB 50016 的相关规定。

10.3.10　变压器防爆筒的出口端应向下，并防止产生阻力，防爆膜宜采用脆性材料。

10.3.11　室内的油浸式变压器，宜设置事故排烟设施。火灾时，通风系统应停用。

10.3.12　室内或洞内变压器的顶部，不宜敷设电缆。室外变电站和有隔离油源设施的室内油浸设备失火时，可用水灭火，无放油管路时，不应用水灭火。发电机变压器组中间无断路器，若失火，在发电机未停止惰走前，严禁人员靠近变压器灭火。

10.3.13　变压器火灾报警探测器两点报警，或一点报警且重瓦斯保护动作，可认为变压器发生火灾，应联动相应灭火设备。

10.4　油浸电抗器（电容器）、消弧线圈和互感器

10.4.1　油浸电抗器、电容器装置应就近设置能灭油火的消防设施，并应设有消防通道。

10.4.2　高层建筑内的油浸式消弧线圈等设备，当油量大于 600kg 时，应布置在专用的房间内，外墙开门处上方应设置防火挑檐，挑檐的宽度不应小于 1.0m，而长度为门的宽度两侧各加 0.5m。

10.5　电缆

10.5.1　防止电缆火灾延燃的措施应包括封、堵、涂、隔、包、水喷雾、悬挂式干粉等措施。

10.5.2　涂料、堵料应符合现行国家标准《防火封堵材料》GB 23864 的有关规定，且取得型式检验认可证书，耐火极限不低于设计要求。防火涂料在涂刷时要注意稀释液的防火。

10.5.3　凡穿越墙壁、楼板和电缆沟道而进入控制室、电缆夹层、控制柜及仪表盘、保护盘等处的电缆孔、洞、竖井和进入油区的电缆入口处必须用防火堵料严密封堵。发电厂的电缆沿一定长度可涂以耐火涂料或其他阻燃物质。靠近充油设备的电缆沟，应设有防火延燃措施，盖板应封堵。防火封堵应符合现行行业标准《建筑防火封堵应用技术规程》CECS 154 的有关规定。

10.5.4　在已完成电缆防火措施的电缆孔洞等处新敷设或拆除电缆，必须及时重新做好相应的防火封堵措施。

10.5.5　严禁将电缆直接搁置在蒸汽管道上，架空敷设电缆时，电力电缆与蒸汽管净距应不少于 1.0m，控制电缆与蒸汽管净距应不少于 0.5m，与油管道的净距应尽可能增大。

10.5.6　电缆夹层、隧（廊）道、竖井、电缆沟内应保持整洁，不得堆放杂物，电缆沟洞严禁积油。

10.5.7 汽轮机机头附近、锅炉灰渣孔、防爆门以及磨煤机冷风门的泄压喷口，不得正对着电缆，否则必须采取罩盖、封闭式槽盒等防火措施。

10.5.8 在电缆夹层、隧（廊）道、沟洞内灌注电缆盒的绝缘剂时，熔化绝缘剂工作应在外面进行。

10.5.9 在多个电缆头并排安装的场合中，应在电缆头之间加隔板或填充阻燃材料。

10.5.10 进行扑灭隧（廊）道、通风不良场所的电缆头着火时，应使用正压式消防空气呼吸器及绝缘手套，并穿上绝缘鞋。

10.5.11 电力电缆中间接头盒的两侧及其邻近区域，应增加防火包带等阻燃措施。

10.5.12 施工中动力电缆与控制电缆不应混放、分布不均及堆积乱放。在动力电缆与控制电缆之间，应设置层间耐火隔板。

10.5.13 火力发电厂汽轮机，锅炉房、输煤系统宜使用铠甲电缆或阻燃电缆，不适用普通塑料电缆，并应符合下列要求：

　　1 新建或扩建的 300MW 及以上机组应采用满足现行国家标准《电线电缆燃烧实验方法》GB 12666.5 中 A 类成束燃烧试验条件的阻燃型电缆。

　　2 对于重要回路（如直流油泵、消防水泵及蓄电池直流电源线路等），应采用满足现行国家标准《电线电缆燃烧实验方法》GB 12666.6 中 A 类耐火强度试验条件的耐火型电缆。

10.5.14 电缆隧道的下列部位宜设置防火分隔，采用防火墙上设置防火门的形式：

　　1 电缆进出隧道的出入口及隧道分支处。

　　2 电缆隧道位于电厂、变电站内时，间隔不大于 100m 处。

　　3 电缆隧道位于电厂、变电站外时，间隔不大于 200m 处。

　　4 长距离电缆隧道通风区段处，且间隔不大于 500m。

　　5 电缆交叉、密集部位，间隔不大于 60m。

　　防火墙耐火极限不宜低于 3.0h，防火门应采用甲级防火门（耐火极限不宜低于 1.2h）且防火门的设置应符合现行国家标准《建筑设计防火规范》GB 50016 的有关规定。

10.5.15 发电厂电缆竖井中，宜每隔 7.0m 设置阻火隔层。

10.5.16 电缆隧道内电缆的阻燃防护和防止延燃措施应符合现行国家标准《电力工程电缆设计规程》GB 50217 的有关规定。

10.6　蓄电池室

10.6.1 酸性蓄电池室应符合下列要求：

　　1 严禁在蓄电池室内吸烟和将任何火种带入蓄电池室内。蓄电池室门上应有"蓄电池室""严禁烟火"或"火灾危险，严禁火种入内"等标志牌。

　　2 蓄电池室采暖宜采用电采暖器，严禁采用明火取暖。若确有困难需采用水采暖时，散热器应选用钢质，管道应采用整体焊接。采暖管道不宜穿越蓄电池室楼板。

3 蓄电池室每组宜布置在单独的室内，如确有困难，应在每组蓄电池之间设耐火时间为大于2.0h的防火隔断。蓄电池室门应向外开。

4 酸性蓄电池室内装修应有防酸措施。

5 容易产生爆炸性气体的蓄电池室内应安装防爆型探测器。

6 蓄电池室应装有通风装置，通风道应单独设置，不应通向烟道或厂房内的总通风系统。离通风管出口处10m内有引爆物质场所时，则通风管的出风口至少应高出该建筑物屋顶2.0m。

7 蓄电池室应使用防爆型照明和防爆型排风机，开关、熔断器、插座等应装在蓄电池室的外面。蓄电池室的照明线应采用耐酸导线，并用暗线敷设。检修用行灯应采用12V防爆灯，其电缆应用绝缘良好的胶质软线。

8 凡是进出蓄电池室的电缆、电线，在穿墙处应用耐酸瓷管或聚氯乙烯硬管穿线，并在其进出口端用耐酸材料将管口封堵。

9 当蓄电池室受到外界火势威胁时，应立即停止充电，如充电刚完毕，则应继续开启排风机，抽出室内氢气。

10 蓄电池室火灾时，应立即停止充电并灭火。

11 蓄电池室通风装置的电气设备或蓄电池室的空气入口处附近火灾时，应立即切断该设备的电源。

10.6.2 其他蓄电池室（阀控式密封铅酸蓄电池室、无氢蓄电池室、锂电池室、钠硫电池、UPS室等）应符合下列要求：

1 蓄电池室应装有通向室外的有效通风装置，阀控式密封铅酸蓄电池室内的照明、通风设备可不考虑防爆。

2 锂电池、钠硫电池应设置在专用房间内，建筑面积小于200m²时，应设置干粉灭火器和消防砂箱；建筑面积不小于200m²时，宜设置气体灭火系统和自动报警系统。

10.7 其他电气设备

10.7.1 油断路器火灾时，严禁直接切断起火断路器电源，应切断其两侧前后一级的断路器电源，然后进行灭火。首先采用气体、干式灭火器等进行灭火，不得已时可用泡沫灭火器灭火。如仅套管外部起火，亦可用喷雾水枪扑救。

10.7.2 断路器内部燃烧爆炸使油四溅，扩大燃烧面积时，除用灭火器灭火外，可用干砂扑灭地面上的燃油，用水或泡沫灭火器扑灭建筑物上的火焰。

10.7.3 户内布置的单台电力电容器油量超过100kg时，应有贮油设施或挡油栏。

户外布置的电力电容器与高压电气设备需保持5.0m及以上的距离，防止事故扩大。

10.7.4 集合式电容器室内布置时，基坑地面宜采用水泥砂浆抹面并压光，在其上面铺以100mm厚的细砂。如室外布置，则基坑宜采用水泥砂浆抹面，在挡油设施内铺以卵石（或碎石）。

10.7.5 电力电容器发生火灾时，应立即断开电源，并把电容器投向放电电阻或放电电压互感器。

10.7.6　500kV 的穿墙套管，其内部的绝缘体充有绝缘油，应作为消防的重点对象，需备有足够的消防器材和蹬高设备。

10.7.7　干式变压器、电流互感器等电气设备宜配置移动式干粉灭火器。

10.7.8　低压配线的选择，除按其允许载流量应大于负荷的电流总和外，常用导线的型号及使用场所应符合表 10.7.8 的规定。

表 10.7.8　　　　　　　　　　常用导线的型号及使用场所

导线型号	导线详情	使用场所
BLX	棉纱编织，橡皮绝缘线（铅芯）	正常干燥环境
BX	棉纱编织，橡皮绝缘线（铜芯）	
RXS	棉纱编织，橡皮绝缘双绞软线（铜芯）	室内干燥环境，日用电器用
RS	棉纱总编织，橡皮绝缘软线（铜芯）	
BVV	铜芯，聚氯乙烯绝缘，聚氯乙烯护套电线	潮湿和特别潮湿的环境
BLVV	铅芯，聚氯乙烯绝缘，聚氯乙烯护套电线	
BXF	铜芯，聚丁橡胶绝缘电线	多尘环境（不含火灾及爆炸危险尘埃）
BLV	铅芯，聚氯乙烯绝缘电线	
BV	铜芯，聚氯乙烯绝缘电线	有腐蚀性的环境
ZL11	铜芯，纸绝缘铝包一级防腐电力电缆	有腐蚀性的环境
ZLL11	铝芯，纸绝缘铝包一级防腐电力电缆	
BBX	铜芯，玻璃丝编织橡皮线	
BBLX	铝芯，玻璃丝编织橡皮线	有火灾危险的环境
ZL	铜芯，纸绝缘铝包电力电缆	
ZLL	铝芯，纸绝缘铝包电力电缆	

11　调度室、控制室、计算机室、通信室、档案室消防

11.0.1　各室应建在远离有害气体源、存放腐蚀及易燃易爆物的场所。

11.0.2　各室的隔墙、顶棚内装饰，应采用难燃或不燃材料。建筑内部装修材料应符合现行国家标准《建筑内部装修设计防火规范》GB 50222 的有关规定，地下变电站宜采用防霉耐潮材料。

11.0.3　控制室、调度室应有不少于两个疏散出口。

11.0.4　各室严禁吸烟，禁止明火取暖。计算机室维修必用的各种溶剂，包括汽油、酒精、丙酮、甲苯等易燃溶剂应采用限量办法，每次带入室内不超过 100ml。

11.0.5　严禁将带有易燃、易爆、有毒、有害介质的氢压表、油压表等一次仪表装入控制室、调度室、计算机室。

11.0.6　室内使用的测试仪表、电烙铁、吸尘器等用毕后必须及时切断电源，并放到固定的金属架上。

11.0.7 空调系统的防火应符合下列规定：

1 设备和管道的保冷、保温宜采用不燃材料，当确有困难时，可采用燃烧产物毒性较小且烟密度等级不大于 50 的难燃材料。防火阀前后各 2.0m、电加热器前后各 0.8m 范围内的管道及其绝热材料均应采用不燃材料。

2 通风管道装设防火阀应符合现行国家标准《建筑设计防火规范》GB 50016 的相关规定。防火阀既要有手动装置，同时要在关键部位装易熔片或风管式感温、感烟装置。

3 非生产用空调机在运转时，值班人员不得离开，工作结束时该空调机必须停用。

4 空调系统应采用闭路联锁装置。

11.0.8 档案室收发档案材料的门洞及窗口应安装防火门窗，其耐火极限不得低于 0.75h。

11.0.9 档案室与其他建筑物直接相通的门均应做防火门，其耐火极限应不小于 2.0h；内部分隔墙上开设的门也要采取防火措施，耐火极限要求为 1.2h。

11.0.10 各室配电线路应采用阻燃措施或防延燃措施，严禁任意拉接临时电线。

11.0.11 各室一旦发生火灾报警，应迅速查明原因，及时消除警情。若已发生火灾，则应切断交流电源，开启直流事故照明，关闭通风管防火阀，采用气体等灭火器进行灭火。

12　发电厂和变电站其他消防

12.1　电焊和气焊

12.1.1 动火执行人在持证前的训练过程中，应有持证焊工在场指导。

12.1.2 电焊机外壳必须接地，接地线应牢固地接在被焊物体上或附近接地网的接地点上，防止产生电火花。

12.1.3 禁止使用有缺陷的焊接工具和设备。气焊与电焊不应该上下交叉作业。通气的乙炔、氧气软管上方禁止动火作业。

12.1.4 严禁将焊接导线搭放在氧气瓶、乙炔气瓶、天然气、煤气、液化气等设备和管线上。

12.1.5 乙炔和氧气软管在工作中应防止沾染油脂或触及金属熔渣。禁止把乙炔和氧气软管放在高温管道和电线上。不得把重物、热物压在软管上，也不得把软管放在运输道上，不得把软管和电焊用的导线敷设在一起。

12.1.6 电焊、气焊作业应符合下列要求：

1 不是电焊、气焊工不能焊割。

2 重点要害部位及重要场所未经消防安全部门批准，未落实安全措施不能焊割。

3 不了解焊割地点及周围有否易燃易爆物品等情况不能焊割。

4 不了解焊割物内部是否存在易燃、易爆的危险性不能焊割。

5 盛装过易燃、易爆的液体、气体的容器未经彻底清洗，排除危险性之前不能焊割。

　　6　用塑料、软木、玻璃钢、谷物草壳、沥青等可燃材料做保温层、冷却层、隔热等的部位，或火星飞溅到的地方，在未采取切实可靠的安全措施之前不能焊割。

　　7　有压力或密闭的导管、容器等不能焊割。

　　8　焊割部位附近有易燃易爆物品，在未做清理或未采取有效的安全措施前不能焊割。

　　9　在禁火区内未经消防安全部门批准不能焊割。

　　10　附近有与明火作业有抵触的工种在作业（如刷漆、喷涂胶水等）不能焊割。

12.1.7　地下室、隧道及金属容器内焊割作业时，严禁通入纯氧气用作调节空气或清扫空间。

12.1.8　高空进行焊接工作应符合下列要求：

　　1　清除焊接设备附近和下方的易燃、可燃物品。

　　2　将盛有水的金属容器放在焊接设备下方，收集飞溅、掉落的高温金属熔渣。

　　3　将下方裸露的电缆和充油设备、可燃气体管道可能发生泄漏的阀门、接口等处，用石棉布遮盖。

　　4　下方搭设的竹木脚手架用水浇湿。

　　5　金属熔渣飞溅、掉落区域内，不得放置氧气瓶、乙炔气瓶。

　　6　焊接工作全程应设专职监护人，发现火情，立即灭火并停止工作。

12.1.9　储存气瓶的仓库应具有耐火性能，门窗应向外开，装配的玻璃应用毛玻璃或涂以白漆；地面应该平坦不滑，撞击时不会发生火花。

12.1.10　储存气瓶库房与建筑物的防火间距应符合表 12.1.10 的规定。

表 12.1.10　　　　　　　　储存气瓶库房与建筑物的防火间距（m）

储存物品种类	防火间距 储量（t）	耐火等级			民用建筑、明火或散发火花地点
		一、二级	三级	四级	
乙炔	≤10	12	15	20	25
	>10	15	20	25	30
氧气		10	12	14	—

12.1.11　储存气瓶仓库周围 10m 以内，不得堆置可燃物品，不得进行锻造、焊接等明火工作，也不得吸烟。

12.1.12　仓库内应设架子，使气瓶垂直立放。空的气瓶可以平放堆叠，但每一层都应垫有木制或金属制的型板，堆叠高度不得超过 1.5m。

12.1.13　使用中的氧气瓶和乙炔瓶应垂直固定放置。安设在露天的气瓶，应用帐篷或轻便的板棚遮护，以免受到阳光曝晒。

12.1.14　乙炔气瓶禁止放在高温设备附近，应距离明火 10m 以上，使用中应与氧气瓶保持 5.0m 以上距离。

12.1.15　乙炔减压器与瓶阀之间必须连接可靠。严禁在漏气的情况下使用。乙炔气瓶上应有阻火器，防止回火并经常检查，以防阻火器失灵。

12.1.16　乙炔管道应装薄膜安全阀，安全阀应装在安全可靠的地点，以免伤人及引起火灾。

12.1.17　交直流电焊机冒烟和着火时，应首先断开电源。着火时应用二氧化碳、干粉灭火器灭火。

12.1.18　电焊软线冒烟、着火，应断开电源，用二氧化碳灭火器或水沿电焊软线喷洒灭火。

12.1.19　乙炔气泄漏火灾处理应符合下列要求：

　　1　乙炔气瓶瓶头阀、软管泄漏遇明火燃烧，应及时切断气源，停止供气。若不能立即切断气源，不得熄灭正在燃烧的气体，保持正压状态，处于完全燃烧状态，防止回火发生。

　　2　用水强制冷却着火乙炔气瓶，起到降温的作用。将着火乙炔气瓶移至空旷处，防止火灾蔓延。

12.2　易燃易爆物品储存

12.2.1　易燃易爆物品应存放在特种材料库房，设置"严禁烟火"标志，并有专人负责管理；单位应对从业人员进行安全教育、法制教育和岗位技术培训。从业人员应当接受教育和培训，考核合格后上岗作业；对有资格要求的岗位，应当配备依法取得相应资格的人员。

12.2.2　易燃液体的库房，宜单独设置。当易燃液体与可燃液体储存在同一库房内时，两者之间应设防火墙。

12.2.3　易燃易爆物品不应储存在建筑物的地下室、半地下室内。

12.2.4　易燃易爆物品库房应有隔热降温及通风措施，并设置防爆型通风排气装置。

12.2.5　易燃易爆物品库房内严禁使用明火。库房外动用明火作业时，必须执行动火工作制度。

12.2.6　易燃易爆物品进库，必须加强入库检验，若发现品名不符、包装不合格、容器渗漏等问题时，必须立即转移到安全地点或专门的房间内处理。

12.2.7　保管人员离开易燃易爆危险品库房库时，必须拉闸断电。

12.2.8　易燃易爆、剧毒化学危险品必须执行双人收发、双人记账、双人双锁、双人运输、双人使用。领用需经有关部门领导批准。

12.2.9　应根据仓库内储存易燃易爆化学物品的种类、性质，制定现场灭火预案。化学化验室易燃易爆物品应根据储存、使用的规定，制订防火措施和现场灭火预案。

12.2.10　进入易燃易爆物品库房的电瓶车、铲车，必须是防爆型的。

12.2.11　易燃、可燃液体库房应设置防止液体流散的设施。

12.3　绝缘油和透平油油罐、油罐室、油处理室

12.3.1　绝缘油和透平油油罐、油罐室的设计，应符合现行行业标准《水利水电工程设

计防火规范》SDJ278 的有关规定。

12.3.2 油罐室内不应装设照明开关和插座，灯具应采用防爆型。油处理室内应采用防爆电器。

12.3.3 油罐室、油处理室应采用防火墙与其他房间分隔。

12.3.4 油务工作人员在取、放、加油和滤油作业时，现场严禁烟火并应有防火措施，做到油不漏在设备外面及地上。

12.3.5 油罐室、油处理室应设置通风排气装置。

12.3.6 油罐、油罐室、油处理室内动火检修应执行动火工作制度。

12.3.7 烘燥滤油纸应使用专用烘箱，温度不得超过 80℃。

12.3.8 钢质油罐必须装设防感应雷接地，其接地点不应少于两处，每处接地电阻不超过 30Ω。

12.3.9 绝缘油和透平油露天油罐与建筑物等的防火间距应符合表 12.3.9 的规定。

表 12.3.9　　　　　　　　　露天油罐与建筑物等的防火间距（m）

防火间距 油罐储量（m³）	建筑物名称	建筑物耐火等级		开关站	厂外铁路线（中心线）	厂外公路（路边）
		一、二级	三级			
5～200		10	12	15	30	15
200～600		12	15	20		

注：电力牵引机车的厂外铁路线（中心线）防火间距不应小于20m。

13　消防设施

13.1　燃煤、燃机发电厂

13.1.1 燃煤、燃机发电厂应设置消防给水系统和室内外消火栓，并符合下列要求：

　　1 消防水源应有可靠保证，供水水量和水压应满足同一时间内发生火灾的次数及一次最大灭火用水，厂区占地面积不大于100ha 时同一时间按 1 次火灾计算，面积超过时按 2 次火灾计算，一次灭火用水量应为室外和室内消防用水量之和。

　　2 125MW 机组及以上的燃煤、燃机发电厂应设置独立的消防给水系统。

　　3 100MW 机组及以下的燃煤、燃机发电厂消防给水可采用与生活或生产用水合用的给水系统，但应保证在其他用水达到最大小时用量时，能确保消防用水量。

13.1.2 燃煤、燃机发电厂应设置带消防水泵、稳压设施和消防水池的临时（稳）高压给水系统或带高位消防水池的高压给水系统。

13.1.3 消防水泵应设置备用泵，125MW 机组以下发电厂的备用泵流量和扬程不应小于最大一台消防泵的流量和扬程。125MW 机组及以上发电厂宜设置柴油驱动消防泵作为备用泵，其性能参数及泵的数量应满足最大消防水量、水压的需要。

13.1.4 下列建筑物或场所应设置室内消火栓：主厂房（包括汽机房和锅炉房的底层和运转层、燃机厂房的底层和运转层、煤仓间各层、除氧器层、锅炉燃烧器各层平台），集中控制楼、主控制楼、网络控制楼、微波楼、脱硫控制楼、继电器室、有充油设备的屋内高压配电装置，屋内卸煤装置、碎煤机室、转运站、筒仓皮带层、室内储煤场，柴油发电机房，生产、行政办公楼，一般材料库、特殊材料库，汽车库。

13.1.5 火灾自动报警系统与固定灭火系统应符合下列规定：

1 单机容量为 300MW 及以上的燃煤发电厂应按现行国家标准《火力发电厂与变电站设计防火规范》GB 50229 的规定，设置重点防火区域的火灾自动报警系统和固定灭火系统。

2 单机容量为 200MW 及以上但小于 300MW 的燃煤发电厂应按现行国家标准《火力发电厂与变电站设计防火规范》GB 50229 的规定，设置重点防火区域的火灾自动报警系统。

3 单机容量为 50MW～135MW 的燃煤发电厂在控制室、电缆夹层、屋内配电装置、电缆隧道及竖井处设置火灾自动报警系统。

4 单机容量为 50MW 以下的燃煤发电厂以消火栓和移动式灭火器材为主要灭火手段。

5 单机容量 50MW 以上的燃煤发电厂运煤栈桥及隧道与转运站、筒仓、碎煤机室、主厂房连接处应设水幕；所有钢结构运煤建筑应设置自动喷水或水喷雾灭火系统；所有 90MVA 及以上的油浸式变压器应设置火灾自动报警系统和水喷雾、泡沫喷雾、排油注氮装置或其他灭火系统。

6 除燃气轮发电机组外，多轴配置的联合循环燃机发电厂应按汽轮发电机组容量对应燃煤发电厂等同容量设置火灾自动报警系统和固定自动灭火系统，单轴配置的燃机发电厂应按单套机组总容量对应燃煤发电厂确定消防设施。燃气轮发电机组（包括燃气轮机、齿轮箱、发电机和控制间）应设置全淹没气体灭火系统和火灾自动报警系统，室内天然气调压站、燃机厂房应设置可燃气体泄漏探测装置。

13.1.6 单机容量为 300MW 及以上的燃煤发电厂主要建（构）筑物和设备的火灾自动报警系统与固定灭火系统在条件相符时可按本规程附录 D 表 D.0.1 的规定采用；单机容量为 200MW 及以上但小于 300MW 的燃煤发电厂主要建（构）筑物和设备的火灾自动报警系统在条件相符时可按本规程附录 D 表 D.0.2 的规定采用。

13.2 水力发电厂（抽水蓄能电厂）

13.2.1 容量 50MW 及以上的大、中型水力发电厂、抽水蓄能电厂应设置消防给水系统和室内外消火栓。消防给水可采用自流供水、水泵供水或消防水池供水等方式，供水水量和水压应满足最大一次消防灭火用水（室外和室内用水量之和）。当单一供水方式不能满足要求时，可采用混合供水方式，消防用水可与生产、生活用水结合。

13.2.2 消防给水系统应符合下列要求：

1 采用自流供水方式的高压系统时，取水口不应少于两个，必须在任何情况下保证消防给水。

2 采用水泵供水方式的临时高压系统时，应设置备用泵和消防水箱，备用泵的工作能力不应小于最大一台主泵，消防水箱应储存 10min 的消防水量，但可不超过 18m³。

3 采用消防水池供水方式时，水池容量应满足火灾延续时间内的消防用水量要求。

13.2.3 主厂房、副厂房、泵房、油罐室、升压开关站等处应设置室内消火栓，每个消火栓处应设直接启动消防泵的按钮，保证在火警后 5min 内开始工作。

13.2.4 大、中型水力发电厂含抽水蓄能电厂应按《水利水电工程设计防火规范》SDJ 278 的规定，设置重点防火区域的火灾自动报警系统和固定灭火系统。主要建（构）筑物和设备的火灾自动报警系统与固定灭火系统在条件相符时可按本规程附录 D 表 D.0.3 的规定采用。

13.3 风力发电场

13.3.1 大中型风力发电场建筑物应设置独立或合用消防给水系统和消火栓。消防水源应有可靠保证，供水水量和水压应满足最大一次消防灭火用水（室外和室内用水量之和）。小型风力发电场内的建筑物耐火等级不低于二级，体积不超 3000m³，且火灾危险性为戊类时，可不设消防给水。

13.3.2 设有消防给水的风力发电场变电站应设置带消防水泵、稳压设施和消防水池的临时（稳）高压给水系统，消防水泵应设置备用泵，备用泵流量和扬程不应小于最大一台消防泵的流量和扬程。

13.3.3 设有消防给水的风力发电场主控通信楼应设置室内外消火栓和移动式灭火器，其他建筑物不设室内消火栓的条件同变电站。并符合下列要求：

1 风力发电场变电站的特殊消防设施配置应符合现行国家标准《火力发电厂与变电站设计防火规范》GB 50229 的有关规定。

2 主控通信楼和配电装置室的控制室、电子设备室、配电室、电缆夹层及竖井等处应设置感烟或感温型火灾探测器。

3 油浸式变压器处应设置缆式线型感温或分布式光纤探测器或其他探测方式，单台容量 125MVA 及以上的油浸式变压器应设置固定式水喷雾、合成型泡沫喷雾或排油注氮灭火装置。

13.3.4 机组及周围场地可不设置消火栓及消防给水系统，风机塔筒底部和机舱内部均应设置手提式灭火器。

13.3.5 750kW 以上的风机机舱内应设置无源型悬挂式超细干粉灭火装置或气溶胶灭火装置，采用自身热敏元件探测并自动启动；也可采用有源型悬挂式超细干粉、瓶组式高压细水雾、火探管等固定式自动灭火装置，以及火灾自动报警装置；风机内部有足够的照明措施时，还可选用视频监视装置作为辅助监控措施。

13.4 光伏发电站

13.4.1 独立建设的并网型太阳能光伏发电站应设置独立或合用消防给水系统和消火栓。消防水源应有可靠保证，供水水量和水压应满足最大一次消防灭火用水（室外和室内用水量之和）。小型光伏发电站内的建筑物耐火等级不低于二级，体积不超 3000m³，且火灾危险性为戊类时，可不设消防给水。

13.4.2 设有消防给水的光伏发电站的变电站应设置带消防水泵、稳压设施和消防水池的临时（稳）高压给水系统，消防水泵应设置备用泵，备用泵流量和扬程不应小于最大一台消防泵的流量和扬程。

13.4.3 设有消防给水的普通光伏发电站综合控制楼应设置室内外消火栓和移动式灭火器，控制室、电子设备室、配电室、电缆夹层及竖井等处应设置感烟或感温型火灾探测报警装置。光伏电池组件场地和逆变器室一般不设置消火栓及消防给水系统，仅逆变器室需设置移动式灭火器。其他建筑物不设室内消火栓的条件同变电站。

13.4.4 采用集热塔技术的太阳能集热发电站类似于小型火力发电厂，比照汽轮发电机组容量，设置消火栓、火灾自动报警系统和固定灭火系统。

13.5 生物质发电厂

13.5.1 生物质发电厂应设置独立或合用消防给水系统和室内外消火栓。消防水源应有可靠保证，供水水量和水压应满足最大一次消防灭火用水（室外和室内用水量之和）。当采用消防生活合用给水系统时，应保证在生活用水达到最大小时用量时，能确保消防用水量。

13.5.2 应设置带消防水泵、稳压设施和消防水池的临时（稳）高压给水系统或带高位消防水池的高压给水系统。消防水泵应设置备用泵，备用泵流量和扬程不应小于最大一台消防泵的流量和扬程。

13.5.3 下列建筑物或场所应设置室内消火栓：主厂房（包括汽机房和锅炉房的底层和运转层、除氧间各层）、干料棚、转运站及除铁小室、综合办公楼、食堂、检修材料库。

13.5.4 生物质发电厂属小型火力发电厂，消防措施以火灾自动报警、人工灭火为主，重点防火区域的火灾自动报警系统和固定灭火系统应符合表 13.5.4 的规定。

表 13.5.4 　　　　　　　　　火灾自动报警系统与固定灭火系统

建（构）筑物和设备		火灾探测器类型	固定灭火介质及系统型式
主厂房	集控室	感烟	—
	电子设备间	感烟	—
	电气配电间	感烟	—
	电缆桥架、竖井	缆式线型感温或分布式光纤	—
	汽轮机轴承	感温或火焰	—
	汽轮机润滑油箱	缆式线型感温或分布式光纤	—
	汽机润滑油管道	缆式线型感温或分布式光纤	—
	给水泵油箱	缆式线型感温或分布式光纤	—
	锅炉本体燃烧器	缆式线型感温或分布式光纤	—
	料仓间皮带层	缆式线型感温或分布式光纤	—
	主变压器（90MVA 及以上）	缆式线型感温＋缆式线型感温或缆式线型感温＋火焰探测器组合	水喷雾、泡沫喷雾（严寒地区）或其他介质

续表

建（构）筑物和设备		火灾探测器类型	固定灭火介质及系统型式
燃料建（构）筑物	燃料干料棚（含半露天堆场）	红外感烟或火焰	按现行规范时采用室内消火栓或消防水炮（计算确定）；采用自动喷水灭火装置
	干料棚、除铁小室与栈桥连接处	缆式线型感温或分布式光纤	水幕
	除铁小室（含转运站）	缆式线型感温或分布式光纤	—
	皮带通廊	缆式线型感温或分布式光纤	封闭式设置自动喷水灭火装置
辅助建筑物	柴油机消防泵及油箱	感温	
	空压机室	感温	
	油泵房	感温	
	综合办公楼	感烟	设置有风管的集中空气调节系统且建筑面积大于 $3000m^2$ 时采用自动喷水灭火装置
	食堂/材料库	感烟或感温	—

13.6　垃圾焚烧发电厂

13.6.1　垃圾焚烧发电厂应设置消防给水系统和室内外消火栓，消防水源应有可靠保证，供水水量和水压应满足最大一次消防灭火用水（包括室外和室内用水量之和）。全厂总焚烧能力 600t/d（Ⅱ类）及以上的垃圾电厂宜采用独立的消防给水系统，此外的小型垃圾电厂可采用生产、消防合用给水系统，但应保证在其他用水达到最大小时用量时，能确保消防用水量。

13.6.2　消防水泵和消防水池的设置应符合现行国家标准《火力发电厂与变电站设计防火规范》GB 50229 的规定。

13.6.3　下列建筑物或场所应设置室内消火栓：垃圾焚烧厂房和汽轮发电机厂房的地面及各层平台、飞灰固化处理车间、循环水泵房、办公楼。

13.6.4　火灾自动报警系统与固定灭火系统应符合表 13.6.4 的规定。

表 13.6.4　　　　　　　**火灾自动报警系统与固定灭火系统**

建筑物和设备	火灾探测器类型	固定灭火介质及系统型式
垃圾储存仓、焚烧工房及其相连部分	感温或红外感烟	消防水炮
中央控制室	点式感烟或吸气式感烟	—
配电室	点式感烟或吸气式感烟	—
电缆夹层、电缆竖井和电缆通廊	缆式线型感温、分布式光纤、点式感烟或吸气式感烟	—

13.7　变电站（换流站、开关站）

13.7.1　变电站、换流站和开关站应设置消防给水系统和消火栓。消防水源应有可靠保证，同一时间按一次火灾考虑，供水水量和水压应满足一次最大灭火用水，用水量应为室外和室内（如有）消防用水量之和。变电站、开关站和换流站内的建筑物耐火等级不低于二级，体积不超 $3000m^3$，且火灾危险性为戊类时，可不设消防给水。

13.7.2　设有消防给水的变电站、换流站和开关站应设置带消防水泵、稳压设施和消防水池的临时（稳）高压给水系统，消防水泵应设置备用泵，备用泵流量和扬程不应小于最大一台消防泵的流量和扬程。

13.7.3　变电站、换流站和开关站的下列建筑物应设置室内消火栓：地上变电站和换流站的主控通信楼、配电装置楼、继电器室、变压器室、电容器室、电抗器室、综合楼、材料库，地下变电站。下列建筑物可不设置室内消火栓：耐火等级为一、二级且可燃物较少的丁、戊类建筑物；耐火等级为三、四级且建筑体积不超过 $3000m^3$ 的丁类厂房和建筑体积不超过 $5000m^3$ 的戊类厂房；室内没有生产、生活给水管道，室外消防用水取自储水池且建筑体积不超过 $5000m^3$ 的建筑物。

13.7.4　电压等级 35kV 或单台变压器 5MVA 及以上变电站、换流站和开关站的特殊消防设施配置应符合现行国家标准《火力发电厂与变电站设计防火规范》GB 50229 的有关规定，换流站的消防设施还应符合现行行业标准《高压直流换流站设计技术规定》DL/T 5223 的要求，地下变电站的消防设施还应符合现行行业标准《35kV～220kV 城市地下变电站设计规程》DL/T 5216 的要求。

　　1　地上变电站和换流站火灾自动报警系统和固定灭火系统应符合表 13.7.4 的规定。

表 13.7.4　　变电站和换流站火灾自动报警系统与固定灭火系统

建筑物和设备	火灾探测器类型	固定灭火介质及系统型式
主控制室	点式感烟或吸气式感烟	—
通信机房	点式感烟或吸气式感烟	—
户内直流开关场地	点式感烟或吸气式感烟	—
电缆层、电缆竖井和电缆隧道	220kV 及以上变电站、所有地下变电站和无人变电站设缆式线型感温、分布式光纤、点式感烟或吸气式感烟	无人值班站可设置悬挂式超细干粉、气溶胶或火探管灭火装置
继电器室	点式感烟或吸气式感烟	—
电抗器室	点式感烟或吸气式感烟（如有含油设备，采用感温）	—
电容器室	点式感烟或吸气式感烟（如有含油设备，采用感温）	—
配电装置室	点式感烟或吸气式感烟	—
蓄电池室	防爆感烟和可燃气体	

续表

建筑物和设备	火灾探测器类型	固定灭火介质及系统型式
换流站阀厅	点式感烟或吸气式感烟＋其他早期火灾探测报警装置（如紫外弧光探测器）组合	—
油浸式平波电抗器（单台容量 200Mvar 及以上）	缆式线型感温＋缆式线型感温或缆式线型感温＋火焰探测器组合	水喷雾、泡沫喷雾（缺水或严寒地区）或其他介质
油浸式变压器（单台容量 125MVA 及以上）	缆式线型感温＋缆式线型感温或缆式线型感温＋火焰探测器组合（联动排油注氮宜与瓦斯报警、压力释压阀或跳闸动作组合）	水喷雾、泡沫喷雾、排油注氮（缺水或严寒地区）或其他介质
油浸式变压器（无人变电站单台容量 125MVA 以下）	缆式线型感温或火焰探测器	—

　　2　地下变电站除满足表 13.7.4 规定外，还应在所有电缆层、电缆竖井和电缆隧道处设置线型感温、感烟或吸气式感烟探测器，在所有油浸式变压器和油浸式平波电抗器处设置火灾自动报警系统和细水雾、排油注氮、泡沫喷雾或固定式气体自动灭火装置。

14　消防器材

14.1　火灾类别及危险等级

14.1.1　灭火器配置场所的火灾种类应根据该场所内的物质及其燃烧特性进行分类，划分为下列类型。

　　1　A 类火灾：固体物质火灾。

　　2　B 类火灾：液体火灾或可熔化固体物质火灾。

　　3　C 类火灾：气体火灾。

　　4　D 类火灾：金属火灾。

　　5　E 类火灾：物体带电燃烧的火灾。

14.1.2　工业场所的灭火器配置危险等级，应根据其生产、使用、储存物品的火灾危险性，可燃物数量，火灾蔓延速度，扑救难易程度等因素，划分为三级：严重危险级、中危险级和轻危险级。

14.1.3　建（构）筑物、设备火灾类别及危险等级可按本规程附录 E 的规定采用。

14.2　灭火器

14.2.1　灭火器的选择应考虑配置场所的火灾种类和危险等级、灭火器的灭火效能和通用性、灭火剂对保护物品的污损程度、设置点的环境条件等因素。有场地条件的严重危险级场所，宜设推车式灭火器。

14.2.2　手提式和推车式灭火器的定义、分类、技术要求、性能要求、试验方法、检验规则及标志等要求应符合现行国家标准《手提式灭火器》GB 4351 和《推车式灭火器》GB 8109 的有关规定。

14.2.3　在同一灭火器配置场所，宜选用相同类型和操作方法的灭火器，当选用两种或两种以上类型灭火器时，应采用灭火剂相容的灭火器。当同一场所存在不同种类火灾时，应选用通用型灭火器。

14.2.4　灭火器需定位，设置点的位置应根据灭火器的最大保护距离确定，并应保证最不利点至少在 1 具灭火器的保护范围内。灭火器的最大保护距离应符合现行国家标准《建筑灭火器配置设计规范》GB 50140 的规定。

14.2.5　实配灭火器的灭火级别不得小于最低配置基准，灭火器的最低配置基准按火灾危险等级确定，应符合现行国家标准《建筑灭火器配置设计规范》GB 50140 的规定。当同一场所存在不同火灾危险等级时，应按较危险等级确定灭火器的最低配置基准。

14.2.6　灭火器的设置应符合下列要求：

1　灭火器应设置在位置明显和便于取用的地点，且不得影响安全疏散。

2　灭火器不得设置在超出其使用温度范围的地点，不宜设置在潮湿或强腐蚀性的地点，当必须设置时应有相应的保护措施。露天设置的灭火器应有遮阳挡水和保温隔热措施，北方寒冷地区应设置在消防小室内。

3　对有视线障碍的灭火器设置点，应设置指示其位置的发光标志。

4　手提式灭火器宜设置在灭火器箱内或挂钩、托架上，其顶部离地面高度不应大于 1.50m，底部离地面高度不宜小于 0.08m。

5　灭火器的摆放应稳固，其铭牌应朝外。

14.2.7　灭火器的标志应符合下列要求：

1　灭火器筒体外表应采用红色。

2　灭火器上应有发光标志，以便在黑暗中指示灭火器所处的位置。

3　灭火器应有铭牌贴在筒体上或印刷在筒体上，并应包括下列内容：灭火器的名称、型号和灭火剂种类，灭火种类和灭火级别，使用温度范围，驱动气体名称和数量或压力，水压试验压力，制造厂名称或代号，灭火器认证，生产连续序号，生产年份，灭火器的使用方法（包括一个或多个图形说明和灭火种类代码），再充装说明和日常维护说明。

4　灭火器类型、规格和灭火级别应符合现行国家标准《建筑灭火器配置设计规范》GB 50140 的要求。

5　灭火器的分类、使用及原理可按本规程附录 F 的规定采用。

6　泡沫灭火器的标志牌应标明"不适用于电气火灾"字样。

14.2.8　灭火器箱不得上锁，灭火器箱前部应标注"灭火器箱、火警电话、厂内火警电话、编号"等信息，箱体正面和灭火器设置点附近的墙面上应设置指示灭火器位置的固定标志牌，并宜选用发光标志。

14.3　消防器材配置

14.3.1　各类发电厂和变电站的建（构）筑物、设备应按照其火灾类别及危险等级配置移动式灭火器。

14.3.2　各类发电厂和变电站的灭火器配置规格和数量应按《建筑灭火器配置设计规范》GB 50140 计算确定，实配灭火器的规格和数量不得小于计算值。

14.3.3　一个计算单元内配置的灭火器不得少于 2 具，每个设置点的灭火器不宜多于 5 具。

14.3.4　手提式灭火器充装量大于 3.0kg 时应配有喷射软管，其长度不小于 0.4m，推车式灭火器应配有喷射软管，其长度不小于 4.0m。除二氧化碳灭火器外，贮压式灭火器应设有能指示其内部压力的指示器。

14.3.5　油浸式变压器、油浸式电抗器、油罐区、油泵房、油处理室、特种材料库、柴油发电机、磨煤机、给煤机、送风机、引风机和电除尘等处应设置消防砂箱或砂桶，内装干燥细黄砂。消防砂箱容积为 1.0m³，并配置消防铲，每处 3 把～5 把，消防砂桶应装满干燥黄砂。消防砂箱、砂桶和消防铲均应为大红色，砂箱的上部应有白色的"消防砂箱"字样，箱门正中应有白色的"火警119"字样，箱体侧面应标注使用说明。消防砂箱的放置位置应与带电设备保持足够的安全距离。

14.3.6　设置室外消火栓的发电厂和变电站应集中配置足够数量的消防水带、水枪和消火栓扳手，宜放置在厂内消防车库内。当厂内不设消防车库时，也可放置在重点防火区域周围的露天专用消防箱或消防小室内。根据被保护设备的性质合理配置 19mm 直流或喷雾或多功能水枪，水带宜配置有衬里消防水带。

14.3.7　每只室内消火栓箱内应配置 65mm 消火栓及隔离阀各 1 只、25m 长 DN65 有衬里水龙带 1 根带快装接头、19mm 直流或喷雾或多功能水枪 1 只、自救式消防水喉 1 套、消防按钮 1 只。带电设施附近的消火栓应配备带喷雾功能水枪。当室内消火栓栓口处的出水压力超过 0.5MPa 时，应加设减压孔板或采用减压稳压型消火栓。

14.3.8　典型工程现场灭火器和黄砂配置可按本规程附录 G 的规定采用。

14.4　正压式消防空气呼吸器

14.4.1　设置固定式气体灭火系统的发电厂和变电站等场所应配置正压式消防空气呼吸器，数量宜按每座有气体灭火系统的建筑物各设 2 套，可放置在气体保护区出入口外部、灭火剂储瓶间或同一建筑的有人值班控制室内。

14.4.2　长距离电缆隧道、长距离地下燃料皮带通廊、地下变电站的主要出入口应至少配置 2 套正压式消防空气呼吸器和 4 只防毒面具。水电厂地下厂房、封闭厂房等场所，也应根据实际情况配置正压式消防空气呼吸器。

14.4.3　正压式消防空气呼吸器应放置在专用设备柜内，柜体应为红色并固定设置标志牌。

参 考 文 献

［1］ 李坚，郭建文 . 变电运行及设备管理技术问答［M］. 北京：中国电力出版社，2006.

［2］ 王晴 . 变电站设备事故及异常处理［M］. 北京：中国电力出版社，2007.

［3］ 熊为群，陶然 . 继电保护自动装置及二次回路［M］. 北京：中国电力出版社，2000.

［4］ 马宏革，王亚非 . 风电设备基础［M］. 北京：化学工业出版社，2013.

［5］ 冯建勤，冯巧玲 . 电气工程基础［M］. 北京：中国电力出版社，2010.

［6］ 张红艳 . 变电运行［M］. 北京：中国电力出版社，2010.